Excel 2016 Pas à pas

pour les nuls

Bernard Jolivalt

FIRST
Interactive

Excel 2016 Pas à Pas pour les Nuls

Pour les Nuls est une marque déposée de Wiley Publishing, Inc
For Dummies est une marque déposée de Wiley Publishing, Inc
Collection dirigée par Jean-Pierre Cano
Maquette : Marie Housseau

Edition française publiée en accord avec Wiley Publishing, Inc.

12, avenue d'Italie
75013 Paris - France
Tél. 01 44 16 09 00
Fax 01 44 16 09 01
E-mail : firstinfo@efirst.com
Web : www.editionsfirst.fr
ISBN : 978-2-7540-8334-8
Dépôt légal : 1er trimestre 2016
Imprimé en Italie

Table des matières

Introduction

Excel est ce que l'on appelle communément un tableur, autrement dit une application qui traite des tableaux de chiffres ou d'autres données. Mais Excel sait faire bien plus que cela : c'est un véritable calculateur polyvalent, capable de traiter toutes sortes d'opérations, de la table de multiplication au calculs les plus complexes dans les domaines financiers, statistiques et scientifiques, en passant par le calcul matriciel.

Microsoft Excel fait partie d'un ensemble de logiciels – une « suite », en jargon informatique – auquel appartiennent aussi les applications Word et Powerpoint, pour ne citer que les plus connus. L'avantage d'une suite aussi cohérente qu'Office est la possibilité de copier et copier des données, et même des graphiques, entre ces diverses applications.

Comment ce livre est organisé

Ce livre est organisé en fiches thématiques, présentées à la manière d'un exercice pas à pas. Chacune est illustrée par des figures que vous pourrez facilement reproduire par vous-même.

Le livre est divisé en deux grandes parties dont voici le détail :

Première partie : La prise en main d'Excel

Si vous n'avez jamais utilisé Excel, vous découvrirez ici, part la pratique, comment l'utiliser. Ce n'est pas très difficile, à condition de respecter quelques règles simples. Nous commencerons par la saisie des données, car c'est sans doute ce que vous ferez le plus souvent. Que serait en effet Excel sans des chiffres à mouliner ? Puis vous apprendrez à présenter les données de belle manière afin de les rendre claires et lisibles. Vous constaterez à l'usage qu'il est beaucoup plus facile de travailler sur des tableaux propres et bien mis en page que sur un fouillis de chiffres et de textes présentés n'importe comment.

Nous passerons ensuite aux tableaux. C'est une fonctionnalité très appréciée d'Excel, car il est possible, entre autres, de trier et filtrer les données.

Les graphiques sont également l'une des fonctionnalités très appréciées d'Excel. Ils sont non seulement faciles à créer et à mettre en forme, mais ils peuvent aussi être transférés dans Word et dans Excel par un simple copier/coller, tout comme n'importe quel tableau.

Enfin, nous terminerons cette première partie par un bref mais utile chapitre sur l'impression.

Seconde partie : Fonctions et formules

Nous abordons là le cœur d'Excel : les formules sans lesquelles Excel ne serait vraiment pas grand-chose. Il y en a plus de 400 et bien sûr, nous ne pourrons pas les aborder toutes. Nous n'étudierons que les plus utiles. Mais comme la syntaxe des fonctions est partout la même, il vous sera très facile, après avoir compris leur principe, de comprendre rapidement des fonctions nouvelles. Qui plus est, chacune est abondamment expliquée dans l'aide en ligne d'Excel.

Nous commencerons en toute logique par les notions élémentaires. Puis nous verrons les fonctions arithmétiques. Ce sont les plus faciles à utiliser – mais pas forcément les moins puissantes – qui vous aideront à comprendre le principe régissant n'importe quelles autres fonctions d'Excel, comme les fonctions de prévision, une nouveauté dans Excel 2016. Le chapitre consacré aux fonctions financières aborde la question des emprunts et des amortissements sous différents aspects.

Excel excelle aussi pour la gestion du temps. Il sait non seulement calculer des échéances mais, avec un peu d'astuce, vous pourrez même confectionner un calendrier perpétuel. Excel n'est pas en reste avec les textes. Ne nous méprenons pas : ce tableur n'est pas un traitement de texte. Mais il est capable de travailler sur des listes de mots comme Word ne saurait pas le faire.

Enfin, l'ouvrage se termine sur la vérification de calculs. Excel est doté de puissants outils d'audit et de validation permettant de déceler et corriger d'éventuelles erreurs.

Bon à savoir

Pour ce livre, nous avons utilisé Excel 2016 installé sur un ordinateur tournant sous Windows 8.1. Néanmoins, toutes les manipulations peuvent être exécutées avec les versions précédentes d'Excel et avec toutes les versions de Windows. La seule différence notable concerne les très anciennes versions d'Excel à menus – d'avant 2007 ! – qui nécessitent une adaptation des procédures. En revanche, cet ouvrage est entièrement compatible avec Excel 2013.

Dans les différentes manipulations exposées dans ce livre, vous serez amené à effectuer quelques manipulations simples.

- Quand vous lirez qu'il faut appuyer sur Ctrl+Maj+L – c'est le raccourci clavier pour le filtrage des données –, cela signifie que vous devrez appuyer sur la touche Ctrl, puis sur la touche Majuscule, puis sur la touche L, et les lâcher toutes.

- Quand il est dit de cliquer sur Fichier > Options > Formules, cela signifie que dans la barre d'onglets, vous devez cliquer sur l'onglet Fichier, puis sur la catégorie Options, puis sur la catégorie Formules. Vous verrez à l'usage que cela n'a rien de compliqué.

Dans Excel, vous utiliserez fréquemment la souris. Elle comporte deux boutons :

- Le bouton gauche : Il sert à effectuer des actions, comme sélectionner une cellule en cliquant dessus, ou sélectionner une plage de cellules en tirant un contour de sélection. Lorsqu'il est simplement dit de cliquer, c'est toujours avec le bouton gauche.

- Le bouton droit : Il sert surtout à afficher un menu contextuel. Il est ainsi appelé parce que son contenu varie selon l'élément sur lequel vous avez cliqué. Le clic du bouton droit est toujours explicitement mentionné.

Bien qu'écrit pour la version Windows, ce livre est aussi utilisable avec Excel pour Mac, moyennant quelques adaptations mineures. Sur le Mac, la touche Ctrl doit être remplacée par la touche Cmd. Les actions de la touche Alt sont en revanche identiques sur les deux claviers.

Un index complète ce livre. Il contient notamment toutes les fonctions d'Excel utilisées dans les fiches, mais aussi des mots-clés permettant d'accéder directement à un sujet spécifique.

Les pictogrammes

Des pictogrammes sont présents dans la marge gauche de toutes les fiches. Voici leur signification :

Signale une astuce qui fait gagner du temps ou facilite l'utilisation d'Excel, mais fournit aussi de nombreuses informations utiles qui approfondissent la manipulation décrite dans la fiche.

Met notamment en garde contre une manipulation dangereuse ou un risque qui pourraient fausser les calculs ou faire perdre des données.

NOTE TECHNIQUE

Signale une information un peu technique mais cependant importante. Ne manquez pas de la lire.

Enfin, comme dans tous les ouvrages de la collection *Pour les Nuls, pas à pas,* vous pouvez rechercher une information de deux manières :

- En parcourant la table des matières au début de l'ouvrage ;
- En recherchant un mot-clé dans l'index, à la fin de l'ouvrage.

Bernard Jolivalt
http://pagesperso-orange.fr/bjolivalt/
www.bernardjolivalt.com

Première partie

La prise en main d'Excel

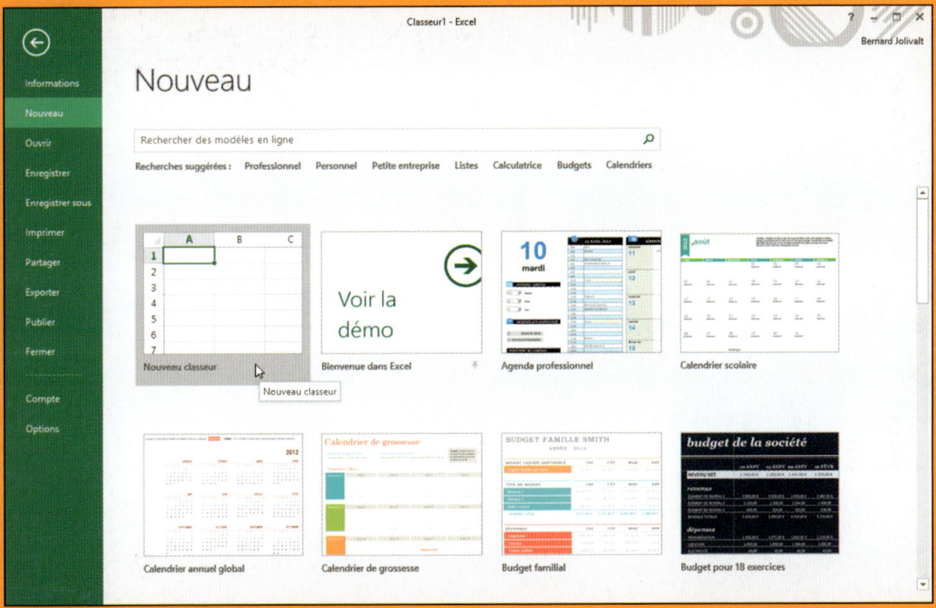

1

La saisie des données

Avant de pianoter sur le clavier pour saisir des données, jetez un coup d'œil à l'interface d'Excel que montre la Figure 1.1. Elle contient des éléments que nous retrouverons tout au long de ce livre :

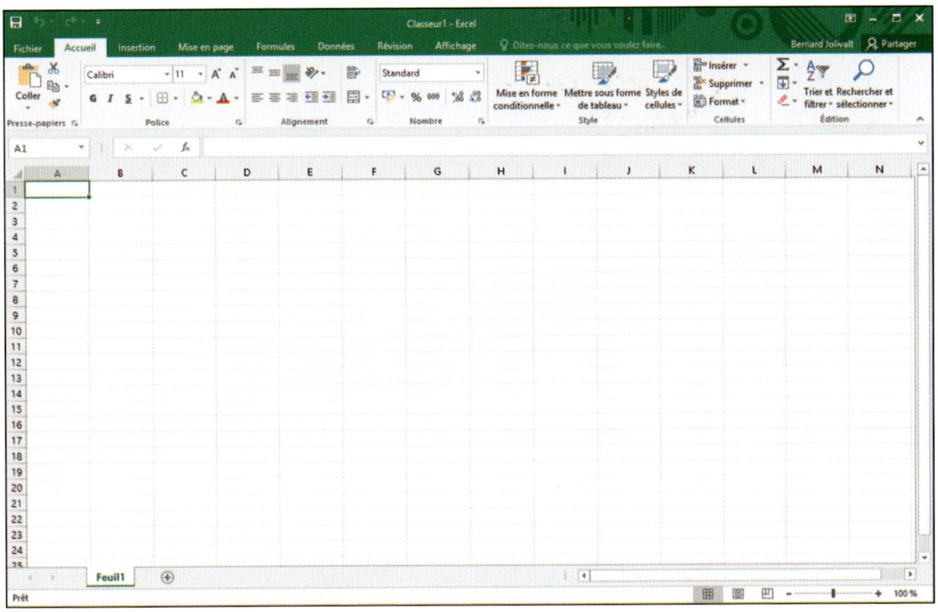

Figure 1.1 : L'interface d'Excel 2016.

- Un quadrillage formé de plus d'un million de lignes numérotées de 1 à 1048576 et des 16384 colonnes indiquées par des lettres de A à XFD.
- Des cellules. Chaque cellule se trouve à l'intersection d'une colonne et d'une ligne. La première cellule d'une feuille de calcul s'appelle A1. Cet ensemble lettre/chiffre est une référence de cellule.
- Des rubans nommés Accueil, Insertion, Mise en page, Formules, etc. Chacun contient des commandes et des outils que nous utiliserons abondamment dans ce livre.
- Une barre de formule. Située entre le ruban et la feuille de calcul, elle contient la formule présente dans la cellule active (celle sélectionnée en cliquant dessus).

- Une barre d'onglets contenant une feuille de calcul nommée Feuil1, en bas à gauche d'Excel. Il est possible d'ajouter d'autres feuilles de calcul qui seront nommées Feuil2, Feuil3, etc. Ces feuilles peuvent être renommées. Par exemple, le mot Comptabilité, pour une feuille de calcul, est plus explicite que Feuil6.

NOTE TECHNIQUE

Le fichier que vous enregistrez sur le disque dur est un classeur Excel. Chaque classeur peut contenir jusqu'à 255 feuilles de calcul.

TRUC

Retenez bien la terminologie officielle indiquée ci-dessus car nous l'utiliserons tout au long de ce livre.

Excel contient également des commandes communes à la plupart des applications, comme des barres de défilement afin de parcourir les innombrables colonnes et lignes, une glissière de zoom en bas à droite et les classiques boutons Réduire, Agrandir et Fermer, en haut à gauche.

Ouvrir un nouveau classeur

Figure 1.2 : L'icône d'Excel 2016

1. Cliquez sur l'icône d'Excel (Figure 1.2).
2. Sous Windows 8 ou 10, cliquez sur la vignette Excel 2016 qui se trouve sur l'écran d'accueil. L'application s'ouvre aussitôt sur le Bureau.
3. Cliquez sur le modèle Nouveau classeur (Figure 1.3)

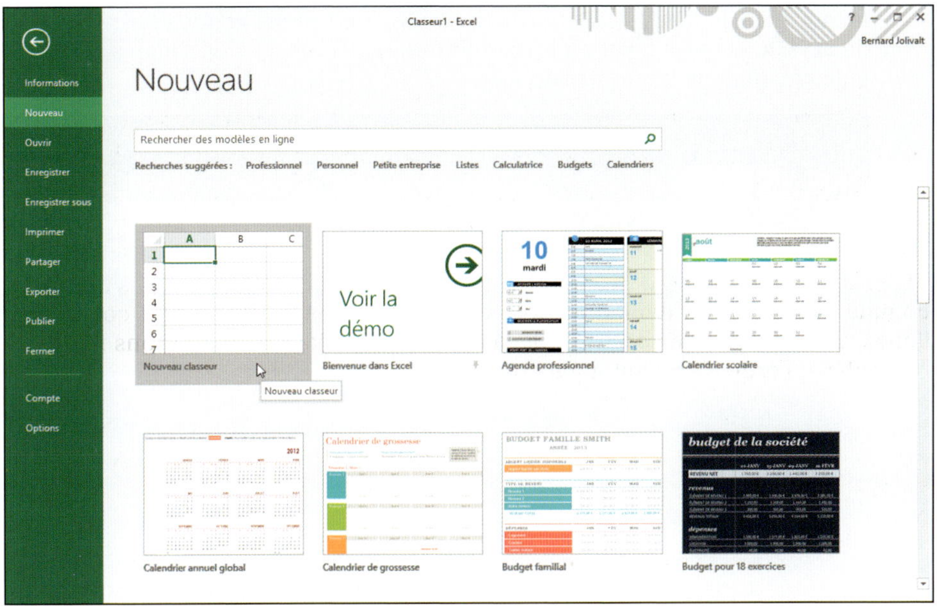

Figure 1.3 : L'ouverture d'une nouvelle feuille de calcul.

4. Le classeur Excel s'ouvre aussitôt. Par défaut, il contient trois feuilles de calcul vierges (reportez-vous à la Figure 1.1 au tout début de ce chapitre).

TRUC

À l'étape 1, le volet de gauche contient une liste Récent dans laquelle se trouvent les derniers classeurs qui ont été enregistrés. Il est ainsi possible d'y accéder de nouveau rapidement.

Dans ce volet de gauche, le lien Ouvrir d'autres Classeurs ouvre un sélecteur de fichiers permettant de rechercher des classeurs, soit dans une liste Classeurs semblable à la liste récent, soit dans l'ordinateur, soit dans OneDrive, l'espace de stockage en nuage proposé par Microsoft.

Saisir des nombres

1. Cliquez dans une cellule.

2. Cliquez sur la cellule A1, par exemple. Elle est entourée d'une bordure noire indiquant que c'est la cellule active.

3. Saisissez le nombre au clavier.

4. Le nombre apparaît à la fois dans la cellule et dans la barre de formule, comme le montre la Figure 1.4. Remarquez que le nombre est aligné contre le bord droit de la cellule, et qu'il est au format Standard : toutes les décimales sont affichées et les milliers ne sont pas séparés.

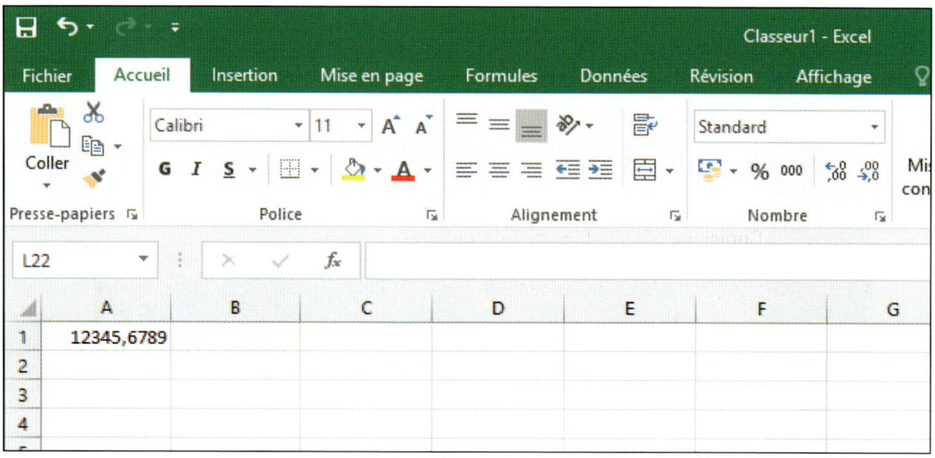

Figure 1.4 : Saisie d'un nombre dans une cellule. Il est au format standard, comme l'indique le menu en haut à droite.

5. Appuyez sur la touche Entrée.

   ✔ C'est la manière classique de valider une saisie, mais vous pouvez aussi cliquer sur la coche de validation, à gauche de la barre de formule.

6. Pour présenter le nombre d'une manière plus conventionnelle (milliers séparés, deux décimales, par exemple), cliquez sur la cellule du bouton droit et dans le menu qui apparaît, cliquez sur Format de cellule (Figure 1.5).

7. La boîte de dialogue Format de cellule apparaît. Elle permet de présenter des données de nombreuses manières.

8. Dans la liste Catégorie, cliquez sur Nombre.

9. ☑ Dans le panneau principal, réglez le nombre de décimale et cochez la case Utiliser le séparateur de milliers (Figure 1.6).

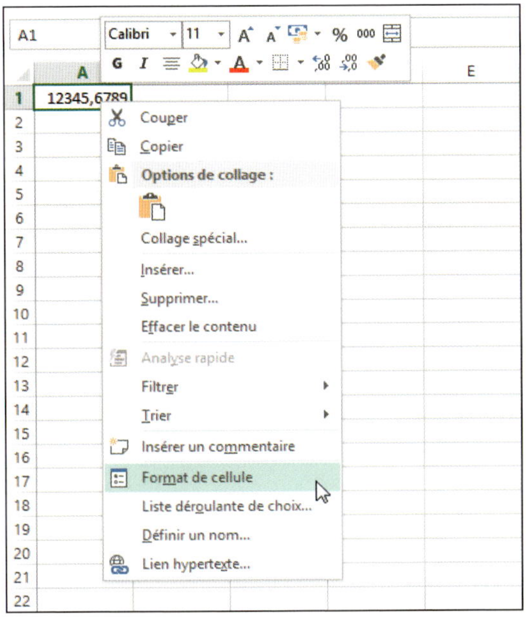

Figure 1.5 : Choisissez l'option Format de cellule.

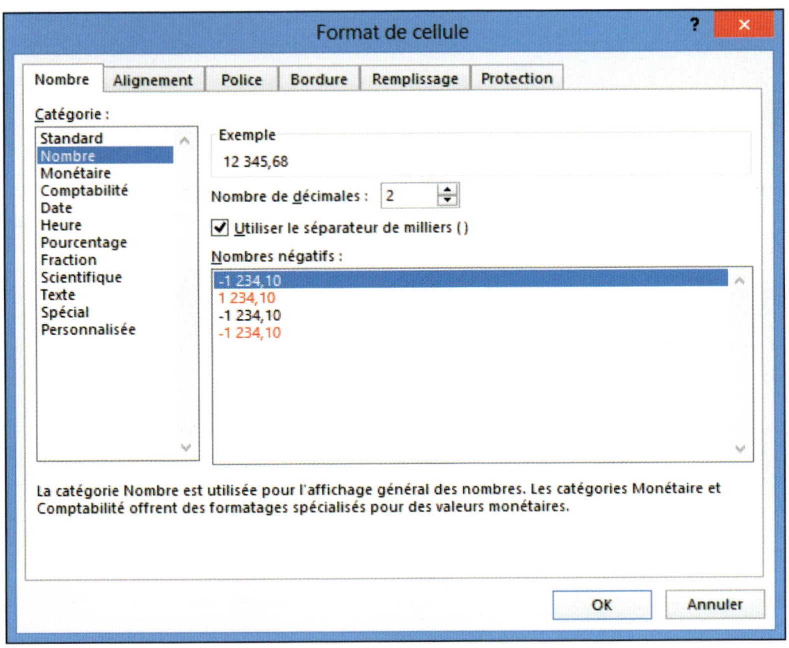

Figure 1.6 : Définissez la présentation du nombre.

10. Remarquez la nouvelle présentation dans la rubrique Exemple. Notez aussi la possibilité de choisir la représentation des nombres négatifs : par un simple ajout du signe « moins » à gauche du nombre, ou par un affichage du nombre en rouge, avec ou sans le signe.

11. Cliquez sur le bouton OK.

12. Nous verrons plus loin comment présenter des nombres en format monétaire, avec l'affichage de l'euro ou de toute autre devise.

NOTE TECHNIQUE

L'affichage du nombre de décimales n'a aucune incidence sur la précision du calcul. Dans la Figure 1.6, bien que le nombre soit affiché avec seulement deux décimales, Excel effectue néanmoins les calculs avec les quatre décimales. Excel calcule avec une précision allant jusqu'à 30 décimales.

TRUC

Si vous devez mettre en forme de nombreux chiffres, sélectionnez d'abord toutes les cellules : cliquez sur la première de la plage de cellules puis, touche Maj enfoncée, cliquez sur la dernière de la plage. Vous pouvez aussi sélectionner des cellules éparses en cliquant dessus, touche Ctrl enfoncées. Cette manipulation est aussi applicable aux colonnes et aux lignes : cliquez sur leur en-tête (lettre de colonne ou numéro de ligne) pour en sélectionner une ou plusieurs.

Saisir du texte

1. Cliquez dans une cellule.
2. Saisissez du texte.
3. Le texte apparaît dans la cellule et dans la barre de formule. Dans la cellule, il est calé à gauche (Figure 1.7).

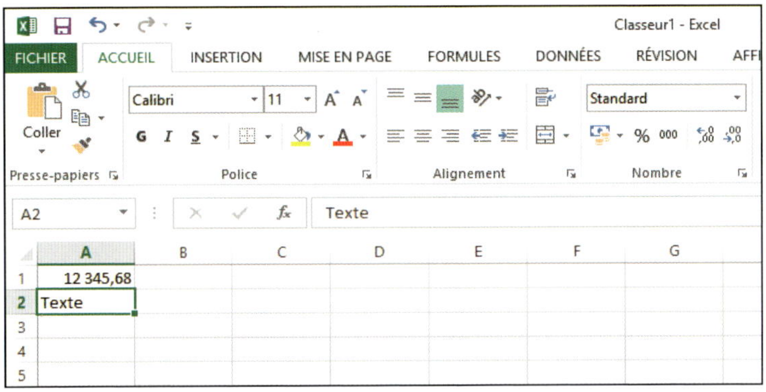

Figure 1.7 : Saisie d'un texte dans la cellule A2.

4. Appuyez sur la touche Entrée.
   - ✓ Ou cliquez sur la coche de validation, à gauche de la barre de formule.

TRUC

Aligner les nombres à droite et les textes à gauche facilite la présentation d'une colonne de texte vis-à-vis d'une colonne de chiffres. Il est cependant possible de la modifier avec les commandes du groupe Alignement, dans le ruban Accueil (Figure 1.8).

Après avoir sélectionné des cellules, des colonnes ou des lignes comme expliqué dans l'astuce de la fiche précédente, cliquez sur la ou les commandes suivantes :

	Commande	Commentaire
	Aligner en haut	Place le contenu de la cellule (texte, nombre…) en haut de la cellule.
	Aligner au centre	Centre verticalement le contenu de la cellule.
	Aligner en bas	Place le contenu de la cellule en bas de la cellule.
	Aligner à gauche	Cale le contenu de la cellule contre le bord gauche.

Commande	Commentaire
Centrer	Centre horizontalement le contenu de la cellule. Utilisez cette commande avec Aligner au centre pour placer un texte ou un nombre en plein milieu de la cellule.
Aligner à droite	Cale le contenu de la cellule contre le bord droit.
Orientation	Permet d'incliner le contenu de la cellule. Cliquez sur le bouton fléché à droite de cette commande pour choisir la direction du texte ou du nombre. Notez que dans la boîte de dialogue Format de cellule évoquée dans la fiche précédente, l'onglet Alignement contient une commande d'orientation permettant de régler l'inclinaison au degré près.
Diminuer le retrait	Déplace le contenu de la cellule vers la gauche. Cette commande ne fonctionne que si la commande suivante, Augmenter le retrait, a été utilisée.
Augmenter le retrait	Déplace le texte vers le bord opposé lorsque la commande Aligner à gauche ou Aligner à droite a été appliquée.
Renvoyer à la ligne	Lorsqu'un texte est trop long pour tenir dans une cellule, il s'étend dans la cellule à droite si elle est vide. Autrement, il est tronqué. Cette commande permet au texte de revenir à la ligne afin d'être affiché en entier. La hauteur de la ligne est automatiquement ajustée.
Fusionner les cellules	Cette commande expliquée plus loin fusionne les cellules sélectionnée. Elle est commode pour centrer le titre d'une plage de cellules ou d'un tableau.

TRUC

À gauche des commandes d'alignement, le groupe Police contient les commandes permettant de mettre du texte ou des nombres en gras ou en italique, de les souligner, ou de changer leur taille, leur typographie, leur couleur ou celle du fond de la cellule.

Saisir une date

1. Cliquez dans une cellule.
2. Saisissez une date, celle du 14 juillet par exemple, sous l'une de ces formes et appuyez sur la touche Entrée :

   a) **14/7** ou **14/07**

   b) **14-7** ou **14-07**

   c) **14-juil**

   d) **14 juillet**

3. À chaque fois, Excel affiche `14-juil` dans la cellule, comme le montre la Figure 1.8. Remarquez dans la barre de formule qu'il s'agit de l'année en cours, 2016 en l'occurrence. Si vous désirez entrer la date d'une autre année, indiquez-la tout simplement en saisissant 14/7/2017 ou 14 juillet 2017.

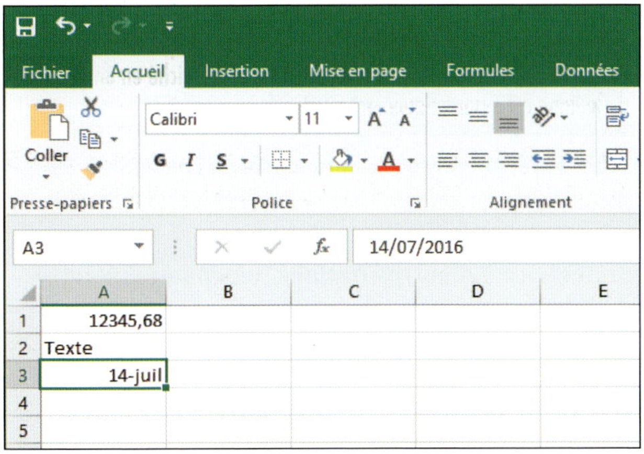

Figure 1.8 : Excel reconnaît immédiatement qu'une saisie est une date.

Mais peut-être désirez-vous afficher la date d'une autre manière, comme « jeudi 14 juillet 2016 ». Dans ce cas, procédez comme suit :

1. Saisissez une date dans une cellule.
2. Peu importe la saisie. Veillez simplement à préciser l'année, si ce n'est pas l'année courante.
3. Cliquez du bouton droit sur la cellule et, dans le menu qui apparaît, choisissez Format de cellule.
4. Dans la liste Catégorie, cliquez sur Date.

5. La boîte de dialogue de la Figure 1.9 apparaît.

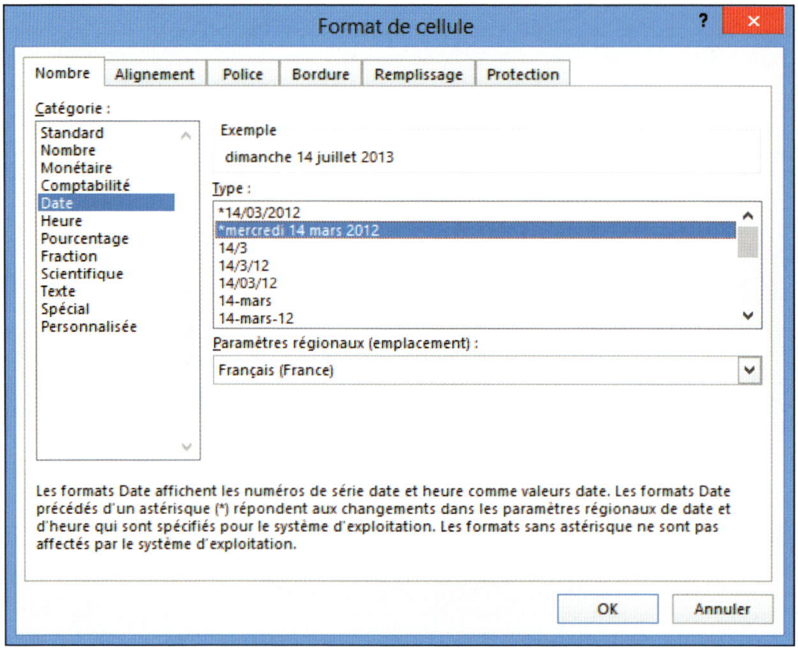

Figure 1.9 : Sélectionnez ici la présentation que vous désirez donner à une date.

6. Dans la liste Type, cliquez sur la présentation désirée.

7. Faites défiler la liste pour accéder à d'autres options. Le champ Exemple montre ce qui apparaîtra dans la cellule.

8. Cliquez sur le bouton OK.

TRUC

Les fonctions de date et d'heure d'Excel sont particulièrement puissantes. Tout le Chapitre 9 leur est consacré.

NOTE TECHNIQUE

Pour Excel, une date est en réalité un nombre. Par exemple, si vous sélectionnez la cellule contenant la date du 14 juillet 2016 et que vous lui donnez une mise en forme Standard – pour cela, cliquez sur le menu Date, dans le groupe Nombre et choisissez Standard –, vous constaterez qu'Excel affiche 42565. C'est un numéro de série qui démarre à partir du 01/01/1900 et s'étend jusqu'au 31/12/9999. On a le temps de voir venir…

Saisir une devise

1. Cliquez dans une cellule et saisissez un nombre.
2. Ce nombre est censé être exprimé en euros.
3. Appuyez sur la touche Entrée ou cliquez sur la coche de validation, à gauche de la barre de formule.
4. Dans le groupe Nombre du ruban Accueil, cliquez sur le bouton Format Nombre Comptabilité.
5. Excel applique aussitôt le format Comptabilité à la cellule (Figure 1.10) : séparateur de milliers, deux décimales, symbole de l'euro (€) et, si le nombre est négatif, signe « moins » contre le bord gauche de la cellule. Les chiffres décimaux sont alignés en colonne.

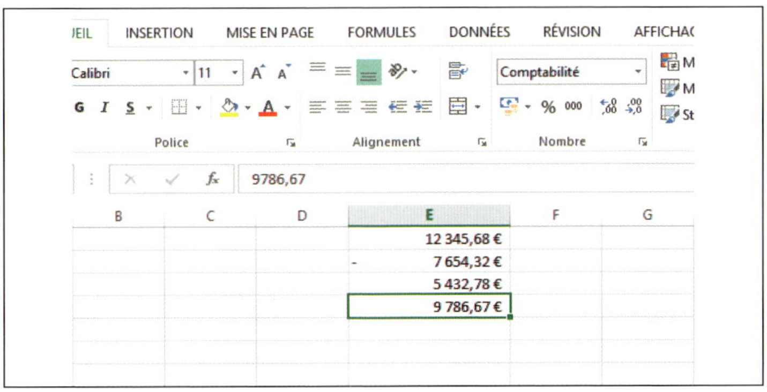

Figure 1.10 : Des nombres au format Comptabilité.

TRUC

Si le signe « moins » placé contre le bord gauche vous gêne – le risque existe de ne pas le remarquer –, déroulez le menu Comptabilité, dans le ruban, et choisissez plutôt l'option Monétaire.

Les formats Comptabilité (et Monétaire existent aussi dans la boîte de dialogue Format de cellule affichée en cliquant sur la toute petite icône fléchée en bas à droite du groupe Nombre). Les deux options possèdent un menu déroulant Symbole permettant de choisir d'autres devises que l'euro : le dollar, la livre, le yen et beaucoup d'autres.

Vous pouvez régler rapidement le nombre de décimales à afficher en cliquant sur les boutons Ajouter une décimale ou Réduire une décimale, dans le ruban. La modification de cet affichage n'a aucune incidence sur la précision des calculs.

Saisir une formule

1. Cliquez dans une cellule et saisissez un nombre.
2. Par exemple, saisissez **10** dans la cellule A1.
3. Appuyez sur la touche Entrée.
4. La cellule A2 est à présent sélectionnée, c'est-à-dire active.
5. Saisissez **15** et appuyez sur la touche Entrée.
6. La cellule A3 est active. Le moment est venu de saisir une formule simple.
7. Dans la cellule A3, saisissez la formule suivante :

```
=A1+A2
```

8. Appuyez sur la touche Entrée.
9. Le résultat de l'addition, 25, apparaît dans la cellule A3 (Figure 1.11)

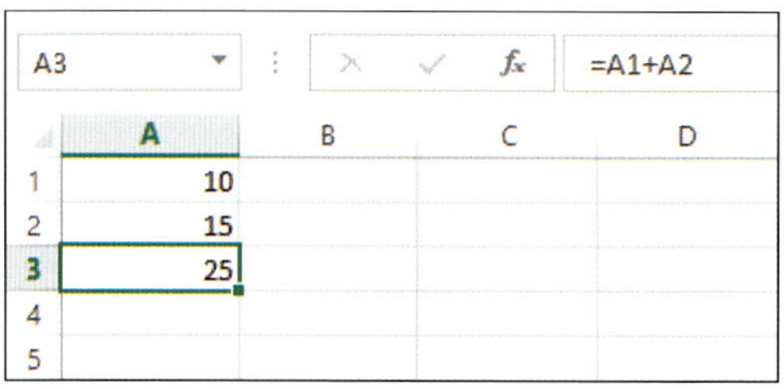

Figure 1.11 : Dans Excel, toutes les formules commencent par le signe =.

Il va de soi qu'il ne s'agit pas ici de prouver qu'Excel est capable d'additionner 10 et 15 – il sait faire bien mieux – mais d'attirer l'attention sur l'importance du signe « égal ». Lorsqu'il apparaît en premier dans la barre de formule, il indique en effet à Excel qu'il va devoir calculer ce qui suit.

TRUC

Une formule ne peut être modifiée que dans la barre de formule, juste au-dessus des en-têtes de colonnes.

NOTE TECHNIQUE

Toute la seconde partie de ce livre est consacrée aux fonctions et aux formules. Pour le moment, retenez l'importance du signe « égal » lorsqu'Excel doit procéder à un calcul. S'il était omis, la cellule A3 afficherait tout bonnement ceci : A1+A2, et non le résultat escompté.

Créer une plage de cellules

1. Saisissez des données dans une feuille de calcul, comme dans la Figure 1.12.

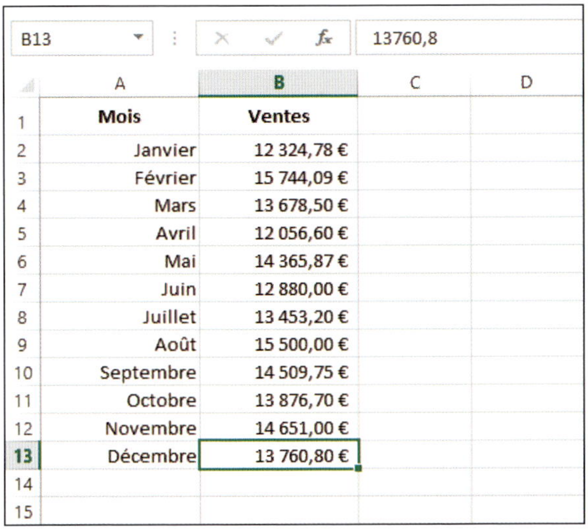

	A	B	C	D
1	Mois	Ventes		
2	Janvier	12 324,78 €		
3	Février	15 744,09 €		
4	Mars	13 678,50 €		
5	Avril	12 056,60 €		
6	Mai	14 365,87 €		
7	Juin	12 880,00 €		
8	Juillet	13 453,20 €		
9	Août	15 500,00 €		
10	Septembre	14 509,75 €		
11	Octobre	13 876,70 €		
12	Novembre	14 651,00 €		
13	Décembre	13 760,80 €		
14				
15				

Figure 1.12 : Des données saisies dans Excel.

2. Nous allons créer une plage de cellules référencés A2:B13. Remarquez, dans cette référence, le signe deux-points (:) et retenez-le bien, car il nous servira énormément dans les autres fiches de ce livre. Il s'agit en effet d'un séparateur que nous utiliserons abondamment dans les formules et les fonctions.

3. Cliquez dans la cellule qui se trouvera en haut à gauche de la plage de cellules que nous voulons créer puis…

4. ...sans lâcher le bouton de la souris, tirez un rectangle de sélection jusque sur la cellule B13, comme le montre la Figure 1.13.

5. Relâchez le bouton de la souris.

6. La plage de cellules A2:B13 vient d'être créée. Dans cette plage, la cellule active est la première sur laquelle vous avez cliquée, reconnaissable à son fond blanc.

 La petite icône qui apparaît en bas à droite de la plage de cellules, quand le pointeur de la souris la survole, sert à créer des graphiques Sparkline à partir des données sélectionnées. Ces graphiques sont présentés au Chapitre 4.

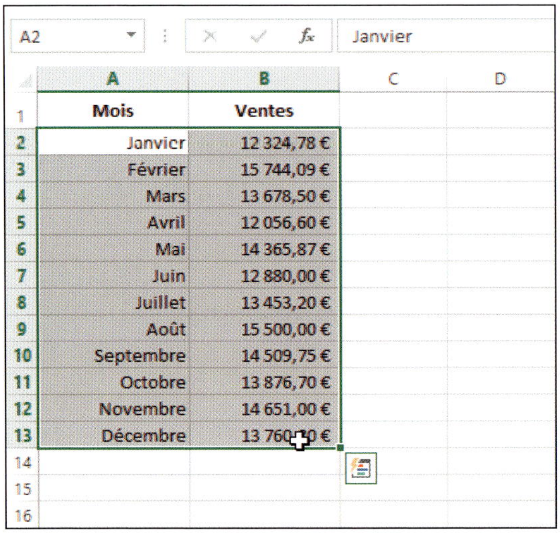

Figure 1.13 : La plage de cellules A2:B13 vient d'être sélectionnée.

ATTENTION

Dès que vous cliquez sur une cellule, la plage cesse d'exister. Nous verrons dans le prochaine fiche comment la pérenniser.

Recopier automatiquement

1. Saisissez un nombre dans une cellule.
2. Dans la Figure 1.14, saisissez tout bonnement **1** dans la cellule de votre choix. Par coquetterie, nous l'avons centré le chiffre.

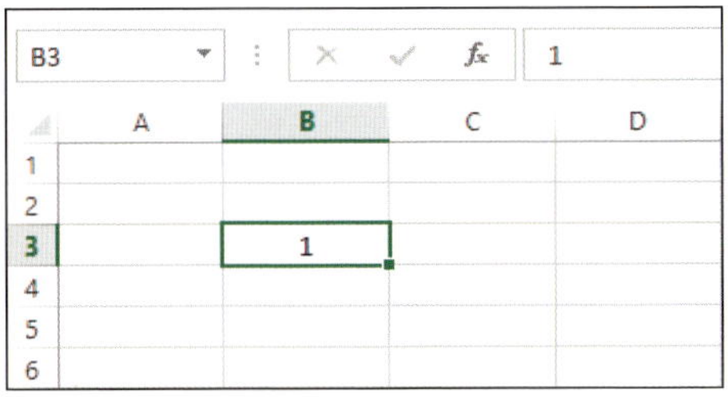

Figure 1.14 : Remarquez le carré en bas à droite de la cellule active.

3. Remarquez le carré dans le coin inférieur droit de la cellule active : c'est la poignée de recopie.
4. + Cliquez sur la poignée de recopie – le pointeur de la souris se change en fine croix noire – puis, bouton de la souris enfoncée, tirez vers le bas (Figure 1.15, à gauche).

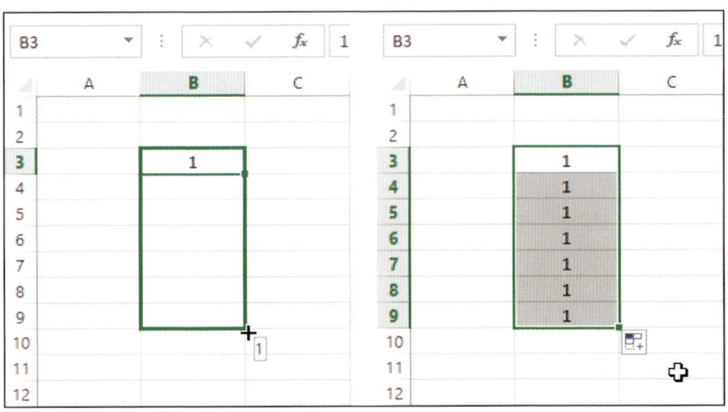

Figure 1.15 : Tirez la poignée de recopie vers le bas.

5. Relâchez le bouton de la souris.
6. Les cellules sont aussitôt remplies avec le contenu de la cellule d'origine (Figure 1.15, à gauche). Cette recopie est aussi possible avec du texte et même, comme nous verrons par ailleurs dans ce livre, avec des formules.

Excel peut faire mieux que répéter un contenu de cellule en cellule. Supposons qu'au lieu de recopier plusieurs fois un nombre, vous voudriez qu'il soit à chaque fois augmenté de 1, par exemple pour obtenir une numérotation. Recommençons l'opération :

1. Saisissez un nombre dans une cellule.
2. Ou, si vous avez fait cet exercice, appuyez sur Ctrl+Z pour annuler cette action.
3. Cliquez sur la poignée de recopie puis, la touche Ctrl et le bouton de la souris enfoncée – le signe « plus » apparaît en haut à droite du pointeur de la souris –, tirez vers le bas (Figure 1.16, à gauche).

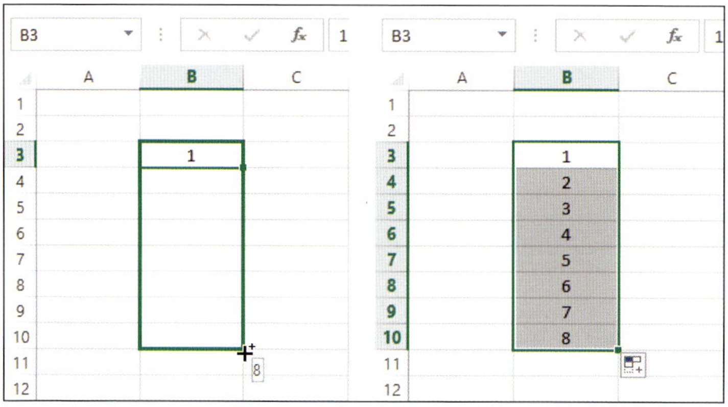

Figure 1.16 : Une recopie incrémentée.

4. Remarquez la petite étiquette en bas à droite du pointeur, qui indique le chiffre qui figurera dans la cellule en train d'être sélectionnée par la recopie.
5. Relâchez le bouton de la souris.
6. Le nombre a été recopié avec une incrémentation de 1, comme le révèle l'illustration de droite de la Figure 1.16.

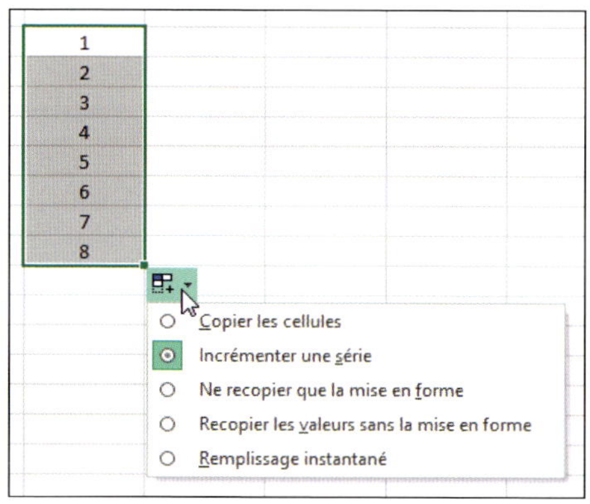

Figure 1.17 : Les options de recopie incrémentée.

L'icône qui apparaît en bas à droite de la plage de cellules recopiées contient des options d'incrémentation (Figure 1.17). Par exemple, si vous avez oublié d'appuyer sur la touche Ctrl, cliquez Incrémenter une série. La répétition du nombre sera aussitôt remplacée par son incrémentation. D'autres options utiles permettent de recopier aussi la mise en forme de la cellule.

TRUC

La recopie automatique fonctionne également en tirant la poignée vers la droite. Lorsque la poignée est tirée vers le haut ou vers la gauche, touche Ctrl enfoncée, l'incrémentation s'effectue dans le sens négatif.

Recopier les mois et les jours

1. Tapez le mot **Janvier** dans une cellule.

2. Cliquez sur la poignée de recopie, en bas à droite de la cellule puis, bouton de la souris enfoncée, tirez-la vers le bas (Figure 1.18, à gauche).

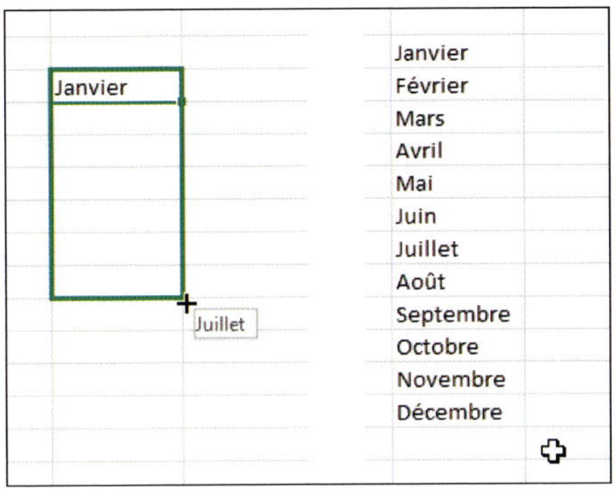

Figure 1.18 : Création automatique d'une liste de mois.

3. Tout en tirant la liste, observez l'étiquette indiquant le mois en cours de recopie. Si vous dépassez Décembre, une nouvelle liste est créée à partir de janvier.

4. Relâchez le bouton de la souris.

5. La liste de mois est créée, comme le montre l'illustration à droite dans la Figure 1.18.

TRUC

Cette fonctionnalité est aussi opérationnelle avec d'autres listes que le nom des mois. Voici les principales séries qu'Excel recopie automatiquement (il est inutile d'appuyer sur la touche Ctrl) :

- Janvier Février Mars…
- janv. févr. mars avr…
- Lundi Mardi Mercredi
- lun. mar. mer. jeu…
- 1 trimestre 2 trimestre…
- trim 1 trim 2 trim 3…

Excel incrémente de la même manière, sans appuyer sur Ctrl, tous les textes après lesquels vous ajoutez un chiffre : Lapin 1, Lapin 2, Lapin 3… Pour ne pas incrémenter, maintenez la touche Ctrl enfoncée (eh oui, c'est à l'inverse de ce qu'il faut faire avec des nombres seuls).

Insérer une colonne ou une ligne

1. Pour ajouter une colonne, amenez le pointeur de la souris sur l'en-tête de colonne à droite de l'emplacement où vous désirez la mettre.

   ⬇ Par exemple, pour insérer une colonne entre les colonnes B et C, amenez le pointeur de la souris sur l'entête de la colonne C, comme le montre la Figure 1.19. Il se transforme en flèche pointée vers le bas.

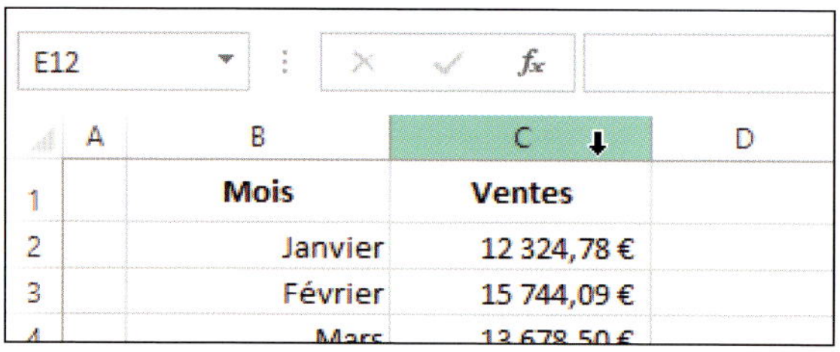

Figure 1.19 : Cliquez sur l'en-tête de colonne à droite de l'emplacement où vous désirez insérer une nouvelle colonne (ici, l'en-tête de la colonne C).

2. Cliquez sur l'en-tête du bouton droit et, dans le menu, choisissez Insertion (Figure 1.20).

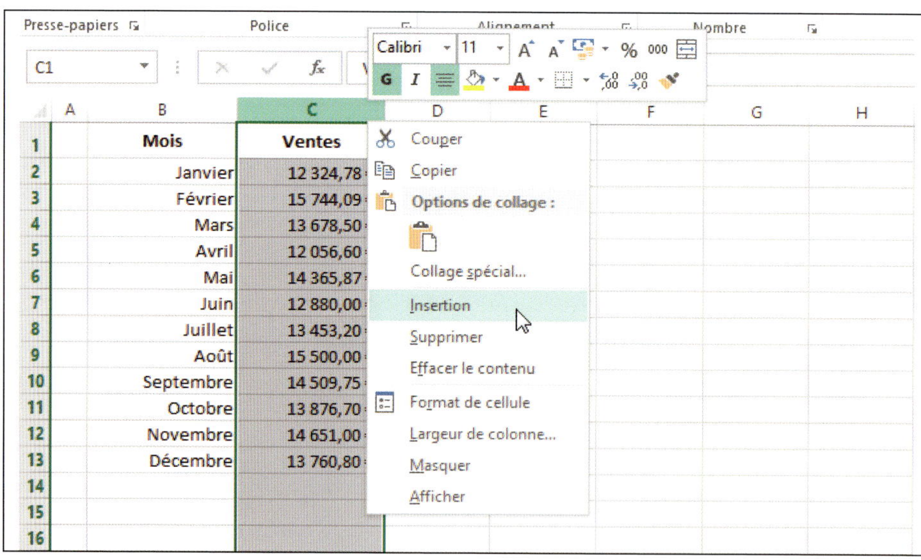

Figure 1.20 : Insertion d'une nouvelle colonne dans une feuille de calcul.

3. La nouvelle colonne est aussitôt insérée (Figure 1.21). Les colonnes à droite sont décalées.

NOTE TECHNIQUE

Les formules présentes dans les colonnes qui ont été décalées sont automatiquement mise à jour afin que l'insertion ne fausse pas les calculs en cours.

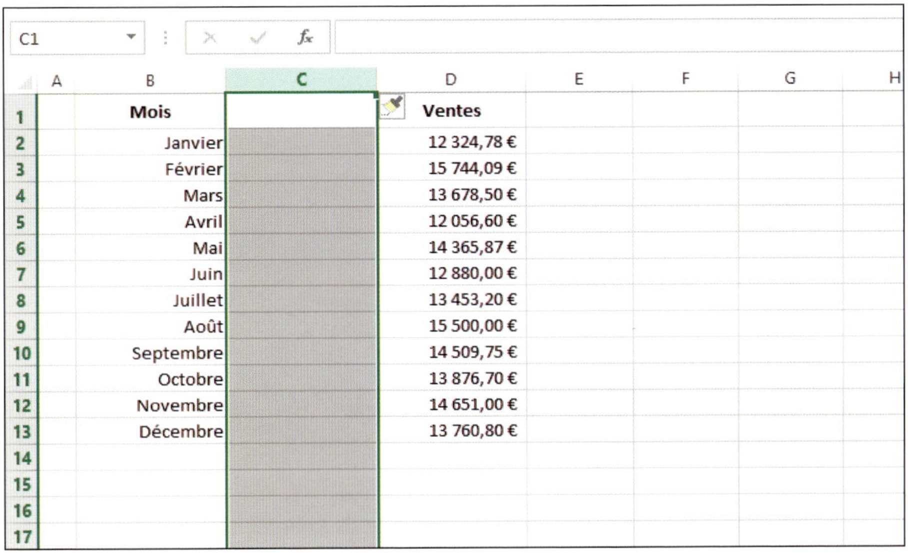

	A	B	C	D	E	F	G	H
1		Mois		Ventes				
2		Janvier		12 324,78 €				
3		Février		15 744,09 €				
4		Mars		13 678,50 €				
5		Avril		12 056,60 €				
6		Mai		14 365,87 €				
7		Juin		12 880,00 €				
8		Juillet		13 453,20 €				
9		Août		15 500,00 €				
10		Septembre		14 509,75 €				
11		Octobre		13 876,70 €				
12		Novembre		14 651,00 €				
13		Décembre		13 760,80 €				
14								
15								
16								
17								

Figure 1.21 : La nouvelle colonne est sélectionnée.

4. (Facultatif) si vous le désirez, cliquez sur l'icône des options d'insertion visible en bas à droite de l'en-tête de la nouvelle colonne. Elle contient trois options :

   - **Format identique à celui de gauche :** Dans la nouvelle colonne, les cellules auront la même mise en forme que les cellules qui se trouvent à leur gauche.
   - **Format identique à celui de droite :** Dans la nouvelle colonne, les cellules auront la même mise en forme que les cellules qui se trouvent à leur droite.
   - **Effacer la mise en forme :** Les cellules de la nouvelle colonne s'ont aucune mise en forme particulière.

TRUC

La procédure est identique pour les lignes. Plusieurs colonnes ou lignes peuvent être insérées en une seule fois. Par exemple, pour insérer trois colonnes à gauche de la colonne C, cliquez sur l'en-tête de la colonne C puis, touche Maj enfoncée, cliquez sur l'en-tête de la colonne E : les trois colonnes C, D et E sont sélectionnées. Cliquez ensuite du bouton droit dans la sélection et choisissez Insertion.

Supprimer une colonne ou une ligne

1. Pour supprimer une colonne, cliquez du bouton droit sur son en-tête.

2. Dans le menu, cliquez sur Supprimer (Figure 1.22).

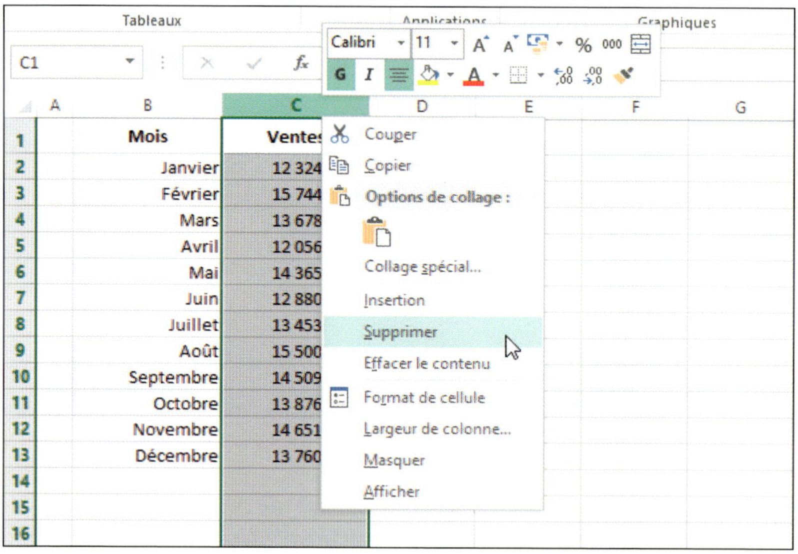

Figure 1.22 : Suppression d'une colonne.

3. La colonne est aussitôt supprimée.

ATTENTION

Si la colonne supprimée contenait des données auxquelles des cellules se référaient, ces cellules n'affichent plus le résultat de la formule, mais une valeur d'erreur #REF ! Vous devrez corriger ces cellules manuellement.

TRUC

La procédure est identique pour les lignes.

ATTENTION

Pour effacer le contenu d'une colonne ou d'une ligne, cliquez sur son en-tête afin de la sélectionner, et appuyez ensuite sur la touche Supprimer. Cette action est aussi valable pour une cellule ou pour une plage de cellules. La différence est qu'au lieu de disparaître, la colonne, la ligne ou les cellules sont toujours présentes, mais vidées de leur contenu.

Déplacer une colonne ou une ligne

1. Pour déplacer une colonne, cliquez du bouton droit sur son en-tête.
2. Dans le menu, cliquez sur Couper.
3. Un contour animé entoure toutes les cellules de la colonne (Figure 1.23). Il indique qu'une opération Couper ou Copier est en cours.

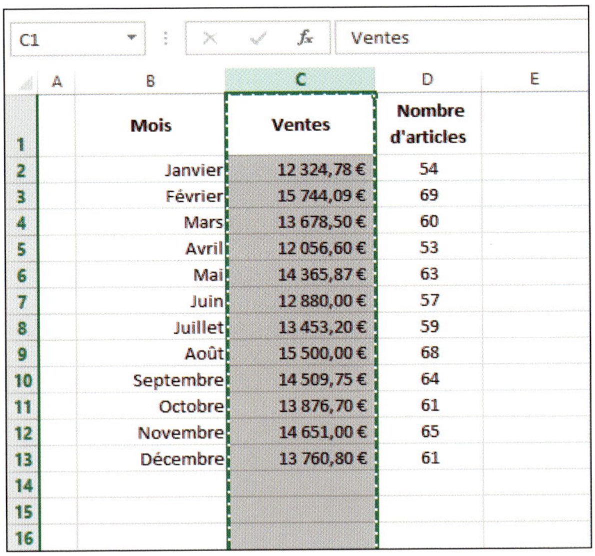

C1 | Ventes

	A	B	C	D	E
1		Mois	Ventes	Nombre d'articles	
2		Janvier	12 324,78 €	54	
3		Février	15 744,09 €	69	
4		Mars	13 678,50 €	60	
5		Avril	12 056,60 €	53	
6		Mai	14 365,87 €	63	
7		Juin	12 880,00 €	57	
8		Juillet	13 453,20 €	59	
9		Août	15 500,00 €	68	
10		Septembre	14 509,75 €	64	
11		Octobre	13 876,70 €	61	
12		Novembre	14 651,00 €	65	
13		Décembre	13 760,80 €	61	
14					
15					
16					

Figure 1.23 : Un contour animé indique que les cellules de la colonne vont être coupées (ou copiées si vous comptez les dupliquer).

4. Cliquez du bouton droit sur l'en-tête de la colonne à gauche de laquelle vous désirez insérer la colonne déplacée et, dans le menu, cliquez sur Insérer les cellules coupées (Figure 1.24).
5. La colonne coupée disparaît de son emplacement d'origine et réapparaît à son nouvel emplacement. Excel met à jour toutes les formules afin que la feuille de calcul ne soit pas faussée.

TRUC

La procédure est identique pour les lignes.

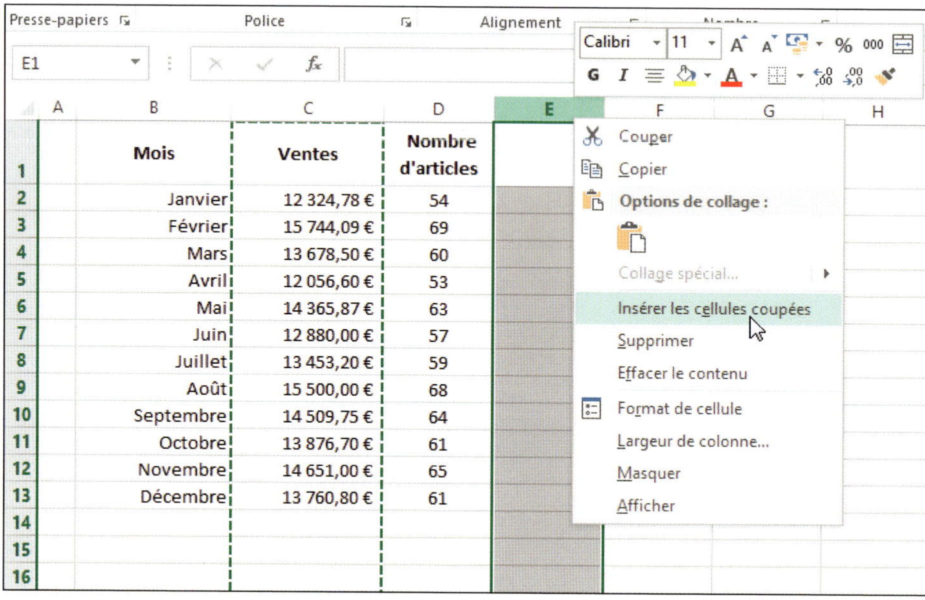

Figure 1.24 : Insérez la colonne préalablement collée.

Insérer ou supprimer des cellules

1. Dans la Figure 1.25, nous voulons insérer trois lignes de cellules vides dans la rubrique Coûts et revenus, sous les cellules A7 et B7, mais sans que tableau en jaune – celui affichant les ventes sur six mois – bouge d'où il est.

2. Si nous ajoutions des lignes comme expliqué précédemment dans la fiche Insérer une colonne ou une ligne, le tableau jaune serait coupé en deux.

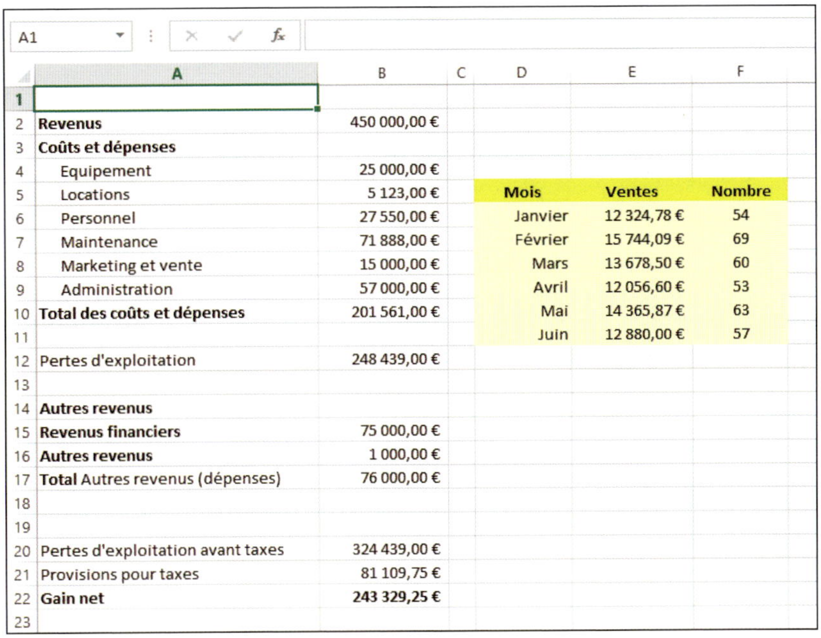

A1

	A	B	C	D	E	F
1						
2	**Revenus**	450 000,00 €				
3	**Coûts et dépenses**					
4	Equipement	25 000,00 €				
5	Locations	5 123,00 €		**Mois**	**Ventes**	**Nombre**
6	Personnel	27 550,00 €		Janvier	12 324,78 €	54
7	Maintenance	71 888,00 €		Février	15 744,09 €	69
8	Marketing et vente	15 000,00 €		Mars	13 678,50 €	60
9	Administration	57 000,00 €		Avril	12 056,60 €	53
10	**Total des coûts et dépenses**	201 561,00 €		Mai	14 365,87 €	63
11				Juin	12 880,00 €	57
12	Pertes d'exploitation	248 439,00 €				
13						
14	**Autres revenus**					
15	**Revenus financiers**	75 000,00 €				
16	**Autres revenus**	1 000,00 €				
17	**Total** Autres revenus (dépenses)	76 000,00 €				
18						
19						
20	Pertes d'exploitation avant taxes	324 439,00 €				
21	Provisions pour taxes	81 109,75 €				
22	**Gain net**	**243 329,25 €**				
23						

Figure 1.25 : Des cellules doivent insérées dans le tableau à gauche, mais sans déstructurer le tableau jaune, à droite.

3. Cliquez sur la cellule au-dessus de laquelle vous désirez en ajouter d'autres.

4. Il s'agit ici de la cellule A7.

5. La touche Maj enfoncée, cliquez sur la cellule B9.

6. Nous définissons ainsi une plage de trois lignes (Figure 1.26).

7. Cliquez du bouton droit dans la plage de cellules et dans le menu, choisissez Insérer.

8. La boîte de dialogue Insertion de cellule apparaît (Figure 1.27). Comme Excel ne peut deviner vos intentions, il vous demande de les préciser.

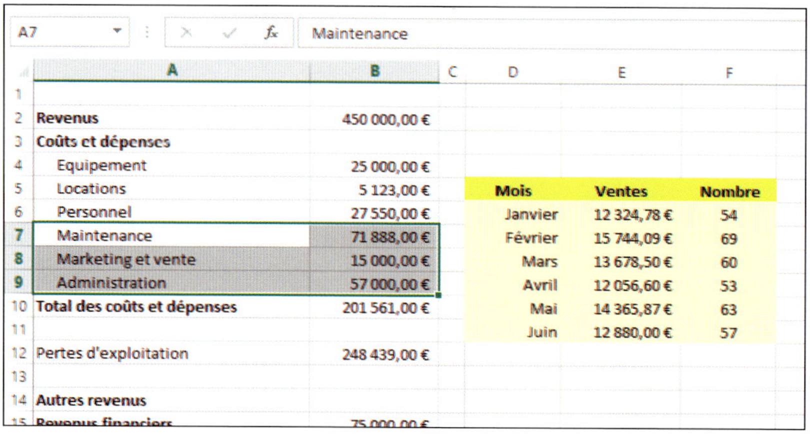

Figure 1.26 : Définissez une plage comprenant autant de lignes que de lignes de cellules à insérer.

9. Cliquez sur l'option Décaler les cellules vers le bas – car telle est notre intention –, puis cliquez sur le bouton OK.

10. Une plage de cellules identique à celle qui avait été définie à l'étape 3 est créée. Les cellules qui s'y trouvaient sont décalées vers le bas. Remarquez qu'à droite, le tableau jaune n'a pas été scindé.

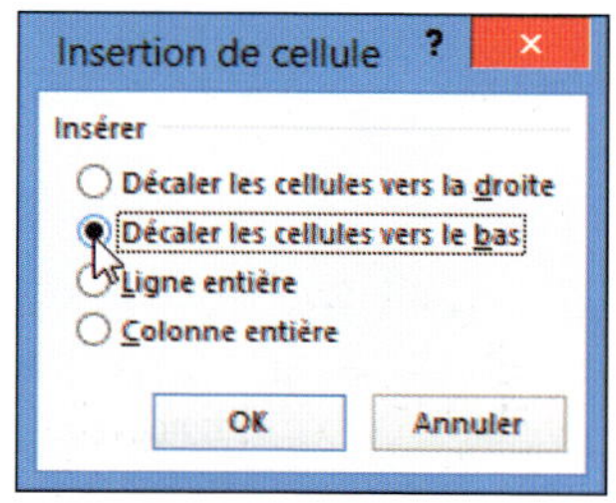

Figure 1.27 : Vous avez le choix entre pousser les cellules existantes vers le bas, ou vers la droite.

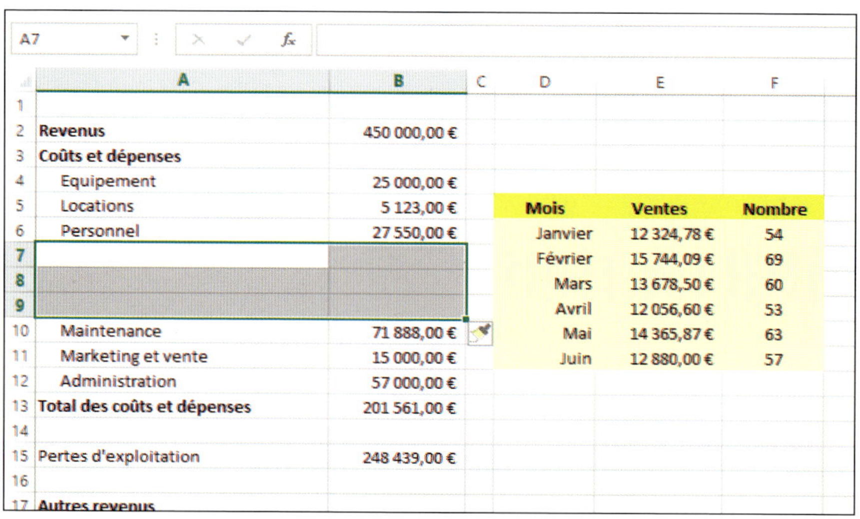

Figure 1.28 : Excel a inséré des cellules vides dans la plage A7:B9.

Ajouter une feuille de calcul

1. Dans la barre d'onglets de feuilles de calcul, en bas d'Excel, cliquez sur le bouton Nouvelle feuille.

2. Une nouvelle feuille de calcul vierge est aussitôt ajoutée au classeur Excel (Figure 1.29).

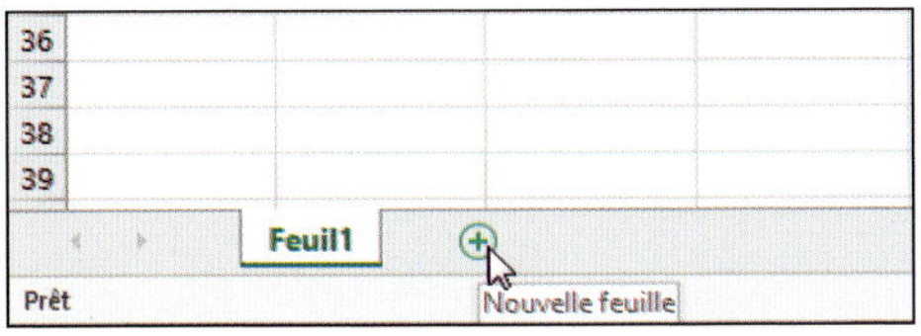

Figure 1.29 : Ajout d'une nouvelle feuille de calcul.

3. Vous pouvez utiliser la feuille de calcul.

4. Pour accéder aux autres feuilles, cliquez sur leur onglet, en bas à gauche.

NOTE TECHNIQUE

Les nouvelles feuilles ont pour nom Feuil2, Feuil3, Feuil4 ainsi de suite. Vous pouvez cependant les renommer en double-cliquant sur leur onglet en saisissant leur nouveau nom.

TRUC

Les onglets des feuilles de calcul sont repositionnables les uns par rapport aux autres. Pour en déplacez un, cliquez sur son onglet puis, bouton de la souris enfoncée, tirez-le vers la droite ou vers la gauche.

NOTE TECHNIQUE

Par défaut, un nouveau classeur Excel ne contient qu'une seule feuille de calcul. Si vous préférez que les nouveaux classeurs que vous créez en aient d'emblée plusieurs, cliquez sur Fichier, en haut à gauche d'Excel, puis dans le volet à gauche dans le panneau, choisissez Options. À la rubrique Lors de la création de classeurs, réglez le nombre de feuilles à créer dans un nouveau classeur grâce à l'option Inclure ces feuilles (Figure 1.30). Cliquez ensuite sur OK.

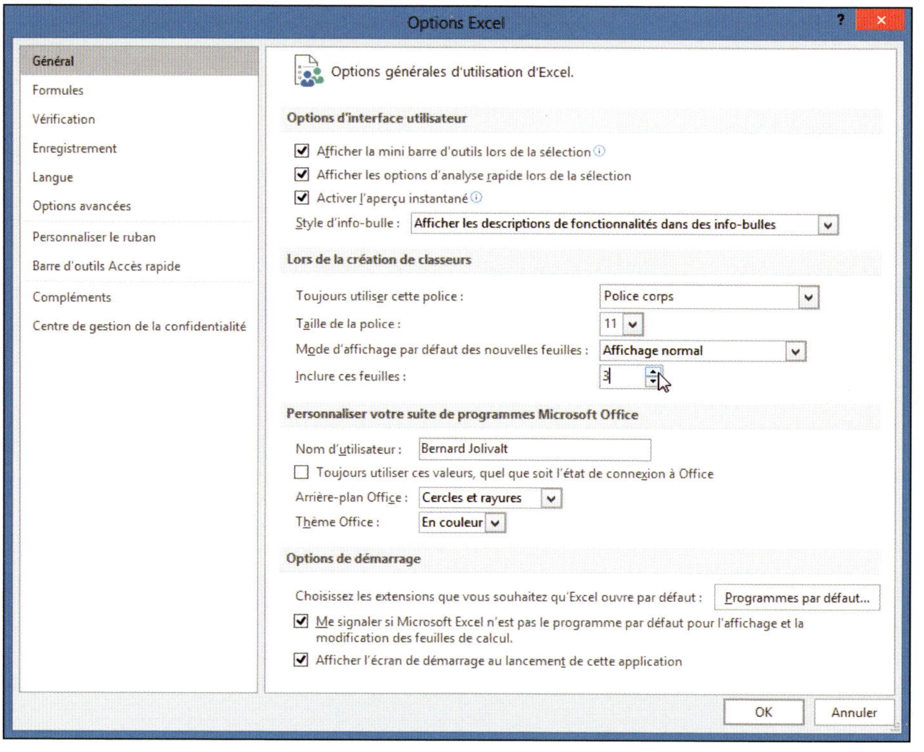

Figure 1.30 : Avec l'option Inclure ces feuilles, définissez le nombre de feuilles de calcul vierges que devront contenir les classeurs que vous créerez.

Extraire une feuille de calcul d'un classeur

1. Cliquez du bouton droit sur l'onglet de la feuille de calcul à extraire.
2. Vous voudrez par exemple extraire une feuille de calcul d'un classeur pour l'envoyer à un correspondant par courrier électronique, mais sans lui envoyer la totalité du classeur.
3. Dans le menu, cliquez sur l'option Déplacer ou copier (Figure 1.31).

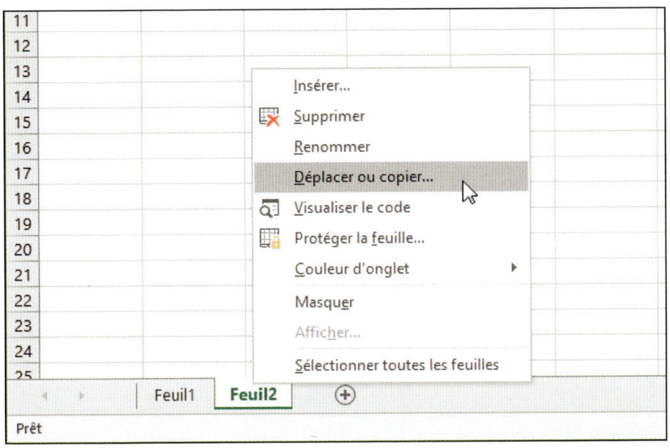

Figure 1.31 : Cette option permet également d'extraire une feuille de calcul.

4. La boîte de dialogue Déplacer ou copier apparaît (Figure 1.32).
5. Cochez la case Créer une copie.
6. Vous pouvez aussi choisir de ne pas le faire, mais en toute connaissance de cause.
7. Déroulez le menu Dans le classeur, en haut de la boîte de dialogue et choisissez l'option Nouveau classeur (Figure 1.33).
8. Cliquez sur OK.
9. La feuille de calcul extraite est à présent un classeur ne contenant que cette feuille.

Figure 1.32 : Cette boîte de dialogue permet de déplacer ou copier une feuille de calcul dans le même classeur, ou dans un classeur neuf, ou dans un classeur existant.

ATTENTION

Considérez la case Créer une copie, en bas à droite de la boîte de dialogue, et choisissez l'une de ces actions :

- Cocher la case : Une copie de la feuille de calcul sera extraite, mais l'original reste dans le classeur.
- Ne pas cocher la case : La feuille de calcul extraite disparaît de votre classeur.

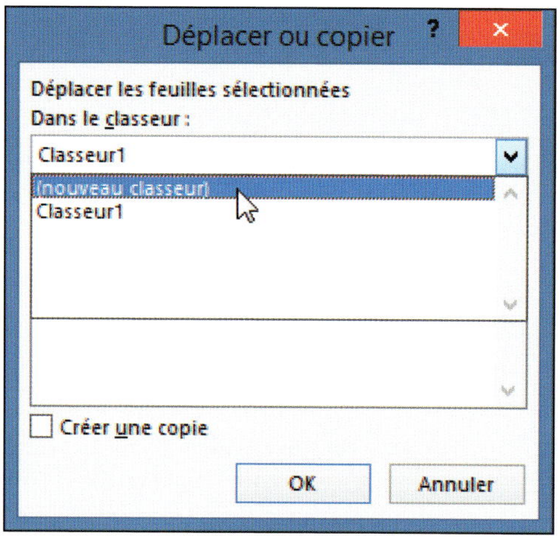

Figure 1.33 : La feuille de calcul deviendra un nouveau classeur.

TRUC

Si au lieu de choisir un nouveau classeur, vous aviez cliqué sur OK, la feuille de calcul aurait été copiée ou déplacée dans le même classeur, selon que la case Créer une copie est cochée ou nom. Remarquez, dans la liste Avant la feuille, qu'Excel permet de choisir où la feuille de calcul doit être placée.

TRUC

Si un autre classeur Excel est ouvert, le menu Dans ce classeur permet de le sélectionner. Dans ce cas, la feuille de calcul sera copiée ou déplacée dans le classeur existant.

Enregistrer un classeur

1. Après avoir modifié le contenu d'un classeur, cliquez sur Fichier, en haut à gauche d'Excel. Le panneau Informations apparaît.

2. Dans le volet de gauche, cliquez sur Enregistrer. Le panneau de la Figure 1.34 apparaît. Cliquez sur l'une de ces deux options :

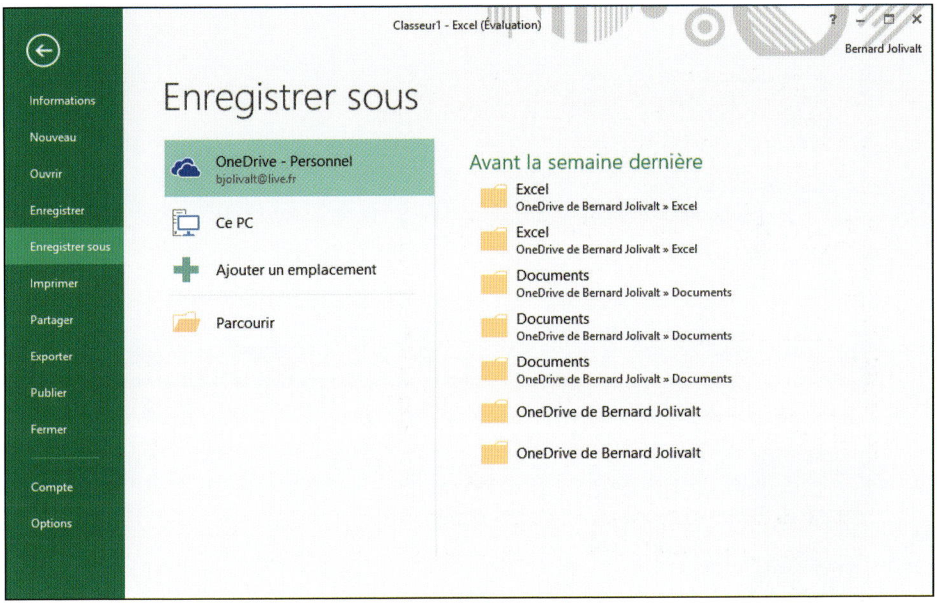

Figure 1.34 : Choisissez de stocker le classeur Excel dans le nuage ou dans votre ordinateur.

- **OneDrive :** Il s'agit du « nuage informatique » géré par Microsoft. Lorsque cette option est sélectionnée, le classeur Excel est stocké dans l'un des serveurs de Microsoft. Lorsque vous cliquez sur OneDrive, la boîte de dialogue de la Figure 1.35 apparaît. Double-cliquez sur le dossier Documents, puis cliquez sur le bouton Enregistrer, en bas à droite.

- **Ce PC :** Lorsque vous cliquez sur ce bouton, Excel affiche une liste de dossiers (Figure 1.36). Double-cliquez sur celui dans lequel vous désirez stocker le classeur Excel.

3. Pour revenir à la feuille de calcul, cliquez sur le bouton vert en haut à gauche d'Excel.

Si au contraire vous voulez quitter Excel, cliquez sur Fermer, dans le volet de gauche.

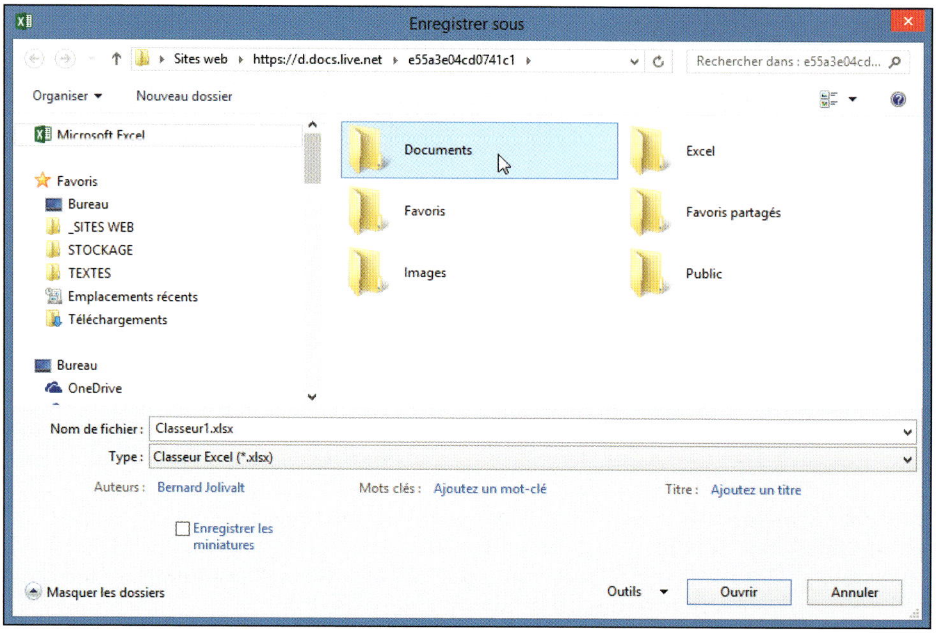

Figure 1.35 : Le stockage d'un classeur Excel dans le « nuage » de Microsoft.

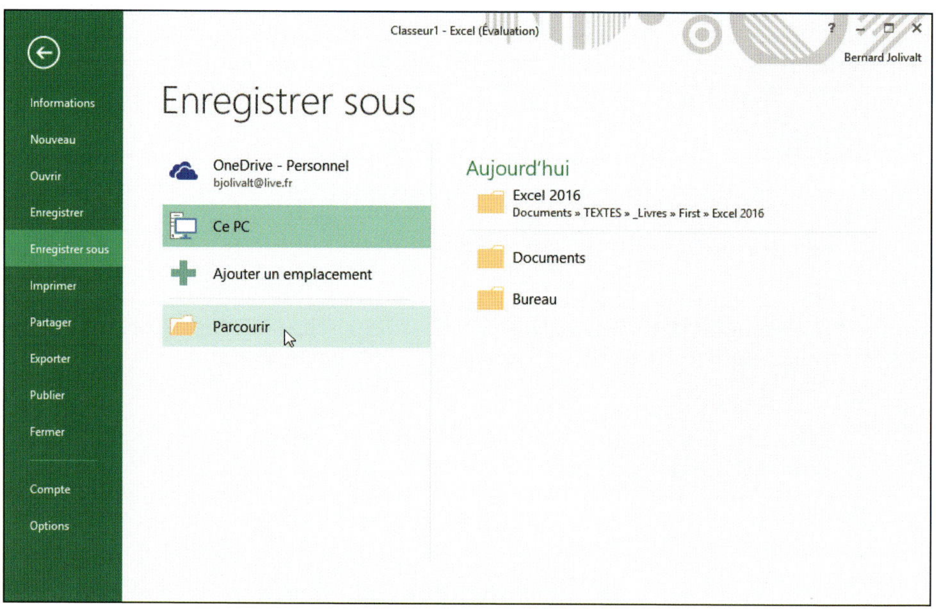

Figure 1.36 : Stockez vos classeurs Excel dans votre ordinateur.

2

Présenter les données

Vous pouvez certes vous contenter de saisir des données et leur appliquer une mise en forme et vous en tenir là. C'est ce que font beaucoup d'utilisateurs. Mais si les feuilles de calcul doivent être vues par d'autres personnes, et surtout si elles doivent être importées dans des rapports, des brochures et d'autres supports, il est préférable qu'elles bénéficient d'une belle mise en page. Ce chapitre est donc en grande partie « cosmétique », mais la présentation des données ne s'arrête pas à l'esthétique. Une feuille de calcul bien mise en page est plus facile à lire et à comprendre. Vous apprendrez aussi comment ajouter des commentaires à des cellules afin de les rendre encore plus informatives.

Pour vous familiariser avec ces commandes, sélectionnez une ou plusieurs cellules contenant des données puis cliquez sur le bouton du groupe Police, dans le ruban Accueil. Si l'un de boutons comporte un bouton fléché, cliquez dessus pour découvrir les options proposées. Notez aussi que cliquer sur le tout petit bouton en bas à droite du groupe Police ouvre l'onglet Police de la boîte de dialogue Format de cellule (Figure 2.1). Elle contient de nombreuses fonctions de mise en forme typographique.

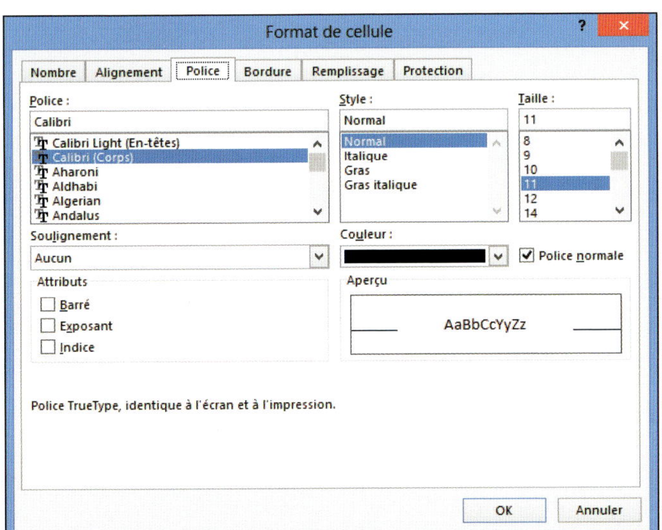

Figure 2.1 : Les options de police d'Excel 2016.

Régler la largeur d'une colonne ou d'une ligne

1. Observez la feuille de calcul de la Figure 2.2.

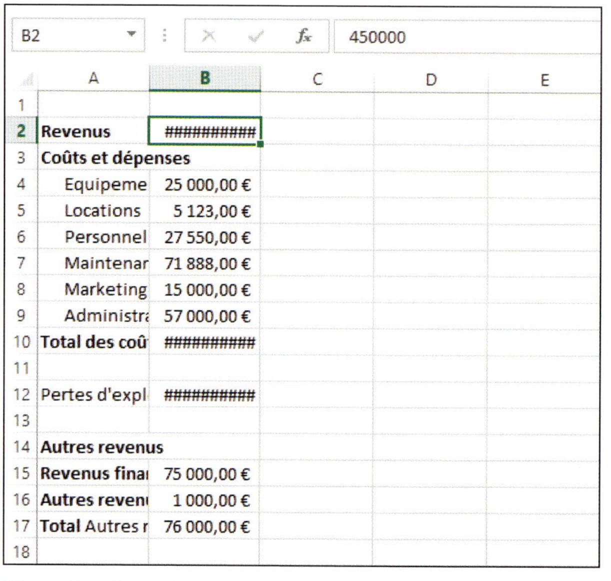

Figure 2.2 : Les colonnes A et B sont trop étroites pour certaines données.

2. Des cellules sont entièrement occupées par des signes dièse (#####...). Cet affichage indique que le chiffre figurant dans ces cellules est trop large pour être affiché. Au lieu de montrer des nombres tronqués, Excel préfère ne pas les afficher du tout. Mais même masqués, ils sont pris en compte dans les calculs.

3. Dans la colonne A, des textes sont tronqués. Lorsqu'une colonne est trop étroite pour les afficher, Excel procède de deux manières :

   a) Si la cellule à droite est vide, le texte déborde dedans. C'est ce qui passe à la cellule A14.

   b) Si la cellule à droite est occupée, le texte est coupé.

4. Amenez le pointeur de la souris sur la bordure droite de l'en-tête de la colonne à élargir.

   Le pointeur se transforme en barre à deux flèches.

5. Cliquez sur le bord de l'en-tête de colonne et tirez-le vers la droite (Figure 2.3).

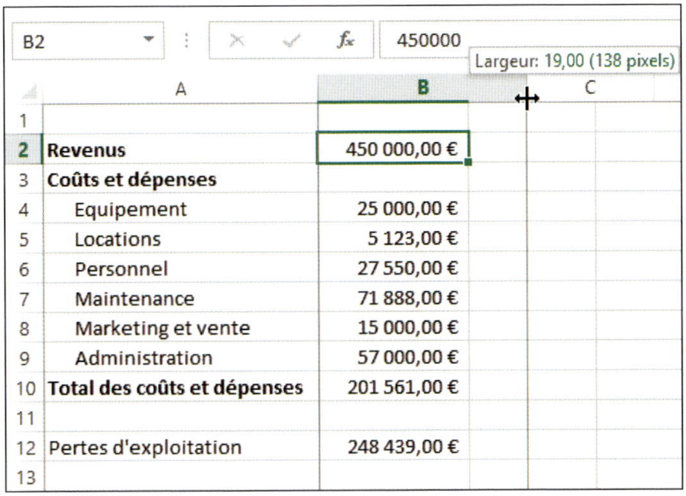

	A	B	C
1			
2	**Revenus**	450 000,00 €	
3	**Coûts et dépenses**		
4	Equipement	25 000,00 €	
5	Locations	5 123,00 €	
6	Personnel	27 550,00 €	
7	Maintenance	71 888,00 €	
8	Marketing et vente	15 000,00 €	
9	Administration	57 000,00 €	
10	**Total des coûts et dépenses**	201 561,00 €	
11			
12	Pertes d'exploitation	248 439,00 €	
13			

Figure 2.3 : Après la colonne A, la colonne B est à son tour élargie.

6. Remarquez l'étiquette affichée au cours du réglage. Elle indique la largeur en nombre de caractères (police Calibri) et en pixels.

7. La largeur voulue obtenue – les textes sont affichés en entier et/ou les chiffres sont visibles –, relâchez le bouton de la souris.

TRUC

La manipulation est la même pour les lignes, sauf que le pointeur de la souris doit être placé sur le bord inférieur de l'en-tête de la ligne à régler. Tirez ensuite vers le haut ou vers le bas.

TRUC

Il est possible de régler plusieurs colonnes ou lignes en même temps en les sélectionnant. Pour sélectionner une plage de colonnes ou de lignes contigües, cliquez sur l'en-tête de la première puis, bouton Maj enfoncé, cliquez sur l'en-tête de la dernière colonne à inclure. Réglez ensuite la largeur d'une colonne ; les autres seront mises à la même taille.

NOTE TECHNIQUE

La largeur par défaut d'une colonne est de 10,71 caractères (police Calibri, corps 11) ; la largeur maximale est de 255 caractères. La hauteur par défaut d'une ligne est de 15 points pica (une unité de mesure typographique valant 0,3527 mm), soit environ 4,5 cm ; la hauteur maximale est de 409,50 points (546 pixels).

Définir la largeur d'une colonne ou d'une ligne

1. Cliquez du bouton droit sur un en-tête de colonne ou de ligne.
2. La colonne ou la ligne est sélectionnée, et un menu apparaît.
3. Dans le menu que montre la Figure 2.4, choisissez Largeur de colonnes.

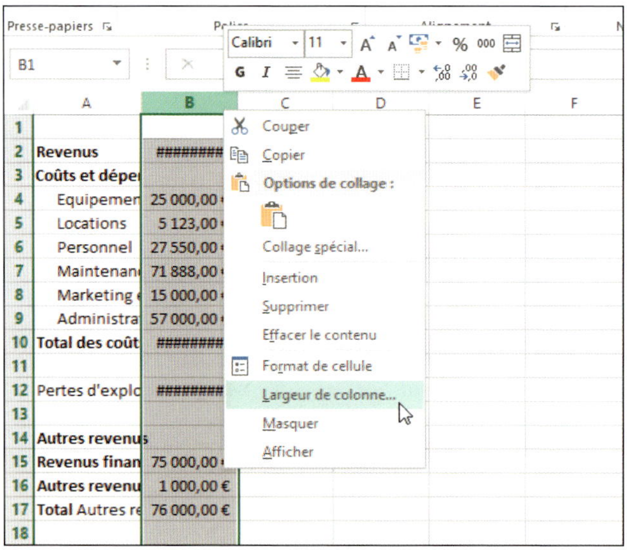

Figure 2.4 : Régler la hauteur d'une colonne.

4. Si vous réglez une ligne, choisissez Hauteur de ligne.
5. Saisissez la largeur de colonne (Figure 2.5) ou la hauteur de ligne.
6. Cliquez sur OK.
7. La colonne – ou la ligne – est aussitôt mise à la dimension spécifiée.

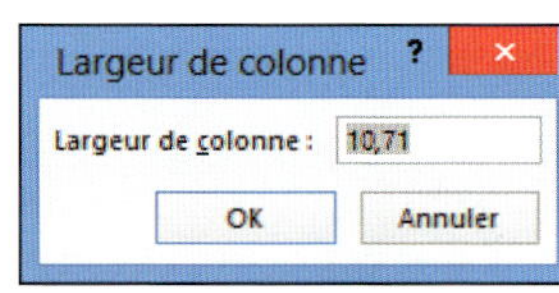

Figure 2.5 : Saisissez la largeur de la colonne.

NOTE TECHNIQUE

La largeur par défaut d'une colonne est de 10,71 caractères (police Calibri, corps 11) ; la largeur maximale est de 255 caractères. La hauteur par défaut d'une ligne est de 15 points pica (une unité de mesure typographique valant 0,3527 mm), soit environ 4,5 cm ; la hauteur maximale est de 409,50 points (546 pixels).

Effectuer un retour à la ligne

1. Observez la première ligne de la feuille de calcul de la Figure 2.6.

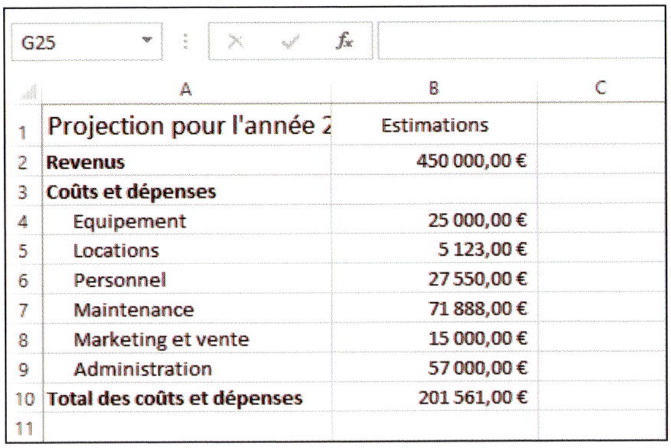

Figure 2.6 : Dans la cellule A1, le titre est tronqué.

2. Dans la cellule A1, le titre est tronqué car la cellule à droite est occupée

3. Cliquez dans la cellule en question.

4. Dans le groupe Alignement du ruban Accueil, cliquez sur le bouton Renvoyer à la ligne automatiquement.

5. Le texte est renvoyé à la ligne, comme le montre la Figure 2.7, mais la taille de la ligne n'a pas changé.

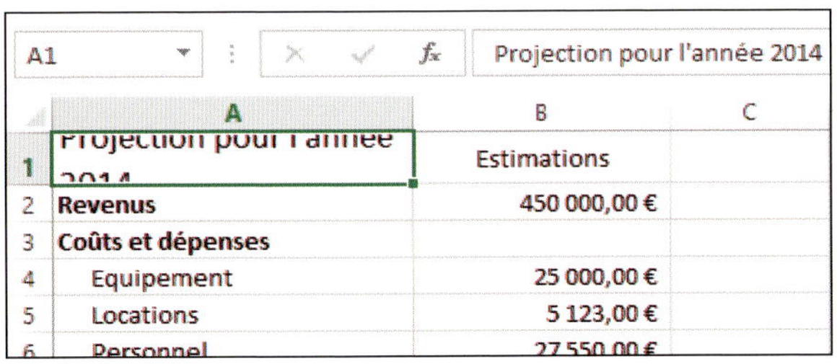

Figure 2.7 : Le texte est revenu à la ligne.

6. Augmentez la hauteur de la ligne comme expliqué précédemment.

7. Tirez le bord inférieur de la ligne jusqu'à ce que le texte ait de la place pour être entièrement visible.

8. Dans le groupe Alignement, cliquez sur les boutons Aligner au centre et Centrer

9. Le titre est à présent parfaitement positionné dans la cellule, comme le montre la Figure 2.8.

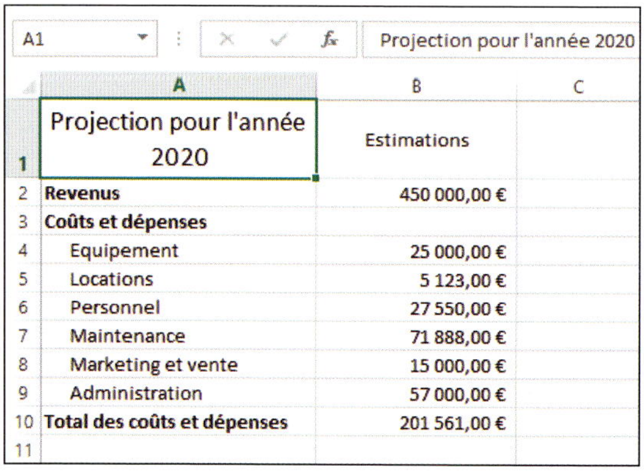

A1 | Projection pour l'année 2020

	A	B	C
1	Projection pour l'année 2020	Estimations	
2	**Revenus**	450 000,00 €	
3	**Coûts et dépenses**		
4	Equipement	25 000,00 €	
5	Locations	5 123,00 €	
6	Personnel	27 550,00 €	
7	Maintenance	71 888,00 €	
8	Marketing et vente	15 000,00 €	
9	Administration	57 000,00 €	
10	**Total des coûts et dépenses**	201 561,00 €	
11			

Figure 2.8 : Le texte revient à la ligne. Il est centré en largeur et en hauteur.

Fusionner des cellules

1. Observez la première ligne de la feuille de calcul de la Figure 2.9.

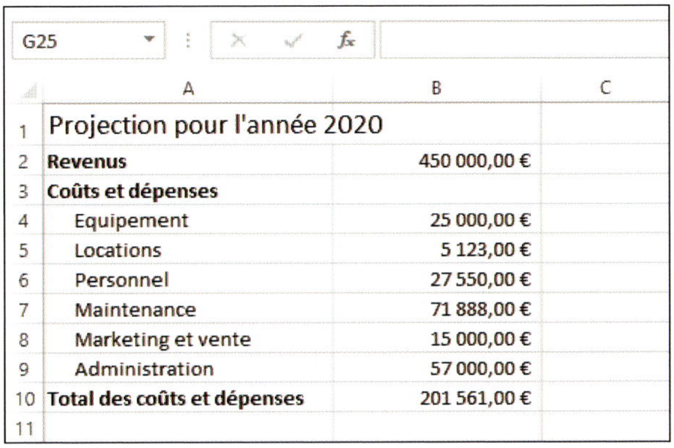

	A	B	C
1	Projection pour l'année 2020		
2	**Revenus**	450 000,00 €	
3	**Coûts et dépenses**		
4	Equipement	25 000,00 €	
5	Locations	5 123,00 €	
6	Personnel	27 550,00 €	
7	Maintenance	71 888,00 €	
8	Marketing et vente	15 000,00 €	
9	Administration	57 000,00 €	
10	**Total des coûts et dépenses**	201 561,00 €	
11			

Figure 2.9 : Le texte déborde dans la cellule à droite.

2. Le titre dans la cellule s'étend à droite car la cellule B1 est vide.

3. Nous voulons à présent centrer le texte sur les deux cellules A1 et B1. Cliquer sur le bouton Centrer, dans le ruban, ne changerait rien car il ne centre un texte qu'à l'intérieur d'une cellule, mais pas sur plusieurs cellules.

4. Cliquez sur la cellule contenant le texte puis, bouton Maj enfoncé, cliquez sur la cellule à droite.

TRUC

Il n'est pas nécessaire que ce soit la cellule immédiatement à droite. Vous pouvez en effet choisir de fusionner sur autant de cellules que vous le désirer. Nous y reviendrons à l'étape 4.

5. Après avoir cliqué sur la cellule contenant le texte, cliquez, bouton Maj enfoncé, sur la dernière des cellules à fusionner.

6. Pour notre exemple (Figure 2.10), nous avons cliqué sur A1 puis, bouton Maj enfoncé, sur B1.

A1 | fx | Projection pour l'année 2020

	A	B	C
1	Projection pour l'année 2020		
2	**Revenus**	450 000,00 €	
3	**Coûts et dépenses**		
4	Equipement	25 000,00 €	
5	Locations	5 123,00 €	
6	Personnel	27 550,00 €	
7	Maintenance	71 888,00 €	
8	Marketing et vente	15 000,00 €	
9	Administration	57 000,00 €	
10	**Total des coûts et dépenses**	201 561,00 €	
11			

Figure 2.10 : Sélectionnez le cellules à fusionner.

7. Dans le groupe Alignement du ruban Accueil, cliquez sur le bouton Fusionner et centrer.

TRUC

Au lieu de cliquer directement sur le bouton Fusionner et centrer, cliquez sur le petit bouton qui se trouve à sa droite (Figure 2.11). Il contient quatre options :

- **Fusionner et centrer :** Les données s'étalent sur les cellules fusionnées et elles sont centrées horizontalement (mais pas verticalement). Il est possible de fusionner une plage de plusieurs lignes et colonnes en une seule cellule.
- **Fusionner :** Fusionne les données mais sans les centrer. Cette commande ne fonctionne que sur lignes. Si plusieurs lignes et colonnes sont sélectionnées, cette commande ne fusionne que les cellules situées sur la même ligne.

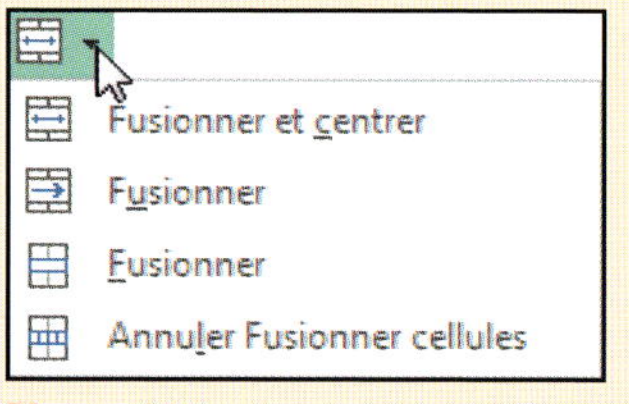

Figure 2.11 : Les options de fusion des cellules.

- **Fusionner :** Cette commande qui a malencontreusement le même nom que la précédente ne fusionne que les cellules situées dans une même colonne. Si plusieurs lignes et colonnes sont sélectionnées, cette commande ne fusionne que les cellules situées sur la même colonne.
- **Annuler Fusionner cellules :** Désolidarise les cellules fusionnées. Il n'est pas nécessaire d'utiliser cette commande pour annuler une fusion. Il suffit en effet pour cela de cliquer sur le bouton dans le ruban pour.

8. La Figure 2.11 montre les cellules A1 et B1 fusionnées. Notez que quand des cellules ont été fusionnées, leur adresse est toujours celle de la cellule qui se trouvait à gauche ou, pour une plage, en haut à gauche.

A1 | fx | Projection pour l'année 2020

	A	B	C
1	Projection pour l'année 2020		
2	**Revenus**	450 000,00 €	
3	**Coûts et dépenses**		
4	Equipement	25 000,00 €	
5	Locations	5 123,00 €	
6	Personnel	27 550,00 €	
7	Maintenance	71 888,00 €	
8	Marketing et vente	15 000,00 €	
9	Administration	57 000,00 €	
10	**Total des coûts et dépenses**	201 561,00 €	
11			

Figure 2.12 : Les cellules A1 et B1 fusionnées. Leur adresse est à présent A1.

TRUC

Pour désolidariser des cellules fusionnées, cliquez sur le bouton Fusionner et centrer.

ATTENTION

Excel n'accepte que copier le contenu des cellules fusionnées que si les cellules de destination sont fusionnées de la même manière.

Mettre des données en retrait

1. Dans la colonne A, observez les lignes 4 à 9 (Figure 2.13).

E24 *fx*

	A	B	C
1	Projection pour l'année 2020		
2	**Revenus**	450 000,00 €	
3	**Coûts et dépenses**		
4	Equipement	25 000,00 €	
5	Locations	5 123,00 €	
6	Personnel	27 550,00 €	
7	Maintenance	71 888,00 €	
8	Marketing et vente	15 000,00 €	
9	Administration	57 000,00 €	
10	**Total des coûts et dépenses**	201 561,00 €	
11			

Figure 2.13 : Dans la colonne A, tous les textes sont alignés à gauche.

2. Elles appartiennent toutes à la rubrique Coûts et dépenses. Pour mieux montrer cette appartenance, nous décalerons légèrement vers la droite le contenu de le plage de cellules A4:A9.

3. Sélectionnez la plage de cellule contenant les données à décaler.

4. Dans notre exemple, il s'agit des cellules A4 à A9 (cliquez sur A4 puis, touche Maj enfoncée, sur A9).

5. Dans le groupe Alignement du ruban Accueil, cliquez sur le bouton Augmentez le retrait.

6. Le contenu des cellules sélectionnées se décale vers la droite. Si vous le désirez, cliquez plusieurs fois sur le bouton. Dans la Figure 2.14, nous avons cliqué trois fois sur ce bouton.

F13 *fx*

	A	B	C
1	Projection pour l'année 2020		
2	**Revenus**	450 000,00 €	
3	**Coûts et dépenses**		
4	Equipement	25 000,00 €	
5	Locations	5 123,00 €	
6	Personnel	27 550,00 €	
7	Maintenance	71 888,00 €	
8	Marketing et vente	15 000,00 €	
9	Administration	57 000,00 €	
10	**Total des coûts et dépenses**	201 561,00 €	
11			

Figure 2.14 : Les données de la plage de cellules A4:A9 ont été décalées vers la droite.

Un bouton Diminuer le retrait se trouve à gauche du bouton Augmenter le retrait. Il décale les données dans l'autre sens.

Masquer le quadrillage

1. Comme toutes les feuilles de calcul, celle de la Figure 2.15 contient des cellules délimitées par un quadrillage gris.

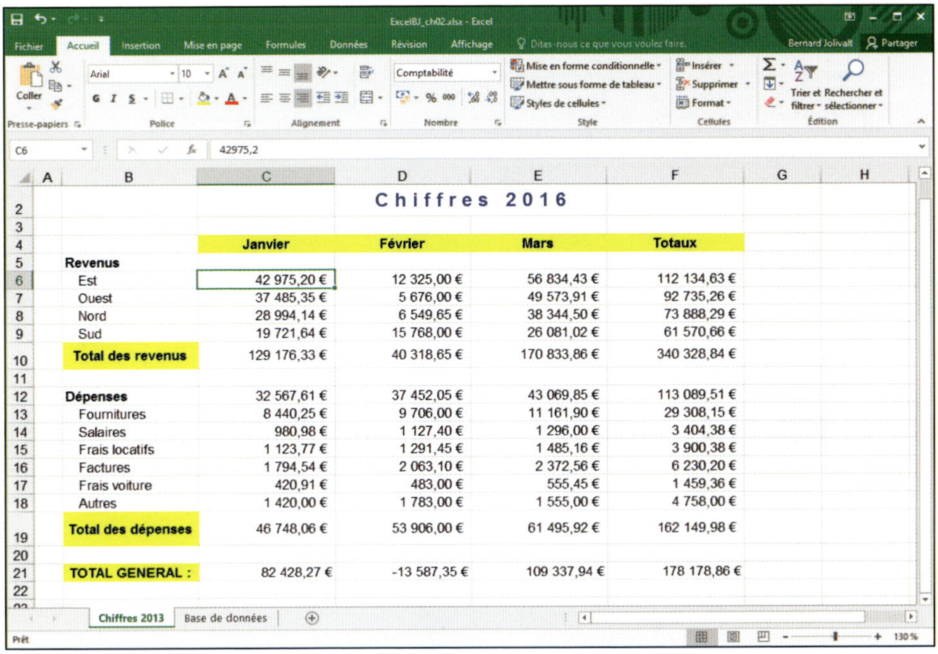

Figure 2.15 : Le quadrillage d'une feuille de calcul. Remarquez les cellules fusionnées dans les deux lignes de titre.

2. Dans la barre d'onglets du ruban, cliquez sur Affichage.
3. Dans le groupe Afficher, cliquez sur la case Quadrillage afin de la décocher.
4. Le quadrillage des cellules disparaît, comme le montre la Figure 2.16.

Le quadrillage des feuilles de calcul n'est affiché que pour faciliter la saisie des données. Il n'est pas imprimé. Pour faire apparaître un quadrillage sur un tableau imprimé, vous devrez créer des bordures autour des cellules, comme expliqué dans la prochaine manipulation.

TRUC

Pour ne masquer le quadrillage que sur une partie de la feuille de calcul, sélectionnez la plage de cellules concernées puis appliquez-lui un remplissage blanc (ruban Accueil > Police > Couleur de remplissage). Ajouter ensuite une bordure fine grise.

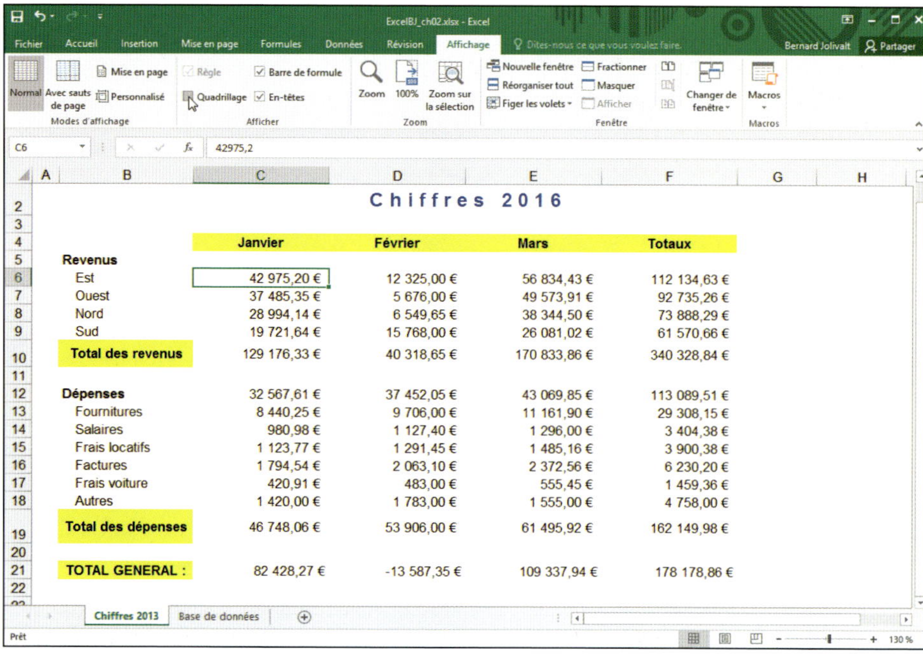

	Janvier	Février	Mars	Totaux
Chiffres 2016				
Revenus				
Est	42 975,20 €	12 325,00 €	56 834,43 €	112 134,63 €
Ouest	37 485,35 €	5 676,00 €	49 573,91 €	92 735,26 €
Nord	28 994,14 €	6 549,65 €	38 344,50 €	73 888,29 €
Sud	19 721,64 €	15 768,00 €	26 081,02 €	61 570,66 €
Total des revenus	129 176,33 €	40 318,65 €	170 833,86 €	340 328,84 €
Dépenses	32 567,61 €	37 452,05 €	43 069,85 €	113 089,51 €
Fournitures	8 440,25 €	9 706,00 €	11 161,90 €	29 308,15 €
Salaires	980,98 €	1 127,40 €	1 296,00 €	3 404,38 €
Frais locatifs	1 123,77 €	1 291,45 €	1 485,16 €	3 900,38 €
Factures	1 794,54 €	2 063,10 €	2 372,56 €	6 230,20 €
Frais voiture	420,91 €	483,00 €	555,45 €	1 459,36 €
Autres	1 420,00 €	1 783,00 €	1 555,00 €	4 758,00 €
Total des dépenses	46 748,06 €	53 906,00 €	61 495,92 €	162 149,98 €
TOTAL GENERAL :	82 428,27 €	-13 587,35 €	109 337,94 €	178 178,86 €

Figure 2.16 : Le quadrillage de la feuille de calcul n'est plus affiché.

Ajouter une bordure

1. Dans le groupe Police du ruban Accueil, cliquez sur le bouton fléché juste à droite du bouton Bordure.

2. Cette action déroule le menu de la Figure 2.17.

3. Presque tout en bas du menu, cliquez sur l'option Couleur de ligne puis, dans le nuancier qui apparaît, cliquez sur la couleur de bordure désirée.

   Le pointeur de la souris est remplacé par un crayon. Ne l'utilisez pas encore.

4. Dans le ruban, cliquez de nouveau sur le bouton fléché contigu au bouton Bordure.

5. Choisissez l'option Style de trait. Dans le sous-menu, sélectionnez un style : trait fin, épais, très épais, à tirets, pointillés…

6. Comme le crayon de traçage de bordures est actif, Excel n'efface pas entièrement le quadrillage. Il affiche les intersections de ses lignes.

7. Tracez à présent les bordures dans la feuille de calcul, comme dans la Figure 2.18.

8. Inutile de travailler avec précision. Survolez simplement les cellules et Excel place correctement les bordures.

9. N'hésitez pas à retourner dans le menu afin de varier la couleur et le style de trait.

10. Le tracé des bordures terminé, appuyez sur la touche Échap.

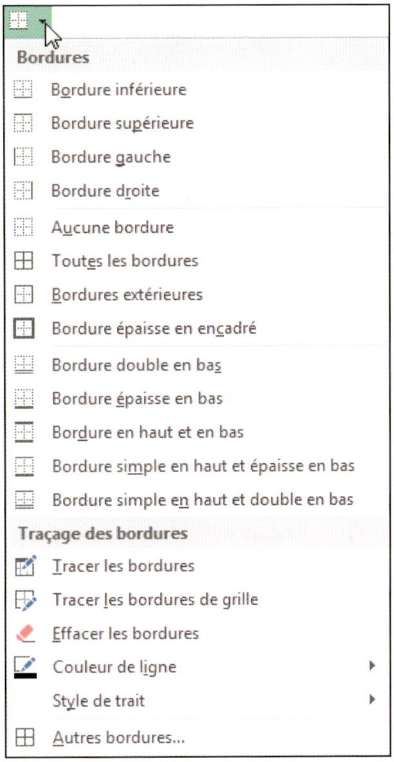

Figure 2.17 : Sélectionnez un type de bordures.

TRUC

Pour mieux voir ce que vous ferez, cliquez sur l'onglet de ruban Affichage puis, dans le groupe Afficher, décochez la case Quadrillage. Réaffichez ensuite le ruban Accueil.

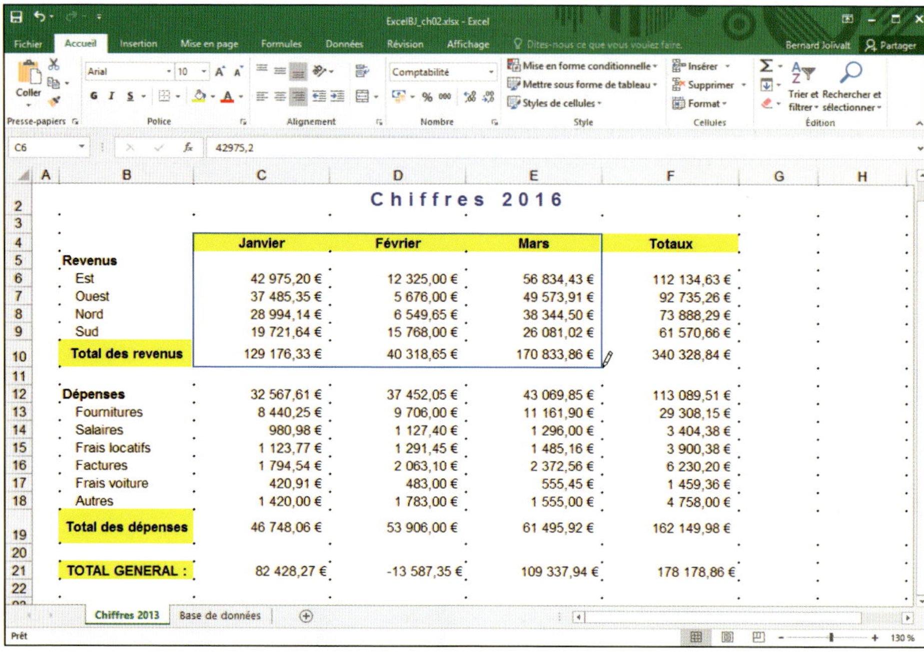

Figure 2.18 : Tracez les bordures en survolant les cellules avec le pointeur en forme de crayon.

Figer les volets

1. La feuille de calcul de la Figure 2.19 contient un titre, une ligne contenant des libellés et une longue liste de fournisseurs.

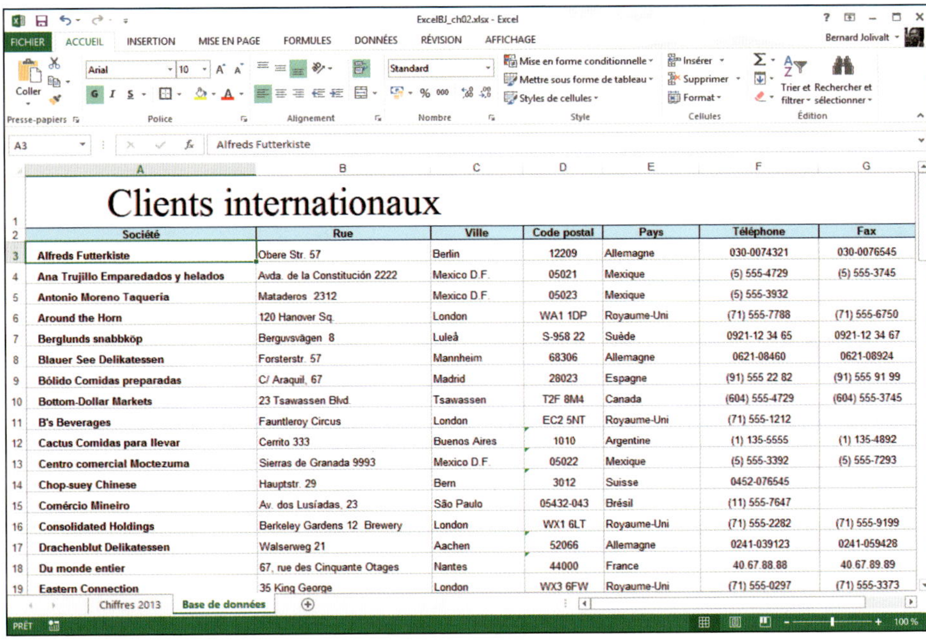

Figure 2.19 : Actionner la barre de défilement, à droite, fait disparaître le titre et les libellés en haut de l'écran.

2. Le problème est évident : si nous faisons défiler cette liste avec la poignée de défilement verticale, le titre, mais surtout les libellés, auront immédiatement disparu en haut de la fenêtre.

3. Cliquez sur la première cellule sous la dernière ligne qui ne devra plus défiler.

4. Dans notre exemple c'est la troisième ligne. Cliquez de ce fait dans la cellule A3.

5. Cliquez sur l'onglet du ruban Affichage.

6.  Dans le groupe Fenêtre, cliquez sur le bouton Figer les volets.

7. Excel déroule un menu contenant trois options :

   -  **Figer les volets :** Immobilise la ou les lignes au-dessus de la cellule sélectionnée, ainsi que la ou les colonnes à gauche de la cellule sélectionnée.

- **Figer la ligne supérieure :** Choisissez cette option si vous voulez ne figer que la ligne 1 de la feuille de calcul. Il n'est pas nécessaire de sélectionner une cellule en particulier.
- **Figer la première colonne :** Fige la colonne A. n'est pas nécessaire de sélectionner une cellule en particulier.

8. Dans ce menu, l'option suivante n'apparaît que si un volet a été figé :

- **Libérer les volets :** Annule l'effet des options précédentes. Plus aucune ligne ou colonne n'est figée.

9. Pour notre exemple, choisissez l'option Figer les volets.
10. L'option Figer la ligne supérieure n'est pas appropriée car nous immobilisons deux lignes.

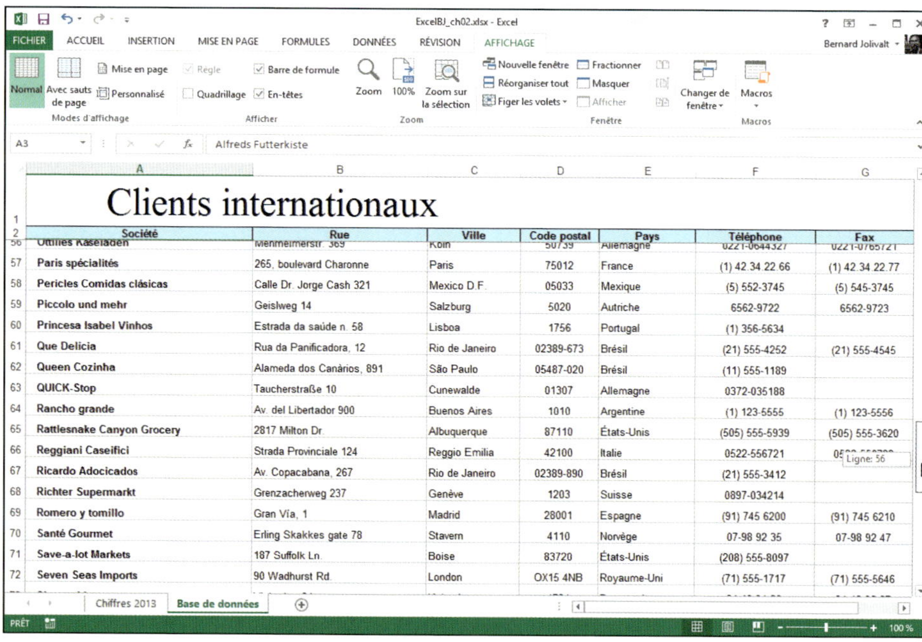

Figure 2.20 : Les deux premières lignes sont figées.

11. Vérifiez le bon fonctionnement du verrouillage.
12. À la Figure 2.20, les lignes 56 et plus sont affichée. Remarquez les lignes 1 et 2 qui n'ont pas bougé.

Il est possible de figer des colonnes, au lieu de ligne, de la même manière qu'expliqué ci-dessus : cliquez dans une cellule de la première ligne puis choisissez l'option Figer les volets. Par exemple, si vous cliquez sur la cellule C1, les colonnes A et B seront figées.

Placer un commentaire dans une cellule

1. Cliquez du bouton droit la cellule que vous désirez commenter.
2. Dans le menu qui apparaît, choisissez l'option Insérer un commentaire (Figure 2.21).

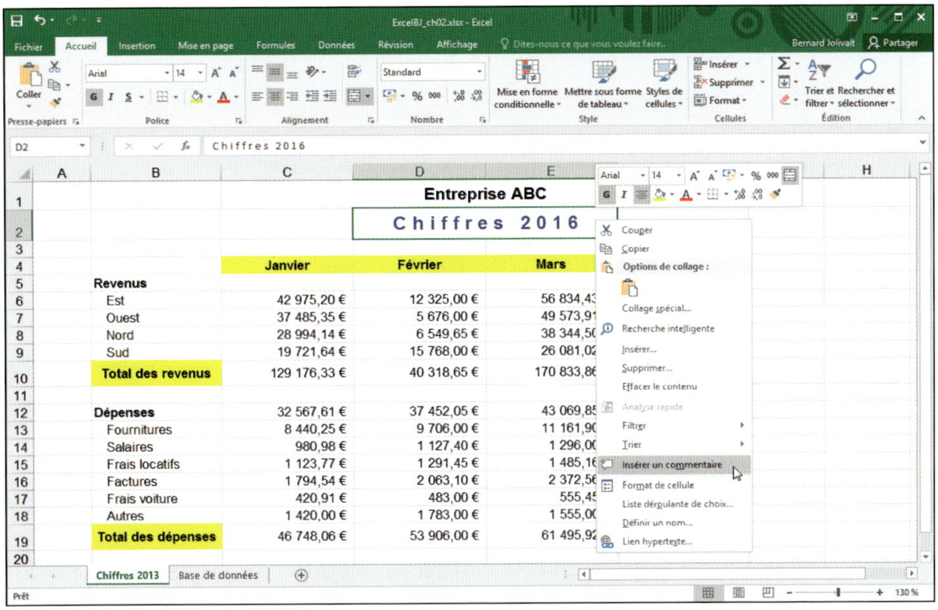

Figure 2.21 : L'insertion d'un commentaire dans la cellule active.

3. Un commentaire vierge est inséré dans la cellule (Figure 2.22). Il contient le nom de l'utilisateur de Microsoft Office (Excel, Word, PowerPoint…).

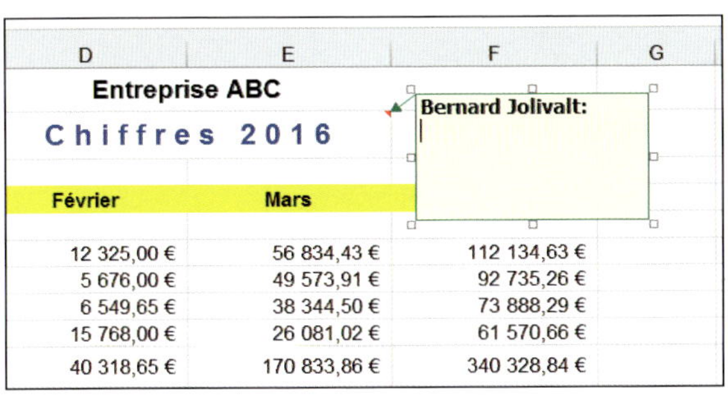

Figure 2.22 : Un commentaire vierge.

4. Saisissez votre texte.

5. Si le texte est trop volumineux pour tenir dans le commentaire, redimensionnez-le en tirant sur l'une des poignées dans les coins et sur les côtés. Vous pouvez aussi déplacer un commentaire en cliquant sur l'une de ses bordures et le tirant où bon vous semble. La flèche issue du coin supérieur gauche reste pointée en permanence vers la cellule commentée.

6. La saisie terminée, cliquez hors du commentaire.

7. Le commentaire disparaît aussitôt. La seule trace qui en reste est un petit triangle rouge dans le coin supérieur droit de la cellule commentée.

8. Pour voir un commentaire, survolez la cellule qui le contient, comme le montre la Figure 2.23.

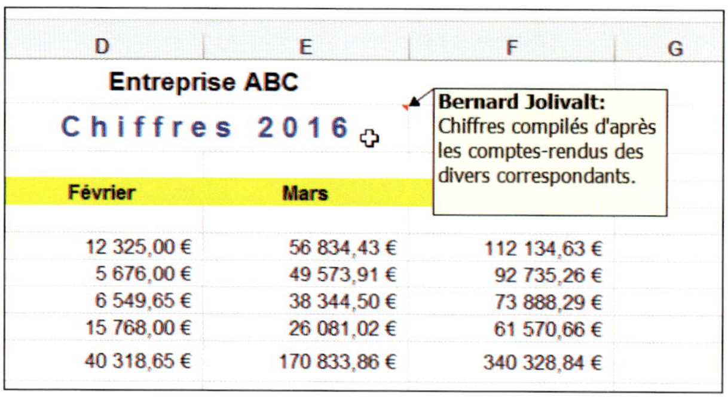

Figure 2.23 : Survolez la cellule contenant le commentaire pour l'afficher.

Un commentaire est une zone de texte. Vous pouvez effacer le nom d'utilisateur, changer la police de caractère, mettre du texte en gras, en italique ou en couleur, et bien d'autres choses. Les options d'alignement s'appliquent cependant à tout le texte d'un commentaire (il n'est pas possible de centrer un paragraphe et caler les autres à gauche, par exemple).

TRUC

Pour accéder à l'ensemble des mises en forme d'un commentaire, cliquez du bouton droit sur sa bordure (pas à l'intérieur) puis, dans le menu, choisissez Format de commentaire. La Figure 2.24 montre la boîte de dialogue Format de commentaire ouverte sur l'onglet permettant d'affecter une couleur de fond à un commentaire.

Deux commandes sont fort utiles. Elles se trouvent dans le menu affiché en cliquant du bouton droit dans une cellule contenant un commentaire :

- **Modifier le commentaire :** Réaffiche le commentaire et son contenu. Cliquez dedans pour modifier le texte.
- **Effacer le commentaire :** Supprime le commentaire.

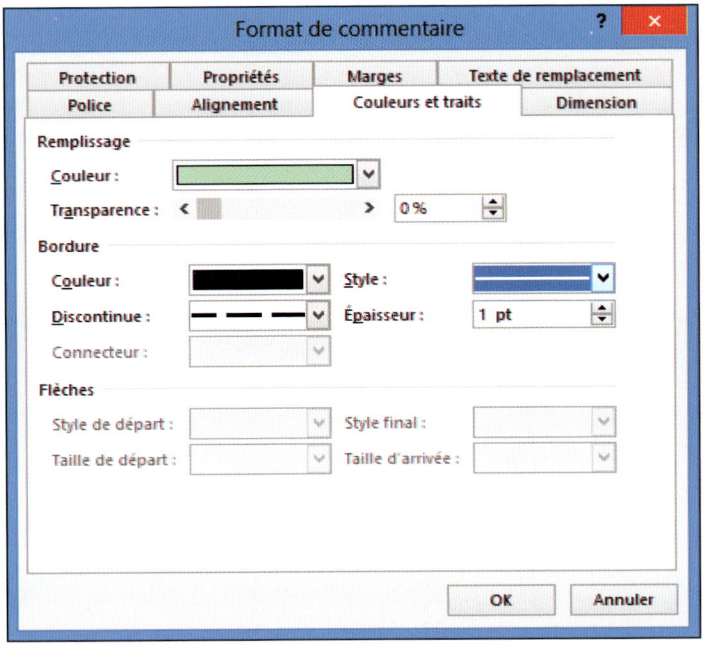

Figure 2.24 : Réglez ou modifiez ici la présentation d'un commentaire.

Copier un commentaire

1. Cliquez du bouton droit dans la cellule contenant un commentaire puis, dans le menu, choisissez Copier.
2. Excel copie la totalité de la cellule : son contenu, mais aussi sa mise en forme.
3. Cliquez du bouton droit sur la cellule dans laquelle vous désirez copier le commentaire
4. Dans le menu qui apparaît, cliquez sur Collage spécial, comme le montre la Figure 2.25. Ne vous préoccupez pas du sous-menu.

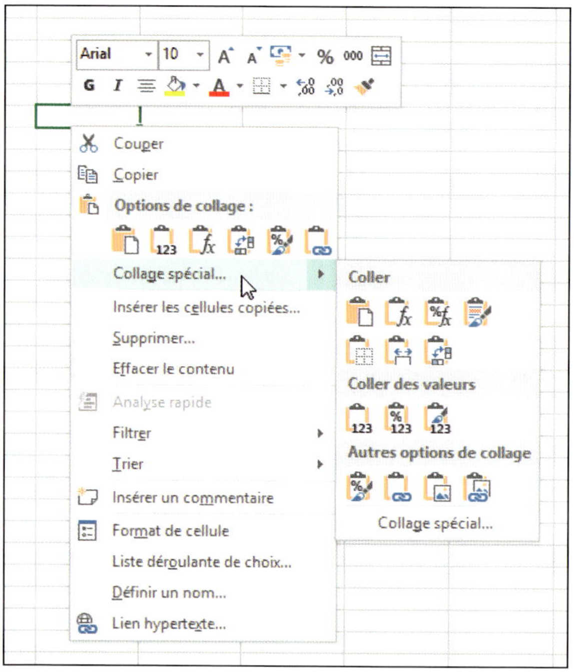

Figure 2.25 : Accédez au collage spécial.

5. Excel affiche la boîte de dialogue Collage spécial (Figure 2.26)
6. Dans la rubrique Coller, en haut à gauche, cliquez sur le bouton Commentaires.
7. Excel ne collera ainsi que le commentaire dans la cellule active.
8. Cliquez sur le bouton OK.
9. Le commentaire est collé dans la cellule avec tous ses attributs et propriété (contenu, dimensions, couleurs…)

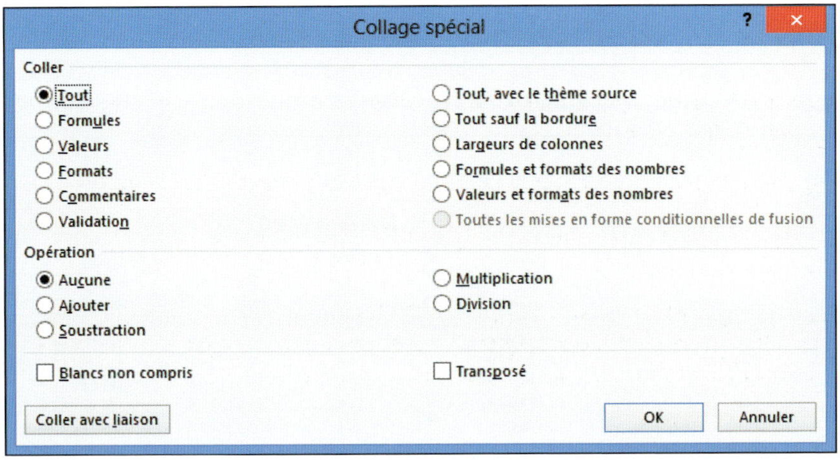

Figure 2.26 : Choisissez dans cette boîte de dialogue le type d'élément que vous désirez copier.

TRUC

La boîte de dialogue Collage spécial contient de nombreuses options. Deux d'entre elles, dans la rubrique Coller, peuvent être fort utiles :

- **Valeurs :** Ne colle que le résultat d'une formule, et non la formule elle-même.
- **Format :** Ne colle que la mise en forme de la cellule. Il existe cependant un moyen plus rapide de procéder, avec l'outil Reproduire la mise en forme décrit dans la prochaine fiche.

Reproduire une mise en forme

1. Dans la Figure 2.27, la cellule B10 a été mise en forme.

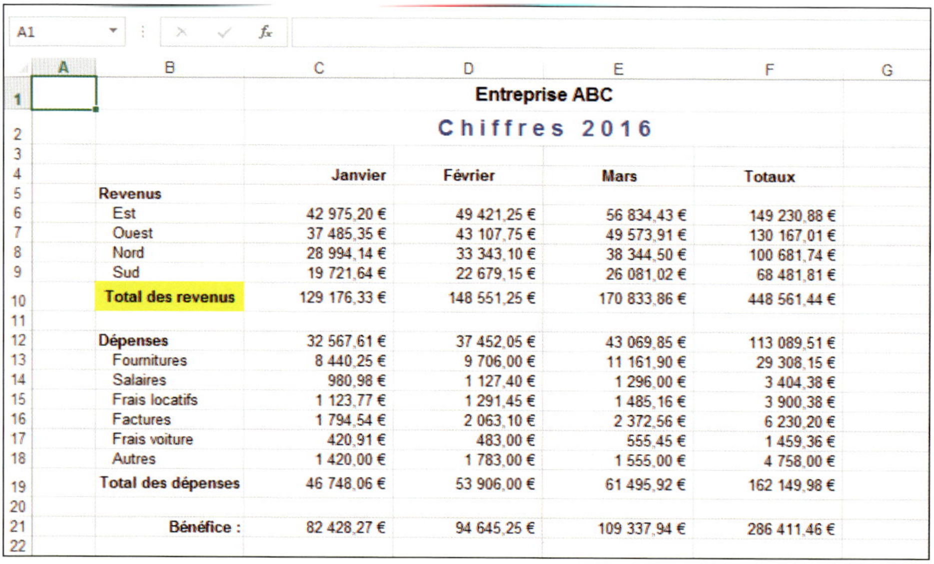

A1

	A	B	C	D	E	F	G
1				Entreprise ABC			
2				Chiffres 2016			
3							
4			Janvier	Février	Mars	Totaux	
5		Revenus					
6		Est	42 975,20 €	49 421,25 €	56 834,43 €	149 230,88 €	
7		Ouest	37 485,35 €	43 107,75 €	49 573,91 €	130 167,01 €	
8		Nord	28 994,14 €	33 343,10 €	38 344,50 €	100 681,74 €	
9		Sud	19 721,64 €	22 679,15 €	26 081,02 €	68 481,81 €	
10		Total des revenus	129 176,33 €	148 551,25 €	170 833,86 €	448 561,44 €	
11							
12		Dépenses	32 567,61 €	37 452,05 €	43 069,85 €	113 089,51 €	
13		Fournitures	8 440,25 €	9 706,00 €	11 161,90 €	29 308,15 €	
14		Salaires	980,98 €	1 127,40 €	1 296,00 €	3 404,38 €	
15		Frais locatifs	1 123,77 €	1 291,45 €	1 485,16 €	3 900,38 €	
16		Factures	1 794,54 €	2 063,10 €	2 372,56 €	6 230,20 €	
17		Frais voiture	420,91 €	483,00 €	555,45 €	1 459,36 €	
18		Autres	1 420,00 €	1 783,00 €	1 555,00 €	4 758,00 €	
19		Total des dépenses	46 748,06 €	53 906,00 €	61 495,92 €	162 149,98 €	
20							
21		Bénéfice :	82 428,27 €	94 645,25 €	109 337,94 €	286 411,46 €	
22							

Figure 2.27 : La mise en forme de la cellule B10 devra être recopiée dans d'autres cellules.

2. La typographie a été changée, de même que la taille de la police et la couleur d'arrière-plan. Les commandes permettant d'effectuer ces modifications se trouvent dans le groupe Police du ruban Accueil. Le texte à été centré horizontalement et verticalement.

3. Cliquez dans la cellule contenant la mise en forme à recopier.

4. Dans le groupe Presse-papiers du ruban Accueil, double-cliquez sur le bouton Reproduire la mise en forme.

   Un cadre animé entoure la cellule. Le pointeur de la souris est à présent accompagné d'un petit pinceau.

5. Cliquez dans chacune des cellules qui doivent avoir la même mise en forme que la cellule d'origine (Figure 2.28).

TRUC

La recopie d'une mise en forme est le moyen le plus rapide et le plus efficace pour produire des feuilles de calcul agréables à utiliser ou à consulter.

6. Les recopies de mises en forme terminées, appuyez sur la touche Échap.

Le pointeur de la souris se présente comme d'habitude, sans le pinceau.

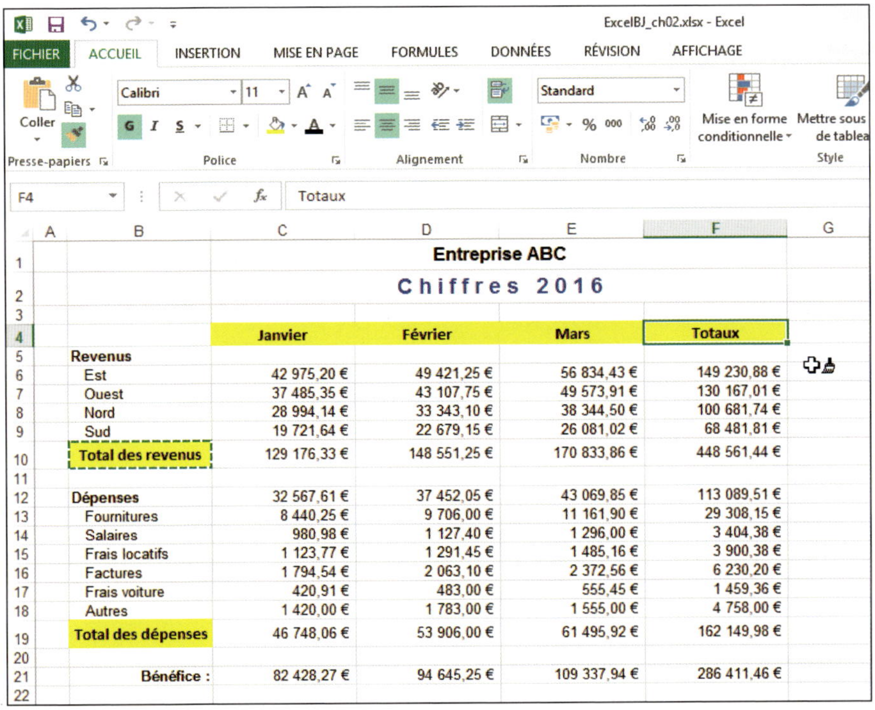

	A	B	C	D	E	F	G
1			Entreprise ABC				
2			Chiffres 2016				
3							
4			Janvier	Février	Mars	Totaux	
5		Revenus					
6		Est	42 975,20 €	49 421,25 €	56 834,43 €	149 230,88 €	
7		Ouest	37 485,35 €	43 107,75 €	49 573,91 €	130 167,01 €	
8		Nord	28 994,14 €	33 343,10 €	38 344,50 €	100 681,74 €	
9		Sud	19 721,64 €	22 679,15 €	26 081,02 €	68 481,81 €	
10		Total des revenus	129 176,33 €	148 551,25 €	170 833,86 €	448 561,44 €	
11							
12		Dépenses	32 567,61 €	37 452,05 €	43 069,85 €	113 089,51 €	
13		Fournitures	8 440,25 €	9 706,00 €	11 161,90 €	29 308,15 €	
14		Salaires	980,98 €	1 127,40 €	1 296,00 €	3 404,38 €	
15		Frais locatifs	1 123,77 €	1 291,45 €	1 485,16 €	3 900,38 €	
16		Factures	1 794,54 €	2 063,10 €	2 372,56 €	6 230,20 €	
17		Frais voiture	420,91 €	483,00 €	555,45 €	1 459,36 €	
18		Autres	1 420,00 €	1 783,00 €	1 555,00 €	4 758,00 €	
19		Total des dépenses	46 748,06 €	53 906,00 €	61 495,92 €	162 149,98 €	
20							
21		Bénéfice :	82 428,27 €	94 645,25 €	109 337,94 €	286 411,46 €	
22							

Figure 2.28 : Les mises en forme ont été recopiées d'un seul clic dans chaque cellule.

ATTENTION

À l'étape 3, le double-clic est nécessaire pour pouvoir reproduire la mise en forme dans plusieurs cellules. Si vous ne cliquez qu'une seule fois sur le bouton Reproduire la mise en forme, vous ne pourrez la recopier que dans une seule cellule.

TRUC

Comme bon nombre de commandes de mises en forme, le bouton Reproduire la mise en forme est aussi accessible en cliquant du bouton droit dans une cellule, à l'étape 2, et en choisissant l'outil dans le panneau visible au-dessus du menu (Figure 2.29)

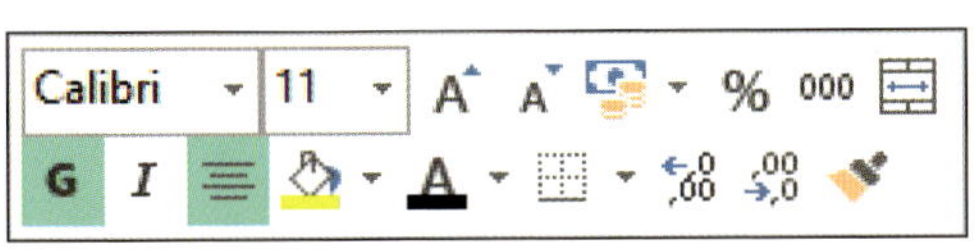

Figure 2.29 : Un clic droit dans une cellule affiche systématiquement ce panneau.

La mise en forme conditionnelle

1. Dans la Figure 2.30, le total général du mois de février (cellule D21) révèle un résultat négatif.

2. En dépit du signe moins, ce chiffre n'est pas mis en évidence. Il serait plus utile et informatif de faire en sorte que dès qu'un chiffre est inférieur à zéro, il apparaisse en jaune et en gras sur fond rouge.

	Janvier	Février	Mars
Revenus			
Est	42 975,20 €	12 325,00 €	56 834,43 €
Ouest	37 485,35 €	5 676,00 €	49 573,91 €
Nord	28 994,14 €	6 549,65 €	38 344,50 €
Sud	19 721,64 €	15 768,00 €	26 081,02 €
Total des revenus	129 176,33 €	40 318,65 €	170 833,86 €
Dépenses	32 567,61 €	37 452,05 €	43 069,85 €
Fournitures	8 440,25 €	9 706,00 €	11 161,90 €
Salaires	980,98 €	1 127,40 €	1 296,00 €
Frais locatifs	1 123,77 €	1 291,45 €	1 485,16 €
Factures	1 794,54 €	2 063,10 €	2 372,56 €
Frais voiture	420,91 €	483,00 €	555,45 €
Autres	1 420,00 €	1 783,00 €	1 555,00 €
Total des dépenses	46 748,06 €	53 906,00 €	61 495,92 €
TOTAL GENERAL :	82 428,27 €	-13 587,35 €	109 337,94 €

Figure 2.30 : Le chiffre négatif du mois de février ne saute pas aux yeux…

3. Sélectionnez la plage de cellules à mettre en forme différemment lorsque leur contenu est négatif.

4.  Dans le groupe Style du ruban Accueil, cliquez sur le bouton Mise en forme conditionnelle.

5. Dans le menu, cliquez sur Nouvelle règle.

6. La boîte de dialogue Nouvelle règle de mise en forme apparaît (Figure 2.31).

7. Dans la fenêtre supérieure de la boîte de dialogue, cliquez sur l'option Appliquer une mise en forme uniquement aux cellules qui contiennent ; c'est la deuxième de la liste.

8. Dans la fenêtre Modifier la description de la règle, déroulez le deuxième menu à partir de la gauche et choisissez l'option Inférieure à (Figure 2.32).

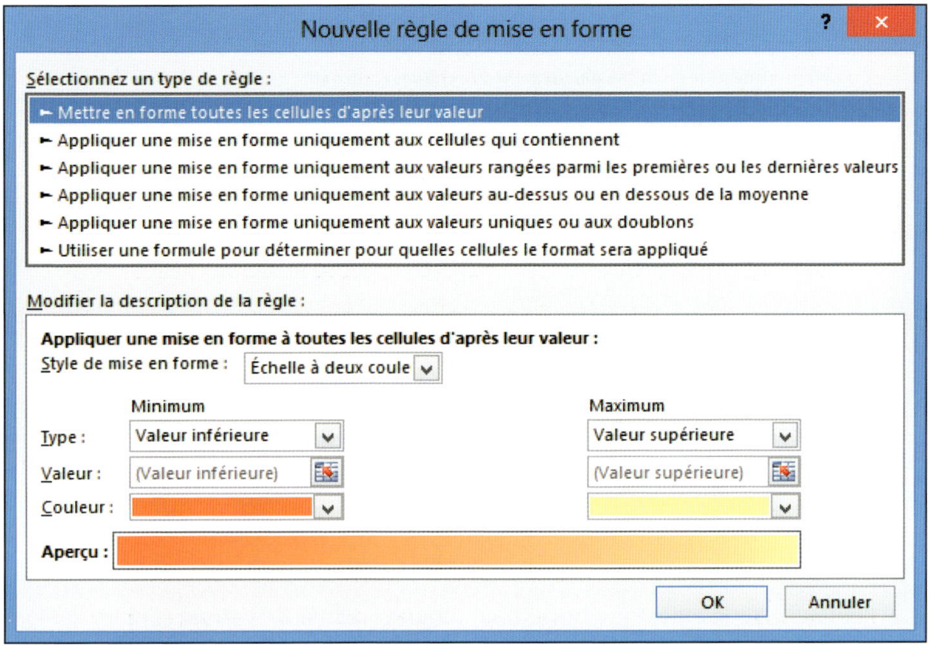

Figure 2.31 : Cette boîte de dialogue contient une phénoménale quantité de critères et de mises en forme pour mettre des valeurs en évidence ou pour les évaluer.

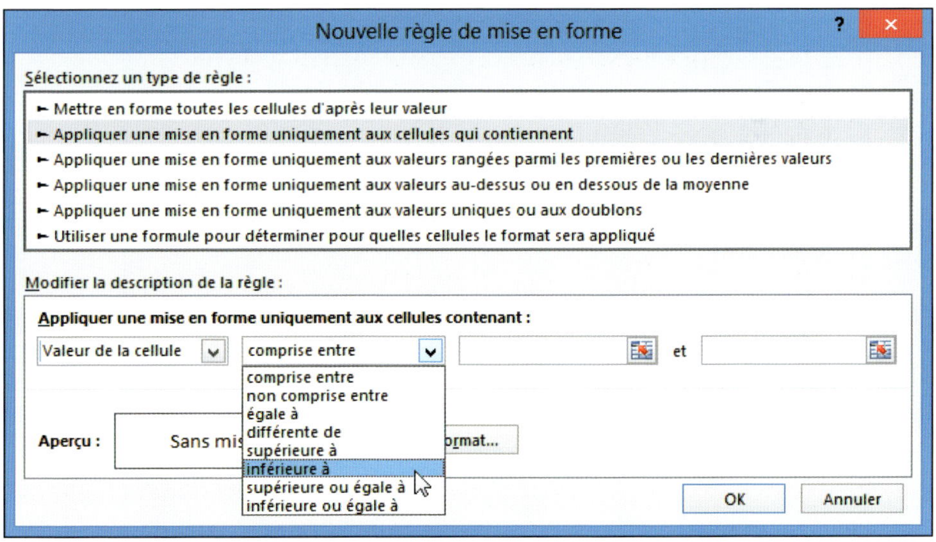

Figure 2.32 : La règle d'affichage est à présent : Valeur de la cellule inférieure à…

9. La présentation de la fenêtre change légèrement en fonction de la règle sélectionnée, comme le révèle la Figure 2.33.

10. Cliquez dans le champ à droite de Inférieure à, puis tapez **0** (Figure 2.33).

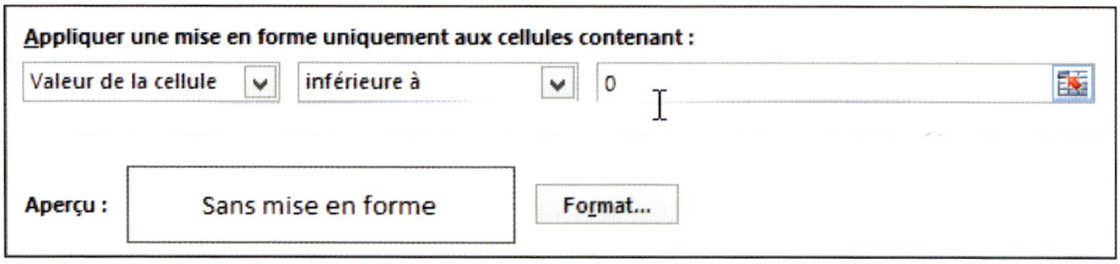

Figure 2.33 : La règle vient d'être définie.

TRUC

À la place d'une valeur, vous pouvez aussi saisir une référence de cellule contenant la valeur à utiliser. L'avantage est appréciable car si cette valeur varie selon les calculs, la règle en tiendra compte.

11. Cliquez sur le bouton Format, en bas de la boîte de dialogue.

12. Excel ouvre la classique boîte de dialogue Format de cellule (Figure 2.34).

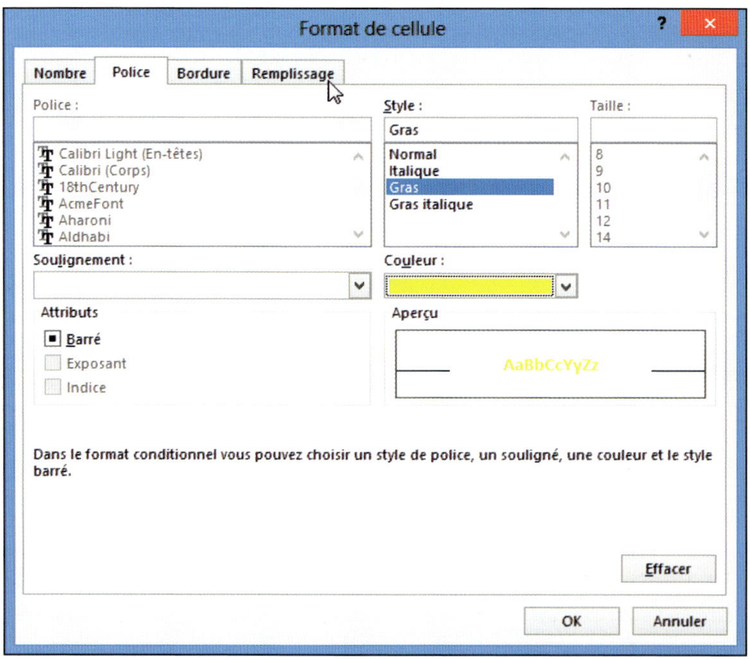

Figure 2.34 : La mise en gras et la couleur de police jaune viennent d'être définis.

13. Au besoin, cliquez sur l'onglet Police.

14. Par exemple, pour mettre une cellule en évidence comme nous l'avons suggéré à l'étape 1, procédez comme suit :

   a) Sous l'onglet Police de la boîte de dialogue Format de cellule, cliquez sur Gras, dans la fenêtre Style.

   b) Déroulez le menu Couleur et parmi les couleurs standard, cliquez sur la case jaune.

   c) Cliquez sur l'onglet remplissage puis, dans le nuancier, cliquez sur la case de couleur rouge.

   d) Cliquez sur OK pour quitter la boîte de dialogue Format de cellule.

15. La mise en forme définie, la boîte de dialogue Nouvelle règle de mise en forme affiche un aperçu, visible dans la Figure 2.35.

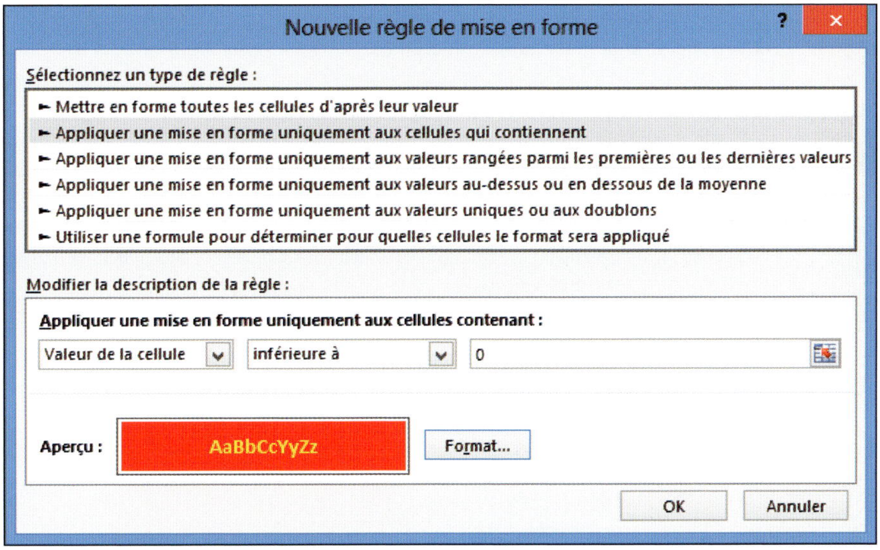

Figure 2.35 : En bas de la boîte de dialogue, l'aperçu montre l'apparence qu'auront les cellules répondant à la règle.

16. Cliquez sur le bouton OK.

17. Parmi les cellules ayant reçu une mise en forme conditionnelle – la plage C21:F21 dans la Figure 2.36 – celle ou celles répondant au critère apparaissent avec la mise en forme qui vient d'être concoctée.

	Janvier	Février	Mars
Revenus			
Est	42 975,20 €	12 325,00 €	56 834,43 €
Ouest	37 485,35 €	5 676,00 €	49 573,91 €
Nord	28 994,14 €	6 549,65 €	38 344,50 €
Sud	19 721,64 €	15 768,00 €	26 081,02 €
Total des revenus	129 176,33 €	40 318,65 €	170 833,86 €
Dépenses	32 567,61 €	37 452,05 €	43 069,85 €
Fournitures	8 440,25 €	9 706,00 €	11 161,90 €
Salaires	980,98 €	1 127,40 €	1 296,00 €
Frais locatifs	1 123,77 €	1 291,45 €	1 485,16 €
Factures	1 794,54 €	2 063,10 €	2 372,56 €
Frais voiture	420,91 €	483,00 €	555,45 €
Autres	1 420,00 €	1 783,00 €	1 555,00 €
Total des dépenses	46 748,06 €	53 906,00 €	61 495,92 €
TOTAL GENERAL :	82 428,27 €	-13 587,35 €	109 337,94 €

Figure 2.36 : Le résultat négatif du mois de février est à présent très apparent.

TRUC

Les fonctions de mise en forme sont nombreuses et variées comme le montre la Figure 2.37. Sélectionnez des données puis parcourez les innombrables options du menu et des sous-menus de la commande Mise en forme conditionnelle. Vous verrez la présentation de vos tableaux changer selon l'évolution des résultats. Ces commandes sont encore plus rapides et faciles à utiliser que la règle présentée ici.

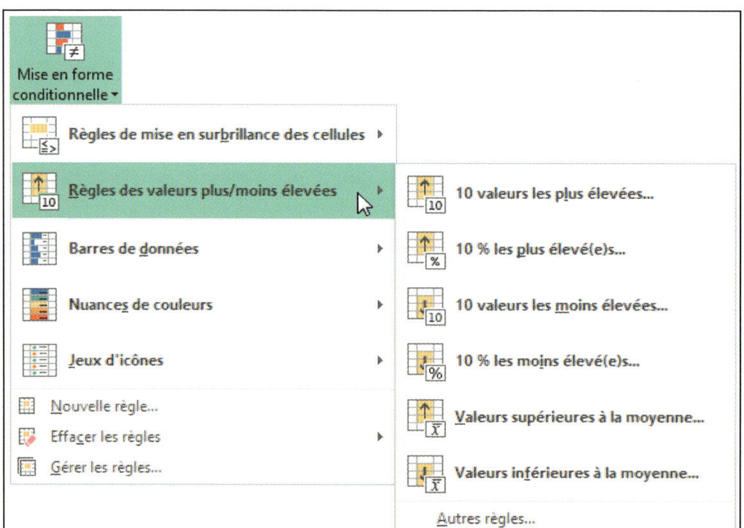

Figure 2.37 : Sélectionnez une plage de données puis choisissez une option de mise en forme conditionnelle.

Protéger des cellules

1. La Figure 2.38 est une feuille qui calcule le nombre de bits, d'octets, de kilo-octets, de méga-octets, de giga-octets et de téra-octets. Les calculs ne sont pas compliqué – de nombreuses cellules dans les colonnes de E à H, contiennent des formules simples, comme dans la cellule E8 –, mais ce n'est pas une raison pour les modifier ou les effacer par mégarde.

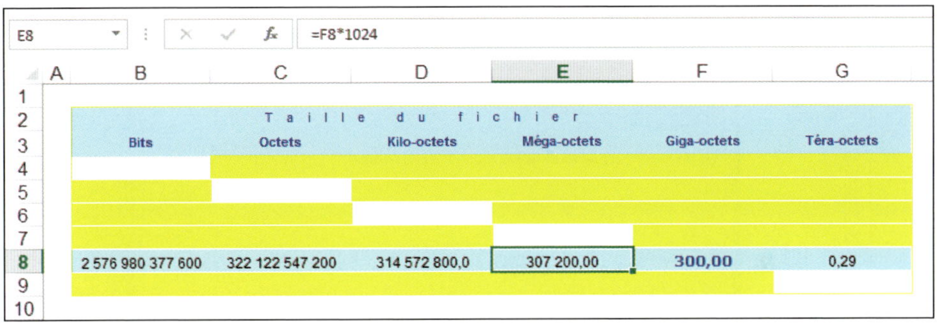

Figure 2.38 : Toutes les cellules en jaune contiennent des formules à protéger.

2. Sélectionnez la ou les cellules qui ne doivent plus être modifiables.

> **ATTENTION**
> Ne sélectionnez pas – ou désélectionnez, en cliquant dessus, touche Ctrl enfoncée – les cellules dans lesquelles l'utilisateur doit pouvoir entrer des données.

3. Cliquez du bouton droit dans la sélection et, dans le menu, choisissez Format de cellule.
4. Dans la boîte de dialogue Format de cellule, cliquez sur l'onglet Protection.
5. Cliquez dans la case Verrouillée afin de la cocher (Figure 2.39).
6. Cliquez sur OK pour quitter la boîte de dialogue Format de cellule.
7. Pour le moment, les cellules sélectionnées sont verrouillées mais pas protégées.
8. Cliquez sur l'onglet du ruban Révision puis, dans le groupe Modifications, cliquez sur le bouton Protéger la feuille.
9. La boîte de dialogue de la Figure 2.40 apparaît. Elle contient de nombreuses options, mais une seule suffit à protéger les cellules d'une fausse manœuvre.

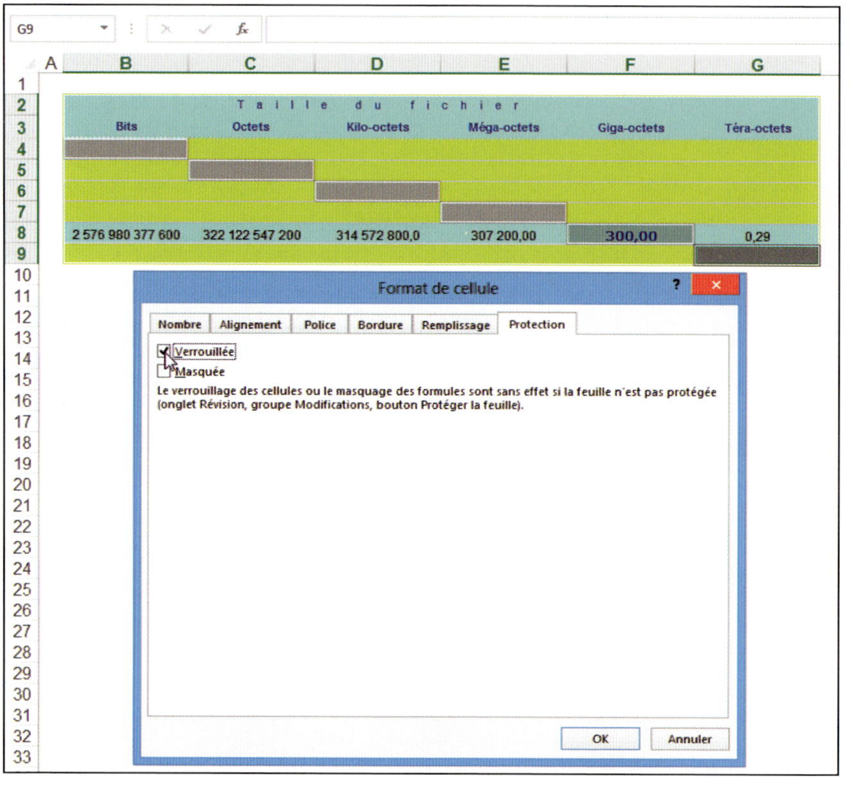

Figure 2.39 : Commencez par verrouiller les cellules sélectionnées.

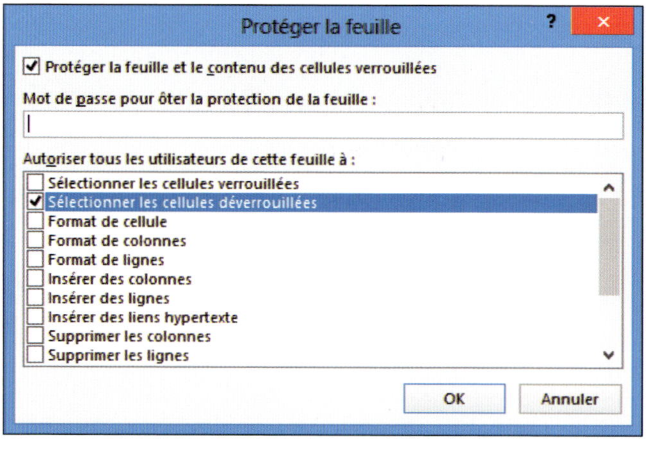

Figure 2.40 : Protégez ici les cellules sélectionnées.

10. Cochez la deuxième case : Sélectionner les cellules déverrouillées.

11. Lorsque cette option est cochée, il est impossible de cliquer sur une cellule protégée. Seules les cellules non protégées peuvent être activées.

NOTE TECHNIQUE

Ne pas pouvoir cliquer sur toutes les cellules de la feuille de calcul décontenance parfois l'utilisateur. Dans ce cas, cochez également la première option, Sélectionner les cellules verrouillées. Il est ainsi possible de cliquer sur n'importe quelle cellule de la feuille de calcul, mais si l'utilisateur tente de la modifier, Excel affiche le message de la Figure 2.41.

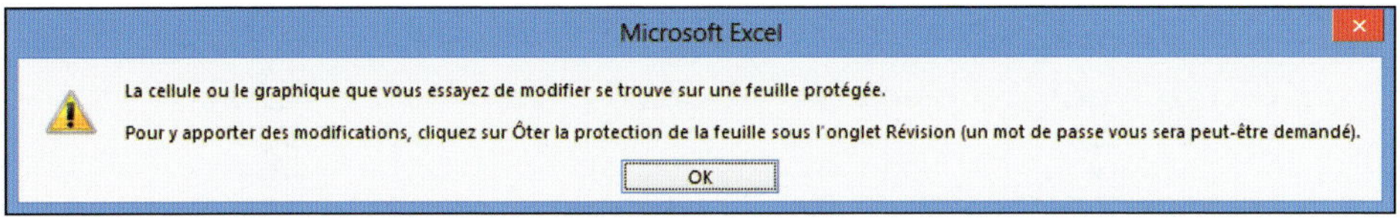

Figure 2.41 : Toute tentative de vouloir modifier une cellule protégée fait apparaître ce message.

Après avoir protégé les cellules avec le bouton Protéger la feuille, ce dernier est remplacé par un bouton Ôter la protection de la feuille. Cliquez dessus lorsque vous désirez, par exemple, modifier sciemment des cellules.

ATTENTION

À l'étape 7, la boîte de dialogue Protéger la feuille permet de déterminer un mot de passe pour déverrouiller les cellules. Notez-le soigneusement et mettez-le en sûr car si vous veniez à l'oublier, il n'existerait aucun moyen d'accéder de nouveau aux cellules.

Mêler un nombre et du texte

1. Remarquez une étrange particularité dans certaines cellules de la feuille de calcul que montre la Figure 2.42.

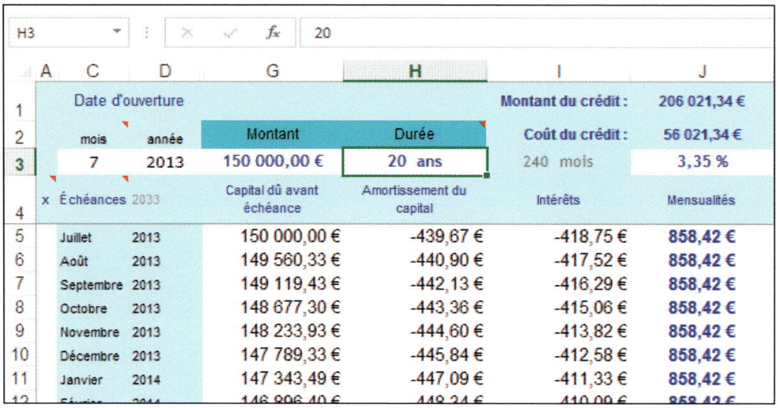

	A	C	D	G	H	I	J
1		Date d'ouverture				Montant du crédit :	206 021,34 €
2		mois	année	Montant	Durée	Coût du crédit :	56 021,34 €
3		7	2013	150 000,00 €	20 ans	240 mois	3,35 %
4	x	Échéances	2033	Capital dû avant échéance	Amortissement du capital	Intérêts	Mensualités
5		Juillet	2013	150 000,00 €	-439,67 €	-418,75 €	858,42 €
6		Août	2013	149 560,33 €	-440,90 €	-417,52 €	858,42 €
7		Septembre	2013	149 119,43 €	-442,13 €	-416,29 €	858,42 €
8		Octobre	2013	148 677,30 €	-443,36 €	-415,06 €	858,42 €
9		Novembre	2013	148 233,93 €	-444,60 €	-413,82 €	858,42 €
10		Décembre	2013	147 789,33 €	-445,84 €	-412,58 €	858,42 €
11		Janvier	2014	147 343,49 €	-447,09 €	-411,33 €	858,42 €

Figure 2.42 : Des cellules contiennent à la fois un nombre et du texte.

2. Les cellules H3 et I3 contiennent à la fois un nombre et du texte : « 20 ans » dans la première cellule, et « 240 mois » dans l'autre. Or, dans Excel, une cellule ne peut en principe recevoir qu'un nombre, ou que du texte (hormis bien sûr les formules). Il est cependant possible de les mêler grâce à un format personnalisé.

3. Cliquez du bouton droit dans la cellule à mettre en forme et dans le menu, choisissez Format de cellule.

4. Dans la liste Catégorie de la boîte de dialogue Format de cellule, cliquez sur Personnalisée, comme le montre la Figure 2.43.

5. Double-cliquez dans le champ Type et appuyez sur la touche Supprimer.

6. Vous effacez ainsi le type de format actuel de la cellule.

7. Nous supposerons pour cet exemple que, comme dans la figure au début de cette fiche, vous désirez ajouter le mot « ans » au nombre d'années de l'emprunt.

8. Dans le champ Type, saisissez le code suivant :

```
#  ##0» ans»
```

9. Comme le montre l'exemple, dans la Figure 2.44, ce n'est plus le chiffre 20 qui sera affiché dans la cellule, mais « 20 ans ». Décortiquons cette formule :

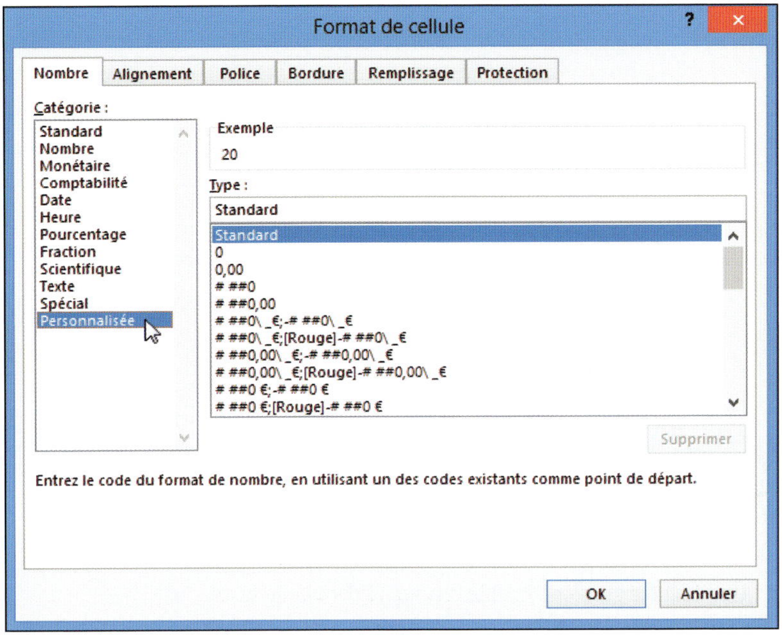

Figure 2.43 : Choisissez la catégorie Personnalisée.

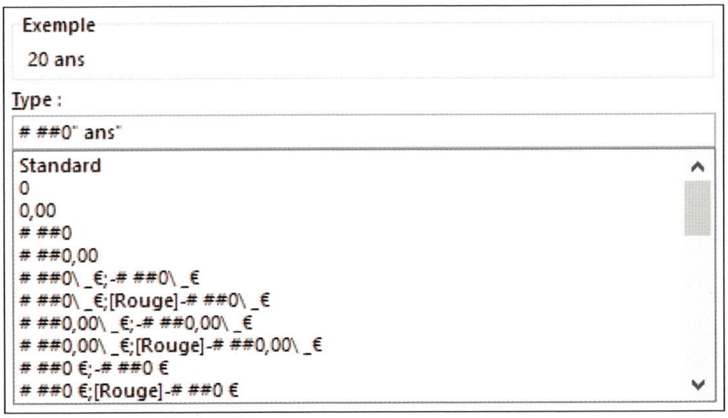

Figure 2.44 : Saisie d'un format personnalisé.

10. La partie # ##0 concerne le nombre. Ce format indique qu'il faut l'afficher avec un séparateur de milliers (non utilisé pour notre exemple, mais bon à savoir). Les guillemets accolés au nombre contiennent le texte. Pensez à insérer un espace au début.

11. Si vous désirez utiliser des décimales, placez la virgule suivie d'autant de zéros que de décimales à afficher :

```
# ##0,00» € d'intérêts»
```

12. Ce format affichera par exemple, dans la cellule, un résultat sous la forme suivante : « 12 345 € d'intérêts ».

13. Cliquez sur le bouton OK.

14. Le format personnalisé est utilisé dans la formule (Figure 2.45). Bien qu'accompagné de texte, le nombre est utilisable dans des opérations arithmétiques, dans des formules, etc.

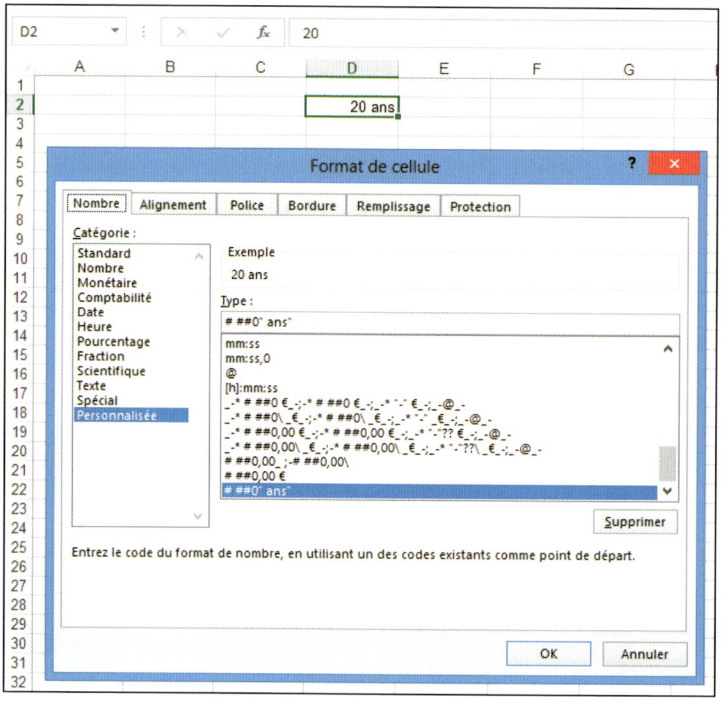

Figure 2.45 : Le format personnalisé est visible dans la cellule D2. Il se trouve aussi à la fin de la liste des formats personnalisés prédéfinis d'Excel.

Un format personnalisé est utilisable dans toutes les feuilles de calcul que vous créerez dans le même classeur. Pour en appliquez un, cliquez du bouton droit sur la cellule, choisissez Format de cellule, sélectionnez la catégorie Personnalisée puis, à la fin de la liste, cliquez sur le format que vous désirez utiliser. Cliquez ensuite sur OK.

TRUC

Du texte peut précéder un nombre. Exemple : le format personnalisé « Reste : «# ###0,00 » € à payer » affichera par exemple : « Reste : 8 567,12 € à payer ». Dans la barre de formule, seul le chiffre apparaît, et jamais le texte ajouté par le format personnalisé.

3

Les tableaux

Les tableaux sont une manière de présenter des données en colonnes et en lignes. Excel est souvent utilisé d'une manière très basique, comme simple tableau dont les cellules contiennent du texte et des chiffres. L'avantage sur un tableau créé dans un traitement de texte comme Word est que dans une feuille de calcul, les données peuvent être triées et faire l'objet de calculs (c'est le cas aussi, dans une moindre mesure, dans Word).

Un autre type de tableau est représenté par les valeurs destinées au calcul matriciel. Ce point sera abordé au Chapitre 7. Dans ce bref chapitre, nous examinerons certaines fonctionnalités de tableau d'Excel.

Trier les données

1. Dans la feuille de calcul que montre la Figure 3.1, nous voulons trier les lignes par pays.

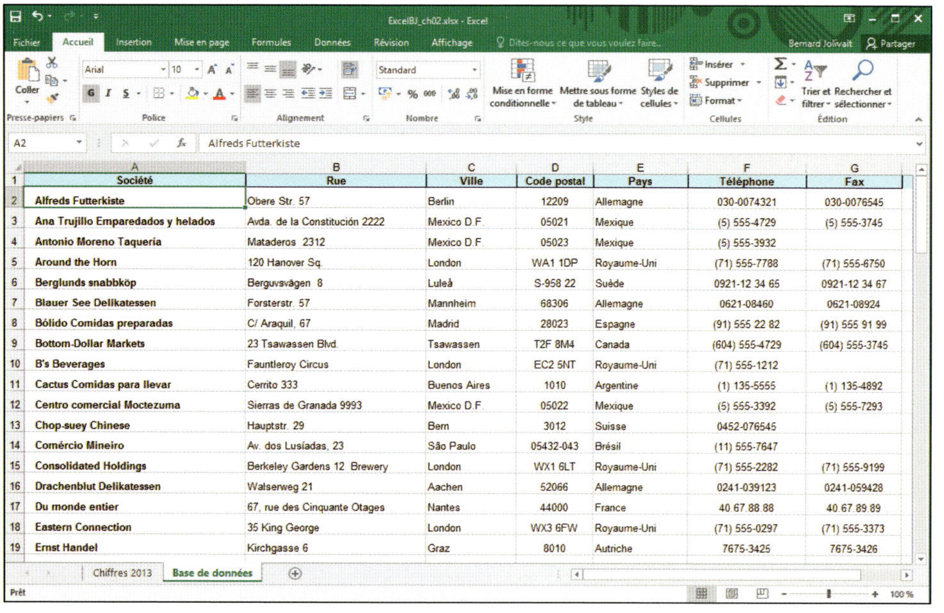

	Société	Rue	Ville	Code postal	Pays	Téléphone	Fax
2	Alfreds Futterkiste	Obere Str. 57	Berlin	12209	Allemagne	030-0074321	030-0076545
3	Ana Trujillo Emparedados y helados	Avda. de la Constitución 2222	Mexico D.F.	05021	Mexique	(5) 555-4729	(5) 555-3745
4	Antonio Moreno Taquería	Mataderos 2312	Mexico D.F.	05023	Mexique	(5) 555-3932	
5	Around the Horn	120 Hanover Sq.	London	WA1 1DP	Royaume-Uni	(71) 555-7788	(71) 555-6750
6	Berglunds snabbköp	Berguvsvägen 8	Luleå	S-958 22	Suède	0921-12 34 65	0921-12 34 67
7	Blauer See Delikatessen	Forsterstr. 57	Mannheim	68306	Allemagne	0621-08460	0621-08924
8	Bólido Comidas preparadas	C/ Araquil, 67	Madrid	28023	Espagne	(91) 555 22 82	(91) 555 91 99
9	Bottom-Dollar Markets	23 Tsawassen Blvd.	Tsawassen	T2F 8M4	Canada	(604) 555-4729	(604) 555-3745
10	B's Beverages	Fauntleroy Circus	London	EC2 5NT	Royaume-Uni	(71) 555-1212	
11	Cactus Comidas para llevar	Cerrito 333	Buenos Aires	1010	Argentine	(1) 135-5555	(1) 135-4892
12	Centro comercial Moctezuma	Sierras de Granada 9993	Mexico D.F.	05022	Mexique	(5) 555-3392	(5) 555-7293
13	Chop-suey Chinese	Hauptstr. 29	Bern	3012	Suisse	0452-076545	
14	Comércio Mineiro	Av. dos Lusíadas, 23	São Paulo	05432-043	Brésil	(11) 555-7647	
15	Consolidated Holdings	Berkeley Gardens 12 Brewery	London	WX1 6LT	Royaume-Uni	(71) 555-2282	(71) 555-9199
16	Drachenblut Delikatessen	Walserweg 21	Aachen	52066	Allemagne	0241-039123	0241-059428
17	Du monde entier	67, rue des Cinquante Otages	Nantes	44000	France	40.67.88.88	40.67.89.89
18	Eastern Connection	35 King George	London	WX3 6FW	Royaume-Uni	(71) 555-0297	(71) 555-3373
19	Ernst Handel	Kirchgasse 6	Graz	8010	Autriche	7675-3425	7675-3426

Figure 3.1 : Un tableau Excel contenant des noms et des adresses.

2. Cliquez sur l'onglet de ruban Données.

3. Dans le groupe Trier et filtrer, cliquez sur l'icône Trier.

4. La boîte de dialogue Tri apparaît (Figure 3.2).

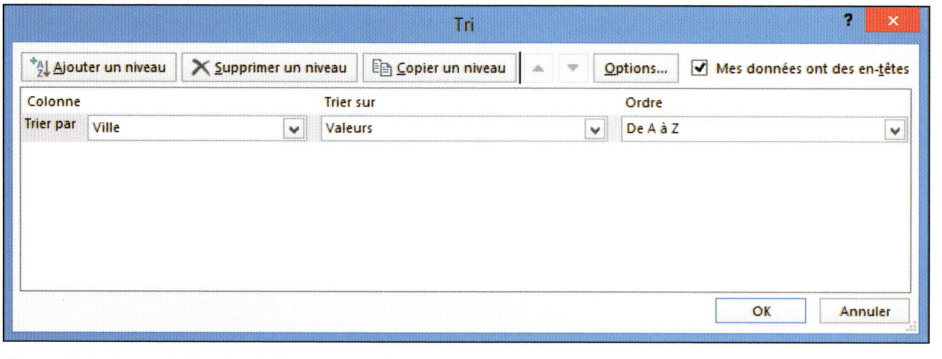

Figure 3.2 : Cette boîte de dialogue sert à définir un tri.

5. Si le tableau contient une ligne d'en-têtes, assurez-vous que la case Mes données ont des en-têtes, en haut à droite, est cochée.

6. Cocher ou décocher cette case a deux effets importants :

   • Case cochée : Dans la boîte de dialogue, le menu du premier champ, Colonne, contient les en-têtes prélevés dans la première ligne. Lors du tri, la première ligne du tableau – celle des en-têtes – reste où elle est.

   • Case décochée : Le menu du premier champ contient les options Colonne A, Colonne B, Colonne C, etc. La ligne contenant les en-têtes est triée comme n'importe quelle autre ligne du tableau.

7. Déroulez le menu Trier par.

8. Comme la case Mes données ont des en-têtes est cochée, le menu contient la liste des en-têtes de colonnes (Figure 3.3).

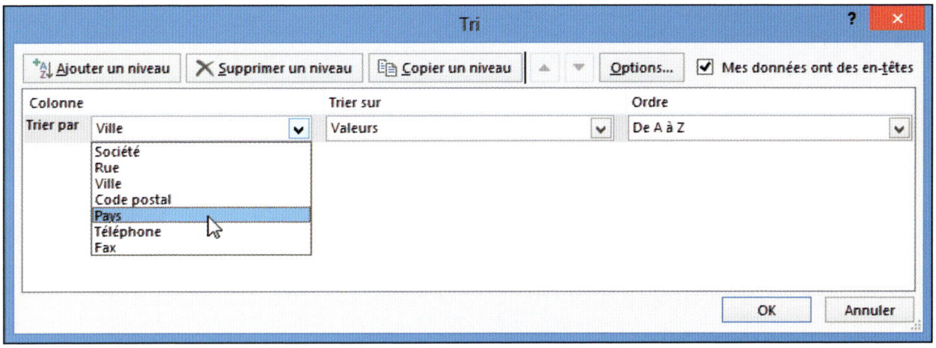

Figure 3.3 : Choisissez sur quelle colonne le tri doit être opéré.

9. Dans la liste, sélectionnez l'en-tête sur lequel le tri doit être effectué.

10. Pour notre exemple, c'est l'en-tête Pays.

11. Notez qu'à gauche, le champ Ordre permet de choisir le tri croissant (option De A à Z) ou décroissant (De Z à A).

12. Cliquez sur le bouton OK.

13. Les lignes de la liste sont triées selon la colonne Pays, comme le montre la Figure 3.4.

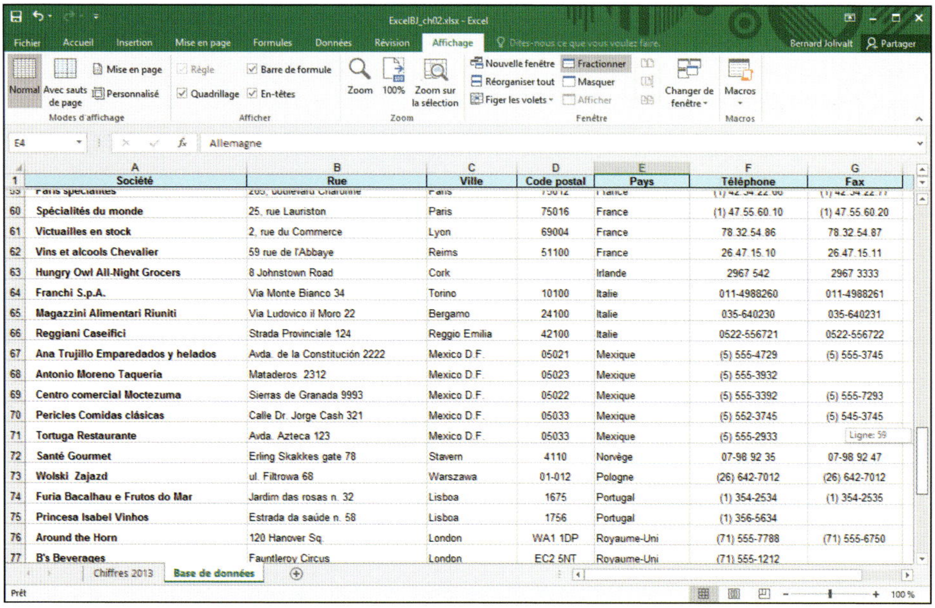

Figure 3.4 : Le tableau a été trié selon la colonne Pays.

TRUC

Comme nous venons de le voir, la commande Trier agit sur les colonnes. Mais elle peut aussi agir sur les lignes. Pour activer ce mode de tri, commencez par cliquer sur le bouton Options, en haut à gauche de la boîte de dialogue Tri. Dans la boîte de dialogue Options de tri (Figure 3.5), choisissez De la gauche vers la droite, puis cliquez sur OK. Configurez ensuite le tri dans la boîte de dialogue Tri.

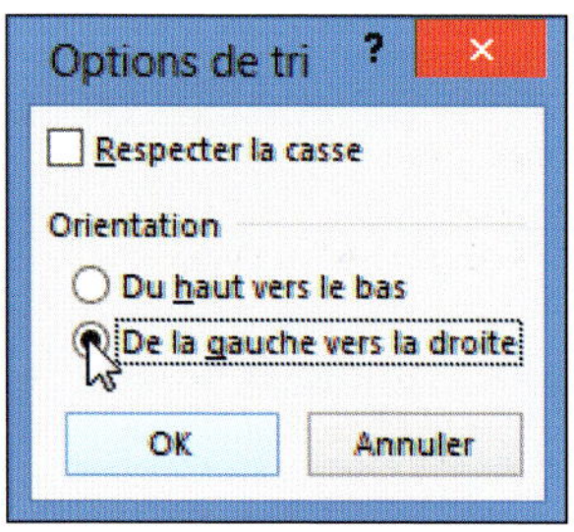

Figure 3.5 : Excel sait aussi trier des lignes.

Trier une seule colonne

1. Sélectionnez la colonne à trier.
2. Pour cela, cliquez sur sa lettre d'en-tête.
3. Cliquez sur l'onglet de ruban Données.
4. Dans le groupe Trier et filtrer, cliquez sur l'icône Trier.
5. Si des données se trouvent dans une ou plusieurs colonnes adjacentes, Excel affiche la boîte de dialogue de la Figure 3.6 afin de vous prévenir que le contenu des lignes risque d'être complètement déstructuré.

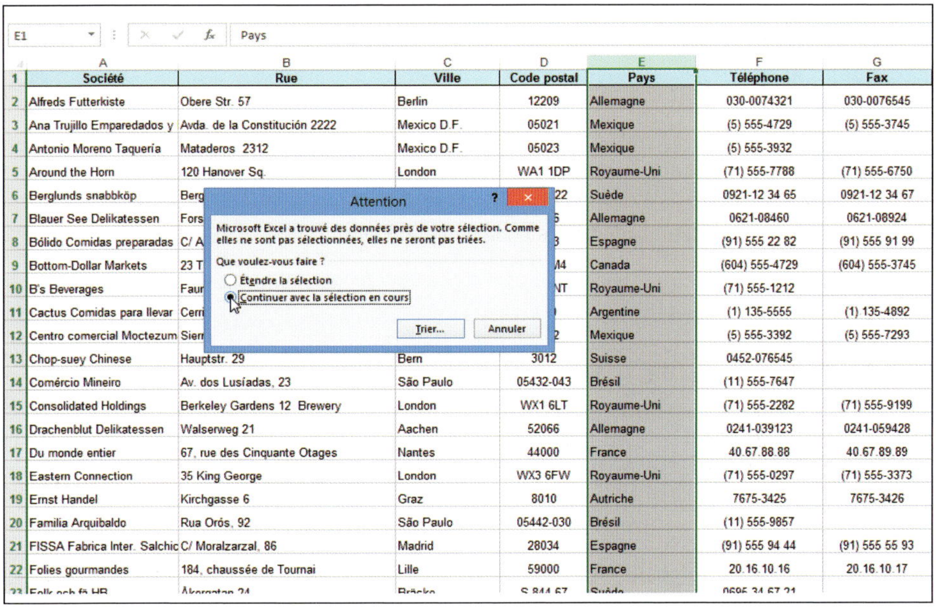

Figure 3.6 : Excel a détecté des données dans les cellules adjacentes.

6. Cliquez sur le bouton d'option Continuer avec la sélection en cours.
7. Cliquez sur le bouton Trier.
8. La boîte de dialogue Tri apparaît (Figure 3.7). Comme une seule colonne a été sélectionnée, le champ Trier par, à gauche, ne contient que l'en-tête ou le numéro de colonne courants.
9. Si vous ne voulez pas trier le contenu de la première ligne, cochez la case Mes données ont des en-têtes.
10. Cliquez sur OK.

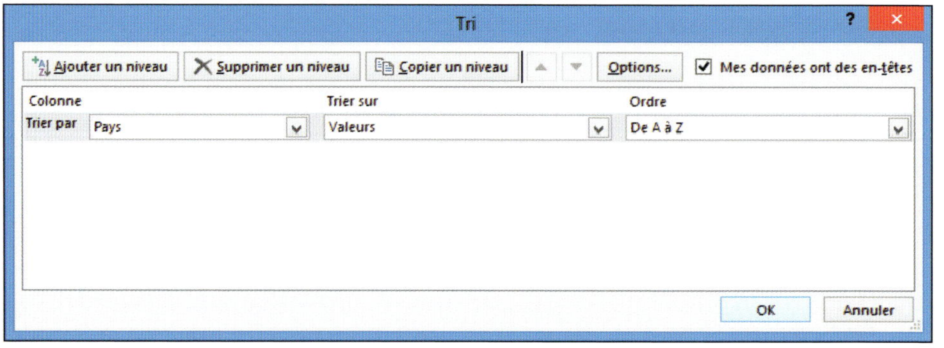

Figure 3.7 : Le tri de la colonne est sur le point d'être effectué.

11. Seule la colonne sélectionnée est trié.

> **TRUC**
>
> Cette manipulation peut aussi être effectuée sur une ligne, comme expliqué précédemment, mais aussi uniquement sur une plage de cellules sélectionnées.

Filtrer des données

1. Assurez-vous que le tableau contienne une ligne d'en-têtes.

2. Elle est obligatoire pour appliquer un filtrage.

3. Cliquez sur l'onglet de ruban Données.

4.  Dans le groupe Trier et filtrer, cliquez sur l'icône Filtrer.

    Un bouton fléché apparaît contre le bord droit de chacun des en-têtes du tableau.

5. Pour filtrer des données, cliquez sur le bouton fléché d'un en-tête (Figure 3.8).

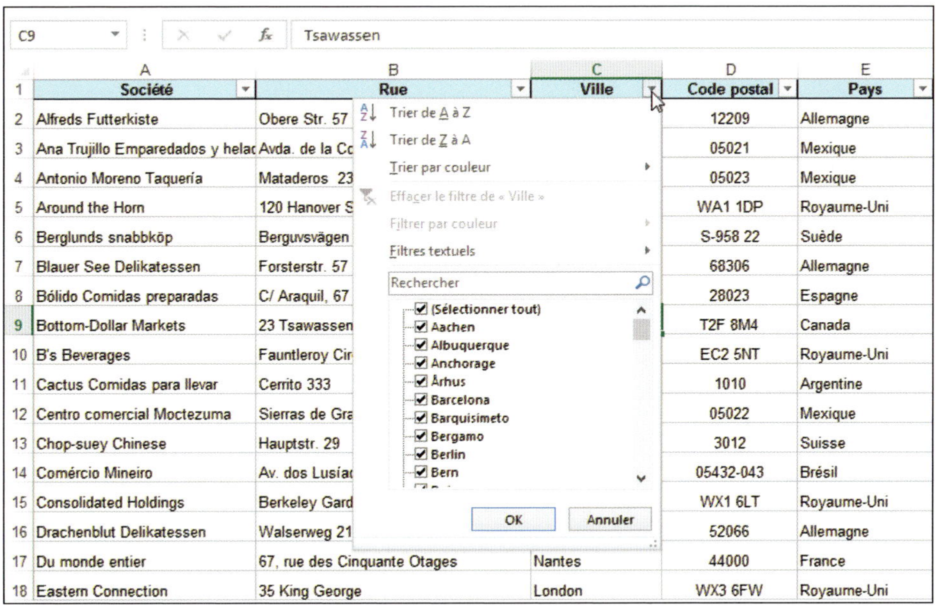

Figure 3.8 : Cliquer sur le bouton de l'en-tête Ville affiche la liste de toutes les villes mentionnées dans cette colonne.

6. Pour cet exemple, nous ne voulons afficher, dans la feuille de calcul, que les villes de Londres, Madrid et Stuttgart.

7. Tout en haut de la liste, cliquez dans la case Sélectionner tout.

8. Toutes les cases de la liste sont décochées.

9. Cochez à présent les cases des éléments à afficher.

10. Pour cet exemple, nous cocherons les cases London, Madrid et Stuttgart.

11. Cliquez sur OK.

Seules les lignes correspondant aux éléments à afficher – les trois villes cochées à l'étape précédente – sont affichées, comme le montre la Figure 3.9. Remarquez l'icône de filtrage dans l'en-tête de la colonne filtrée.

I107

	A	B	C	D	E	F	G	H
1	Société	Rue	Ville	Code postal	Pays	Téléphone	Fax	
5	Around the Horn	120 Hanover Sq.	London	WA1 1DP	Royaume-Uni	(71) 555-7788	(71) 555-6750	
8	Bólido Comidas preparadas	C/ Araquil, 67	Madrid	28023	Espagne	(91) 555 22 82	(91) 555 91 99	
10	B's Beverages	Fauntleroy Circus	London	EC2 5NT	Royaume-Uni	(71) 555-1212		
15	Consolidated Holdings	Berkeley Gardens 12 Brewery	London	WX1 6LT	Royaume-Uni	(71) 555-2282	(71) 555-9199	
18	Eastern Connection	35 King George	London	WX3 6FW	Royaume-Uni	(71) 555-0297	(71) 555-3373	
21	FISSA Fabrica Inter. Salchichas	C/ Moralzarzal, 86	Madrid	28034	Espagne	(91) 555 94 44	(91) 555 55 93	
52	North/South	South House300 Queensbridge	London	SW7 1RZ	Royaume-Uni	(71) 555-7733	(71) 555-2530	
68	Romero y tomillo	Gran Via, 1	Madrid	28001	Espagne	(91) 745 6200	(91) 745 6210	
71	Seven Seas Imports	90 Wadhurst Rd.	London	OX15 4NB	Royaume-Uni	(71) 555-1717	(71) 555-5646	
85	Die Wandernde Kuh	Adenauerallee 900	Stuttgart	70563	Allemagne	0711-020361	0711-035428	
91								

Figure 3.9 : La longue liste a été filtrée pour ne faire apparaître que les données concernant Londres, Madrid et Stuttgart.

Pour réafficher l'ensemble de la liste, cliquez sur le bouton Effacer, sur le ruban Données, en haut à droite du bouton Filtrer.

TRUC

Dans le menu de filtrage, l'option Filtres textuels permet de filtrer la liste selon des critères logiques (est égal à, est différents de, et, ou, etc.) ou selon le contenu des cellules.

Créer un plan

1. Créer un tableau dans lequel une structure est répétitive.

2. Dans le tableau de la Figure 3.10, les lignes 3 à 8 sont répétées cinq fois. Ces lignes répétitives sont appelées « lignes de synthèse » dans le jargon d'Excel.

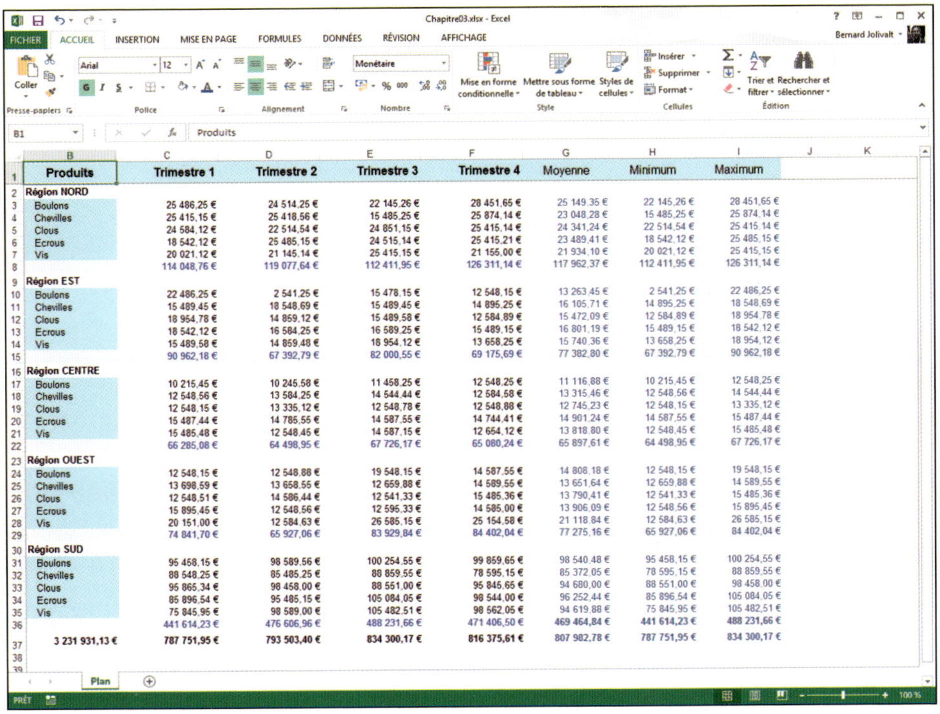

	Produits	Trimestre 1	Trimestre 2	Trimestre 3	Trimestre 4	Moyenne	Minimum	Maximum
2	Région NORD							
3	Boulons	25 486,25 €	24 514,25 €	22 145,26 €	28 451,65 €	25 149,35 €	22 145,26 €	28 451,65 €
4	Chevilles	25 415,15 €	25 418,56 €	15 485,25 €	25 874,14 €	23 048,28 €	15 485,25 €	25 874,14 €
5	Clous	24 584,12 €	22 514,54 €	24 851,15 €	25 415,14 €	24 341,24 €	22 514,54 €	25 415,14 €
6	Ecrous	18 542,12 €	25 485,15 €	24 515,14 €	25 415,21 €	23 489,41 €	18 542,12 €	25 485,15 €
7	Vis	20 021,12 €	21 145,14 €	25 415,15 €	21 155,00 €	21 934,10 €	20 021,12 €	25 415,15 €
8		114 048,76 €	119 077,64 €	112 411,95 €	126 311,14 €	117 962,37 €	112 411,95 €	126 311,14 €
9	Région EST							
10	Boulons	22 486,25 €	2 541,25 €	15 478,15 €	12 548,15 €	13 263,45 €	2 541,25 €	22 486,25 €
11	Chevilles	15 489,45 €	18 548,69 €	15 489,45 €	14 895,25 €	16 105,71 €	14 895,25 €	18 548,69 €
12	Clous	18 954,78 €	14 859,12 €	15 489,58 €	12 584,89 €	15 472,09 €	12 584,89 €	18 954,78 €
13	Ecrous	18 542,12 €	16 584,25 €	16 589,25 €	15 489,15 €	16 801,19 €	15 489,15 €	18 542,12 €
14	Vis	15 489,58 €	14 859,48 €	18 954,12 €	13 658,25 €	15 740,36 €	13 658,25 €	18 954,12 €
15		90 962,18 €	67 392,79 €	82 000,55 €	69 175,69 €	77 382,80 €	67 392,79 €	90 962,18 €
16	Région CENTRE							
17	Boulons	10 215,45 €	10 245,58 €	11 458,25 €	12 548,25 €	11 116,88 €	10 215,45 €	12 548,25 €
18	Chevilles	12 548,56 €	13 584,25 €	14 544,44 €	12 584,58 €	13 315,46 €	12 548,56 €	14 544,44 €
19	Clous	12 548,15 €	13 335,12 €	12 548,78 €	12 548,88 €	12 745,23 €	12 548,15 €	13 335,12 €
20	Ecrous	15 487,44 €	14 785,55 €	14 587,55 €	14 744,41 €	14 901,24 €	14 587,55 €	15 487,44 €
21	Vis	15 485,48 €	12 548,45 €	14 587,15 €	12 654,12 €	13 818,80 €	12 548,45 €	15 485,48 €
22		66 285,08 €	64 498,95 €	67 726,17 €	65 080,24 €	65 897,61 €	64 498,95 €	67 726,17 €
23	Région OUEST							
24	Boulons	12 548,15 €	12 548,88 €	19 548,15 €	14 587,55 €	14 808,18 €	12 548,15 €	19 548,15 €
25	Chevilles	13 698,59 €	13 658,55 €	12 659,88 €	14 589,55 €	13 651,64 €	12 659,88 €	14 589,55 €
26	Clous	12 548,51 €	14 586,44 €	12 541,33 €	15 485,36 €	13 790,41 €	12 541,33 €	15 485,36 €
27	Ecrous	15 895,45 €	12 548,56 €	12 595,33 €	14 585,00 €	13 906,09 €	12 548,56 €	15 895,45 €
28	Vis	20 151,00 €	12 584,63 €	26 585,15 €	25 154,58 €	21 118,84 €	12 584,63 €	26 585,15 €
29		74 841,70 €	65 927,06 €	83 929,84 €	84 402,04 €	77 275,16 €	65 927,06 €	84 402,04 €
30	Région SUD							
31	Boulons	95 458,15 €	98 589,56 €	100 254,55 €	99 859,65 €	98 540,48 €	95 458,15 €	100 254,55 €
32	Chevilles	88 548,25 €	85 485,25 €	88 859,55 €	78 595,15 €	85 372,05 €	78 595,15 €	88 859,55 €
33	Clous	95 865,34 €	98 458,00 €	88 551,00 €	95 845,65 €	94 680,00 €	88 551,00 €	98 458,00 €
34	Ecrous	85 896,54 €	95 485,15 €	105 084,05 €	98 544,00 €	96 252,44 €	85 896,54 €	105 084,05 €
35	Vis	75 845,95 €	98 589,00 €	105 482,51 €	98 562,05 €	94 619,88 €	75 845,95 €	105 482,51 €
36		441 614,23 €	476 606,96 €	488 231,66 €	471 406,50 €	469 464,84 €	441 614,23 €	488 231,66 €
37	3 231 931,13 €	787 751,95 €	793 503,40 €	834 300,17 €	816 375,61 €	807 982,78 €	787 751,95 €	834 300,17 €

Figure 3.10 : Un tableau contenant des lignes synthèses.

3. Cliquez sur l'onglet Données.

4. Le ruban Données est affiché.

5.  Dans le groupe Plan, cliquez sur le bouton fléché sous l'icône Grouper, puis choisissez Plan automatique.

6. Le plan de la feuille de calcul est aussitôt créé, comme le montre la Figure 3.11.

7. Un plan contient les éléments suivants :

   - Des barres de niveau horizontales et/ou verticales : Elles indiquent l'étendue de chacun des niveaux du plan, c'est-à-dire le nombre de lignes ou de colonnes qu'elles peuvent masquer ou afficher.

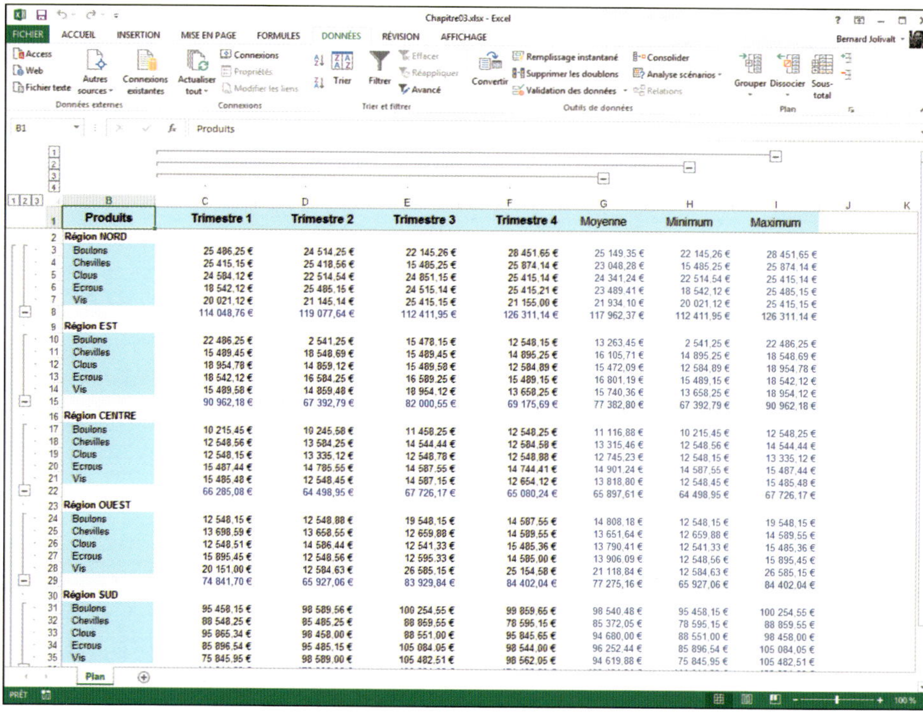

Figure 3.11 : Excel vient de créer un plan. Les commandes du plan se trouvent au-dessus de la feuille de calcul et à gauche.

- 1 2 Boutons de niveau numérotés : Placés perpendiculairement par rapport aux en-têtes de lignes (boutons de niveaux de lignes) et/ou de colonnes (boutons de niveaux de colonnes), ils limitent l'affichage des données au niveau correspondant. Dans la Figure 3.12, le bouton de ligne numéro 1 a été activé : la feuille de calcul affiche uniquement les chiffres d'affaire réalisés par régions, sans donner le détail des produits vendus.

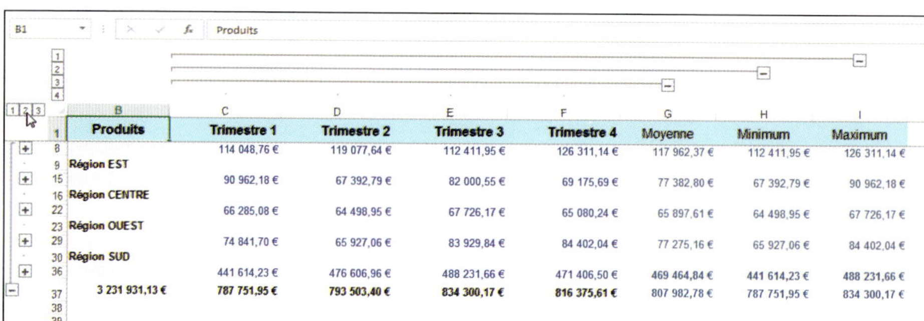

Figure 3.12 : Cliquer sur un bouton de niveau – ici, le bouton de ligne n° 2 – limite l'affichage des données aux seules informations que vous désirez voir : le chiffre d'affaire par régions.

8. Dans notre exemple, cliquez sur le bouton 3 pour réafficher la totalité du tableau, ou sur un bouton + pour n'afficher que les chiffres de telle ou telle région.

- ⊞⊟ Boutons de détails + et - : Placés sur les barres de niveau, ils permettent de masquer ou d'afficher sélectivement les détails. A la Figure 3.13, nous n'avons affiché les détails que pour les régions Est et Ouest.

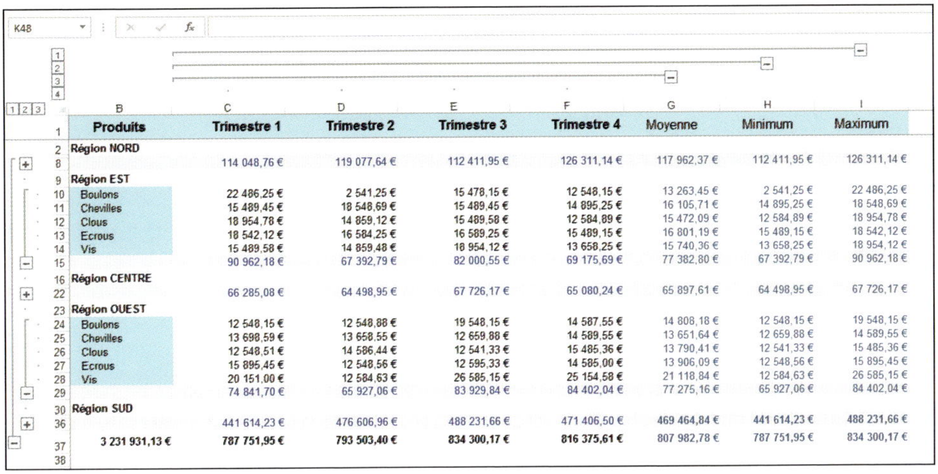

	B	C	D	E	F	G	H	I
1	Produits	Trimestre 1	Trimestre 2	Trimestre 3	Trimestre 4	Moyenne	Minimum	Maximum
2	Région NORD							
8		114 048,76 €	119 077,64 €	112 411,95 €	126 311,14 €	117 962,37 €	112 411,95 €	126 311,14 €
9	Région EST							
10	Boulons	22 486,25 €	2 541,25 €	15 478,15 €	12 548,15 €	13 263,45 €	2 541,25 €	22 486,25 €
11	Chevilles	15 489,45 €	18 548,69 €	15 489,45 €	14 895,25 €	16 105,71 €	14 895,25 €	18 548,69 €
12	Clous	18 954,78 €	14 859,12 €	15 489,58 €	12 584,89 €	15 472,09 €	12 584,89 €	18 954,78 €
13	Ecrous	18 542,12 €	16 584,25 €	16 589,25 €	15 489,15 €	16 801,19 €	15 489,15 €	18 542,12 €
14	Vis	15 489,58 €	14 859,48 €	18 954,12 €	13 658,25 €	15 740,36 €	13 658,25 €	18 954,12 €
15		90 962,18 €	67 392,79 €	82 000,55 €	69 175,69 €	77 382,80 €	67 392,79 €	90 962,18 €
16	Région CENTRE							
22		66 285,08 €	64 498,95 €	67 726,17 €	65 080,24 €	65 897,61 €	64 498,95 €	67 726,17 €
23	Région OUEST							
24	Boulons	12 548,15 €	12 548,88 €	19 548,15 €	14 587,55 €	14 808,18 €	12 548,15 €	19 548,15 €
25	Chevilles	13 698,59 €	13 658,55 €	12 659,88 €	14 589,55 €	13 651,64 €	12 659,88 €	14 589,55 €
26	Clous	12 548,51 €	14 586,44 €	12 541,33 €	15 485,36 €	13 790,41 €	12 541,33 €	15 485,36 €
27	Ecrous	15 895,45 €	12 548,56 €	12 595,33 €	14 585,00 €	13 906,09 €	12 548,56 €	15 895,45 €
28	Vis	20 151,00 €	12 584,63 €	26 585,15 €	25 154,58 €	21 118,84 €	12 584,63 €	26 585,15 €
29		74 841,70 €	65 927,06 €	83 929,84 €	84 402,04 €	77 275,16 €	65 927,06 €	84 402,04 €
30	Région SUD							
36		441 614,23 €	476 606,96 €	488 231,66 €	471 406,50 €	469 464,84 €	441 614,23 €	488 231,66 €
37	3 231 931,13 €	787 751,95 €	793 503,40 €	834 300,17 €	816 375,61 €	807 982,78 €	787 751,95 €	834 300,17 €
38								

Figure 3.13 : Cliquer sur les boutons + et - pour déployer ou rétracter des niveaux du plan.

TRUC

Pour supprimer le plan, cliquez sur le bouton fléché sous l'icône Dissocier, dans le groupe Plan du ruban Données, puis cliquez sur l'option Effacer le plan.

Séparer des noms et des prénoms

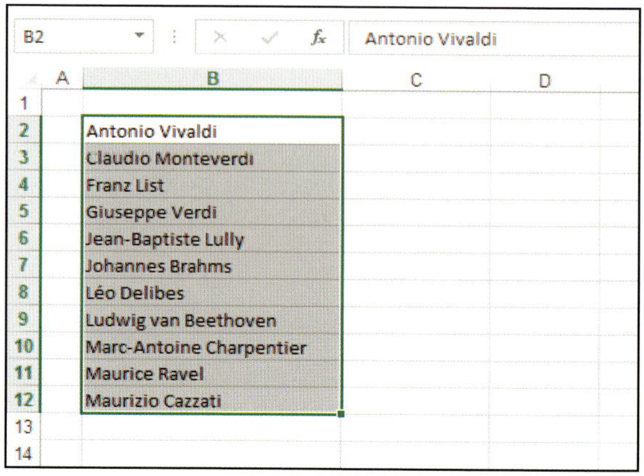

Figure 3.14 : Chaque cellule contient un prénom et un nom.

1. Assurez-vous qu'à droite des cellules contenant les prénoms et les noms, les cellules sont vides.
2. Elles recevront en effet les noms séparés de leurs prénoms. Au besoin, ajoutez une colonne vide.
3. Sélectionnez la plage de cellules contenant des prénoms et des noms (Figure 3.14).
4. Cliquez sur l'onglet Données.
5. Le ruban Données est affiché.
6.  Dans le groupe Outils de données, cliquez sur l'icône Convertir.
7. Excel démarre l'assistant de conversion que montre la Figure 3.15.

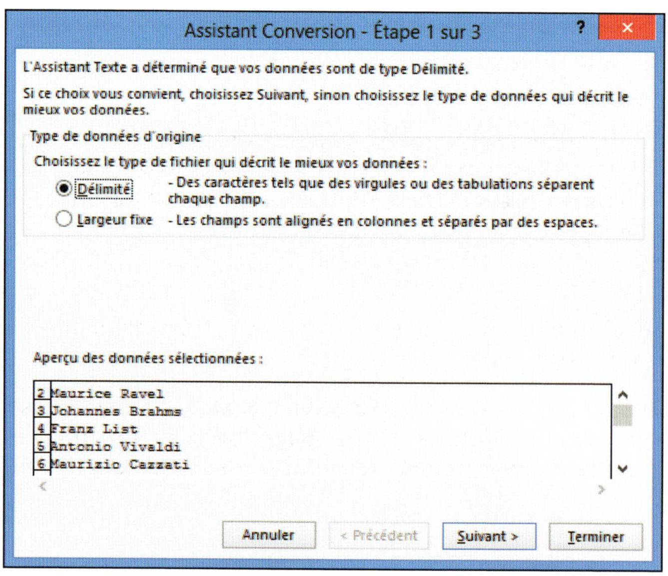

Figure 3.15 : Cet assistant permet de réorganiser des tableaux.

8. Assurez-vous que l'option Délimité est sélectionnée, puis cliquez sur le bouton Suivant.

9. Dans le second panneau de l'assistant de conversion, à la rubrique Séparateurs, ne cochez que la case Espace (Figure 3.16).

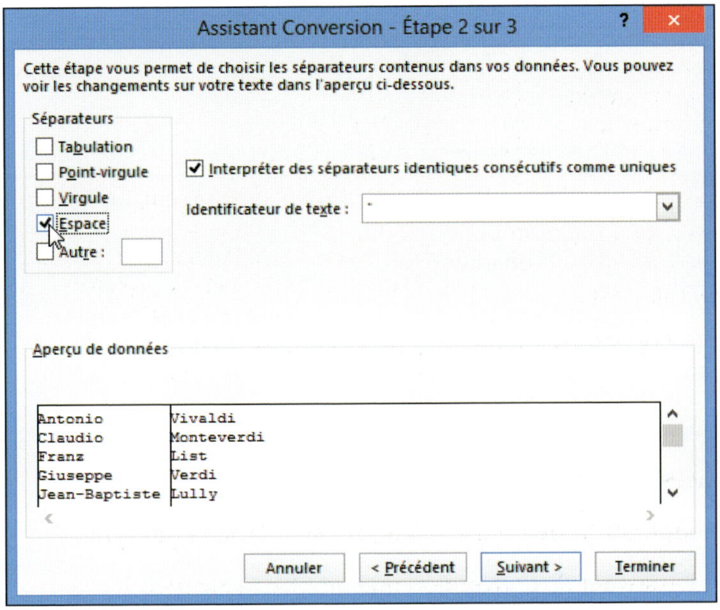

Figure 3.16 : Choisissez l'espace comme séparateur.

TRUC

Assurez-vous que l'option Interpréter des séparateurs identiques consécutifs comme uniques, soit cochée. Ainsi, lorsqu'un prénom et un nom, ou l'inverse, est séparé par deux espaces – une faute de frappe fréquente –, l'assistant les considérera comme un seul espace. Autrement, il décalerait le second élément d'une colonne de trop.

10. En bas de l'assistant, faites défiler la liste des prénoms et des noms et vérifiez si tout se déroule comme prévu.

11. La Figure 3.17 révèle qu'un à particule, qui contient plusieurs espaces, est réparti sur trois colonnes au lieu de deux. L'assistant de conversion ne permet par de résoudre ce genre de problème. Deux solutions sont envisageables :

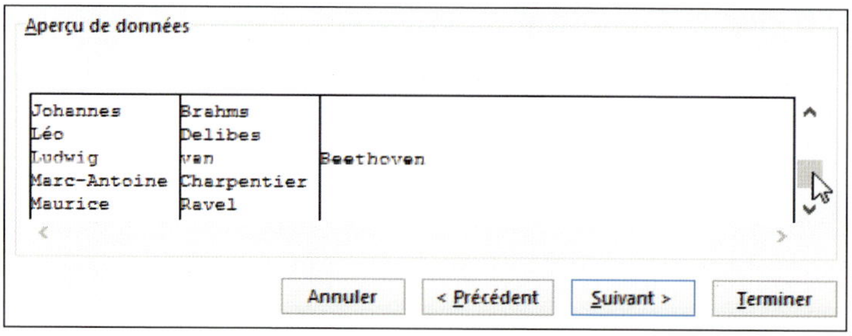

Figure 3.17 : Un nom à particule pose problème.

- Si les éléments sont peu nombreux, vous corrigerez la feuille de calcul à la main, en copiant le nom présent dans la troisième colonne dans la deuxième, et en l'effaçant ensuite.
- Si la correction manuelle est trop fastidieuse, vous pourrez recourir à une formule – décrite dans le Chapitre 10 consacré à la gestion des textes – qui ne prend en compte que le premier espace. Ainsi, Ludwig van Beethoven sera séparé en « Ludwig » et en « van Beethoven ».

12. Cliquez sur le bouton Terminer (nous pouvons nous dispenser de la dernière étape). La Figure 3.18 montre les noms séparés des prénoms.

Figure 3.18 : Les noms et prénoms ont été séparés. Remarquez le placement du nom Ludwig van Beethoven dans trois colonne car il contient deux espaces de séparation.

TRUC

L'inverse – joindre des noms et des prénoms répartis dans deux colonnes – est aussi possible comme nous le verrons au Chapitre 10.

4

Les graphiques

Les graphiques – et surtout leur richesse et la facilité avec laquelle ils peuvent être créés – ont sans doute joué un grand rôle dans le succès d'Excel.

Dans le ruban Insertion, les groupes Graphiques et Graphiques sparkline contiennent de nombreuses options permettant d'agrémenter un graphique en lui donnant un aspect très professionnel, et aussi de le rendre informatif. Car un graphique n'est pas qu'un élément décoratif dans un rapport. Sa fonction première est en effet de présenter des chiffres d'une manière synthétique et compréhensible.

C'est pourquoi nous aborderons quelques fonctions de mise en forme. C'est dernières son si nombreuses qu'il est impossible de les aborder toutes. Mais quand vous aurez compris leur principe, vous serez parfaitement à l'aise pour explorer par vous-même les options des panneaux de mise en forme, et découvrir les mille et une manières de créer de somptueux graphiques.

Créer un graphique

1. Sélectionnez la plage de cellules contenant les informations à présenter dans un graphique.

2. Incluez aussi les en-têtes, comme le montre la Figure 4.1.

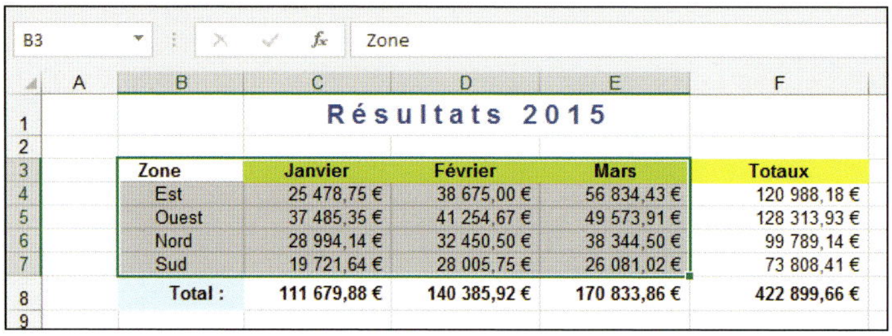

	A	B	C	D	E	F
1			Résultats 2015			
2						
3		Zone	Janvier	Février	Mars	Totaux
4		Est	25 478,75 €	38 675,00 €	56 834,43 €	120 988,18 €
5		Ouest	37 485,35 €	41 254,67 €	49 573,91 €	128 313,93 €
6		Nord	28 994,14 €	32 450,50 €	38 344,50 €	99 789,14 €
7		Sud	19 721,64 €	28 005,75 €	26 081,02 €	73 808,41 €
8		Total :	111 679,88 €	140 385,92 €	170 833,86 €	422 899,66 €
9						

Figure 4.1 : Sélectionnez la plage de cellule à représenter dans le graphique.

3. Cliquez sur l'onglet de ruban Insertion.

4. Dans le groupe Graphiques, cliquez sur le petit bouton tout en bas à droite du groupe.

5. Excel affiche une série de graphiques recommandés pour les données sélectionnées (Figure 4.2).

6. Cliquez sur les différents aperçus, dans le volet de gauche, pour voir comment ils présentent vos données.

TRUC

Immobilisez le pointeur de la souris sur l'aperçu pour voir une version agrandie du graphique, et de meilleure définition.

7. Si aucun des graphiques recommandés ne vous convient, cliquez sur l'onglet Tous les graphiques, en haut du panneau.

8. Excel propose d'autres types de graphiques.

9. Choisissez un type de graphique dans la liste à gauche, puis un sous-type en haut à droite.

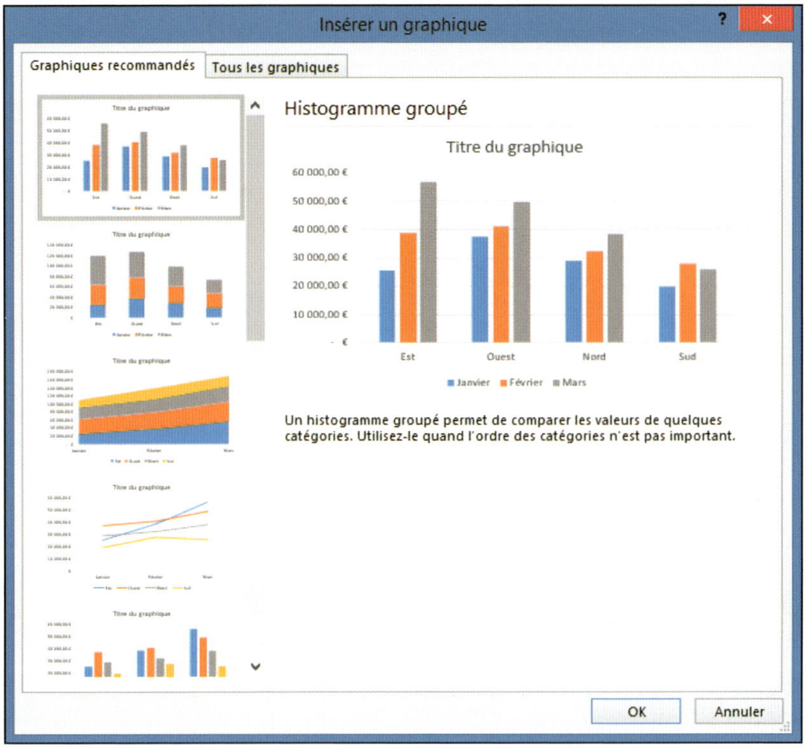

Figure 4.2 : Excel propose un choix de graphiques pour vos données.

TRUC

Les graphiques recommandés ne sont pas toujours les meilleures options. Par exemple, pour l'histogramme de notre exemple, le graphique recommandé ne propose que la représentation par zones Est, Ouest, Nord et Sud, alors que l'option Tous les graphiques propose en plus une représentation par mois (Janvier, Février, Mars) ainsi le l'illustre la Figure 4.3.

10. Si le graphique vous convient, cliquez sur le bouton OK, en bas à droite.

11. Le graphique est inséré dans la feuille de calcul (Figure 4.4). Remarquez le ruban Outils de graphique : il contient deux onglets, Création et Format, autorisant de nombreuses modifications et amélioration du graphique.

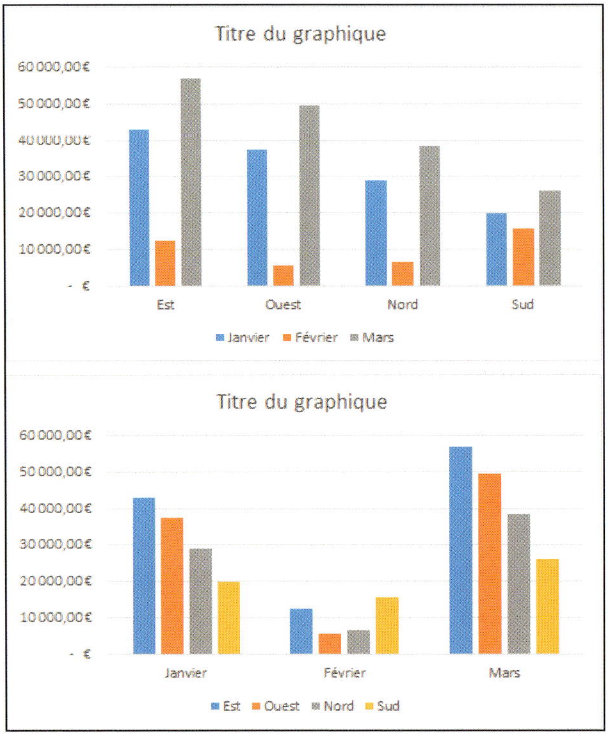

Figure 4.3 : Les données source (à gauche) et le graphique (à droite).

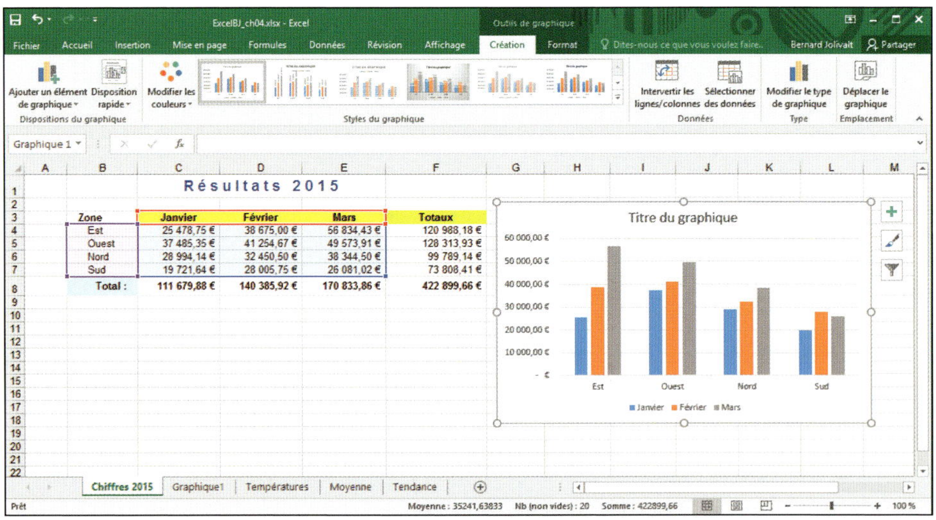

Figure 4.4 : Deux sous-types de présentation d'un histogramme.

NOTE TECHNIQUE

Un graphique est dynamique. Lorsque vous modifiez des données dans le tableau source, le graphique en tient immédiatement compte.

NOTE TECHNIQUE

Trois icônes sont visibles pendant quelques instants en haut à droite du graphique. Elles servent à ajouter des éléments (barre d'erreur, courbe de tendance, axes…), à modifier le style du graphique et à filtrer les données en n'affichant que certaines d'entre elles. Si les icônes ont disparu, cliquez sur le graphique pour les réafficher.

TRUC

La fenêtre du graphique est redimensionnable. Cliquez sur l'une des huit poignées placées sur le pourtour du graphique puis, bouton de la souris enfoncé, tirez-les à votre guise pour agrandir, étirer ou comprimer le graphique. Pour le déplacer, cliquez sur le pourtour puis, bouton de la souris enfoncé, tirez-le où bon vous semble.

Modifier l'aspect d'un graphique

1. Cliquez sur le graphique afin de le sélectionner.
2. Cliquez dans la zone de traçage, et non sur un élément spécifique.
3.  En haut à droite du graphique, cliquez sur l'icône Styles du graphique.
4. Excel affiche un volet contenant divers styles (Figure 4.5).

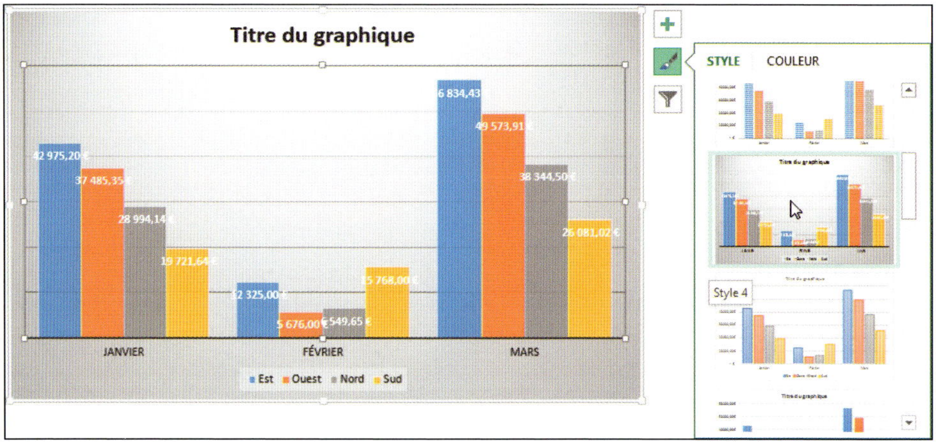

Figure 4.5 : De nombreux styles permettent de modifier instantanément la présentation d'un graphique.

5. Immobilisez le pointeur de la souris – mais sans cliquer – au-dessus d'un style pour l'appliquer temporairement à votre graphique.
6. Pour notre exemple, nous avons choisi le Style 4. Il présente un avantage intéressant : l'affichage des valeurs sur chacune des colonnes de l'histogramme.
7. Si un style vous plaît, cliquez dessus pour l'appliquer définitivement.

TRUC

Pour changer le titre d'un graphique, cliquez dessus puis triple-cliquez sur le texte afin de le sélectionner en entier. Saisissez ensuite le nouveau titre puis cliquez hors de la zone de texte.

TRUC

Vous pouvez aussi choisir un autre graphique en choisissant la deuxième des trois icônes qui apparaissent temporairement en haut à droite du graphique, après avoir cliqué dans ce dernier.

Modifier les étiquettes de données

1. Créez un graphique puis choisissez un style affichant des valeurs numériques.

> **TRUC**
>
> L'affichage des valeurs peut être activé dans les options d'étiquettes décrites à l'étape 6, en cochant la case Valeur.

2. Cliquez du bouton droit sur une étiquette (la première à gauche, par exemple).

3. Un menu ancré à l'étiquette apparaît, et un volet d'options de format est affiché à gauche, comme le montre la Figure 4.6.

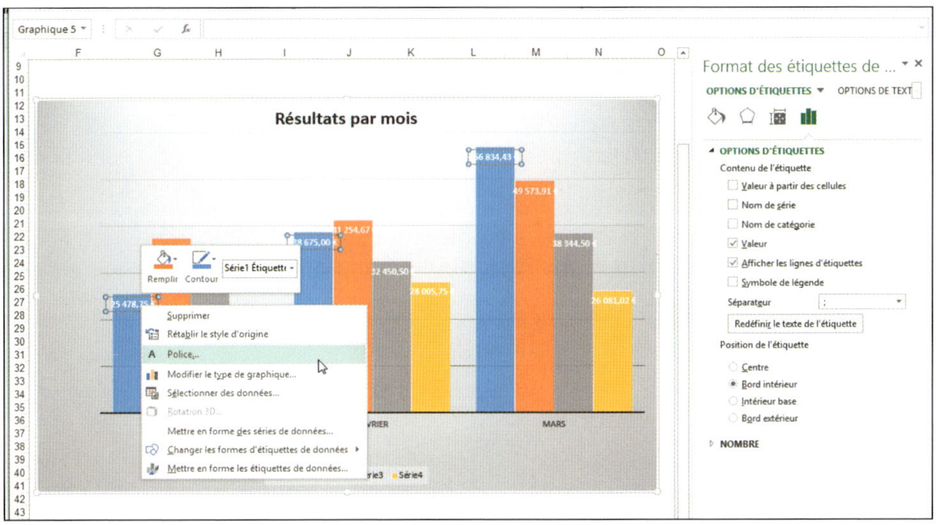

Figure 4.6 : Cliquer du bouton droit sur une étiquette fait apparaître de nombreuses options de mise en forme et de données à l'emplacement de l'étiquette et à droite dans Excel.

4. Dans le menu de l'étiquette, cliquez sur Police.

5. La boîte de dialogue qui apparaît est un peu différente de celle affichée avec la commande Format de cellule. Elle permet notamment de régler la taille au dixième de point près afin que le texte des étiquettes puisse occuper au mieux le peu d'espace qui leur est parfois alloué.

6. Configurez la valeur à votre guise (Figure 4.7). Pour notre exemple, nous avons cliqué sur Couleur de police et choisi du noir, et mis l'option Taille à 9,5 points.

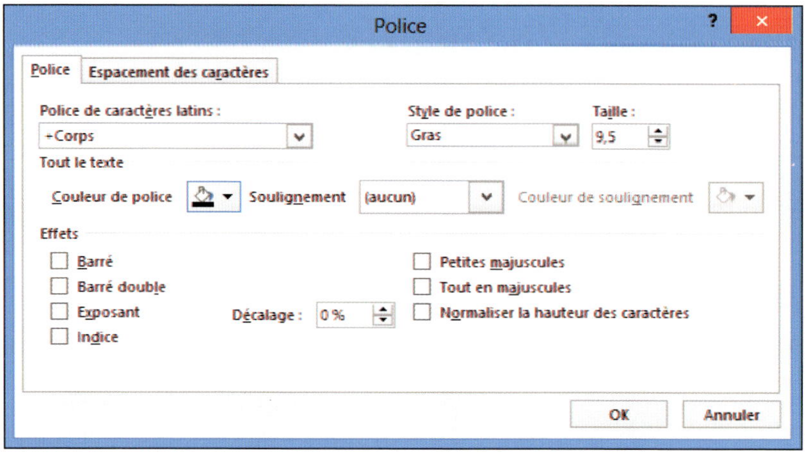

Figure 4.7 : Configurez l'aspect des valeurs à afficher dans le graphique.

7. Cliquez sur le bouton OK.

8. Les étiquettes dépassent de chaque côté des colonnes, mais ce n'est pas un problème car à la fin de l'opération, nous les pivoteront afin qu'elles soient en hauteur.

9. Pour rendre les étiquettes plus lisibles, nous arrondirons les valeurs à leur entier et nous supprimerons le symbole monétaire.

10. Assurez-vous que l'étiquette est toujours sélectionnée et dans le volet de droite, cliquez sur l'icône Options d'étiquettes.

    En bas du panneau, cliquez sur le petit triangle à gauche de Nombre.

11. Déroulez le menu Catégorie et cliquez sur l'option Nombre.

12. Excel affiche les options de mise en forme (Figure 4.8).

13. Dans le champ Décimales, mettez la valeur à zéro.

14. Assurez-vous que la case Utiliser les séparateurs de milliers, juste en-dessous, est cochée.

15. Répétez les étapes 7 et 8 pour chacune des autres séries.

NOTE TECHNIQUE

Recopier un format avec l'outil Reproduire la mise en forme n'est possible que si l'étiquette n'a été mise en forme qu'avec la boîte de dialogue Police, à l'étape 4. Dès que vous utilisez des options du volet de droite, l'outil Reproduire la mise en forme devient inopérant.

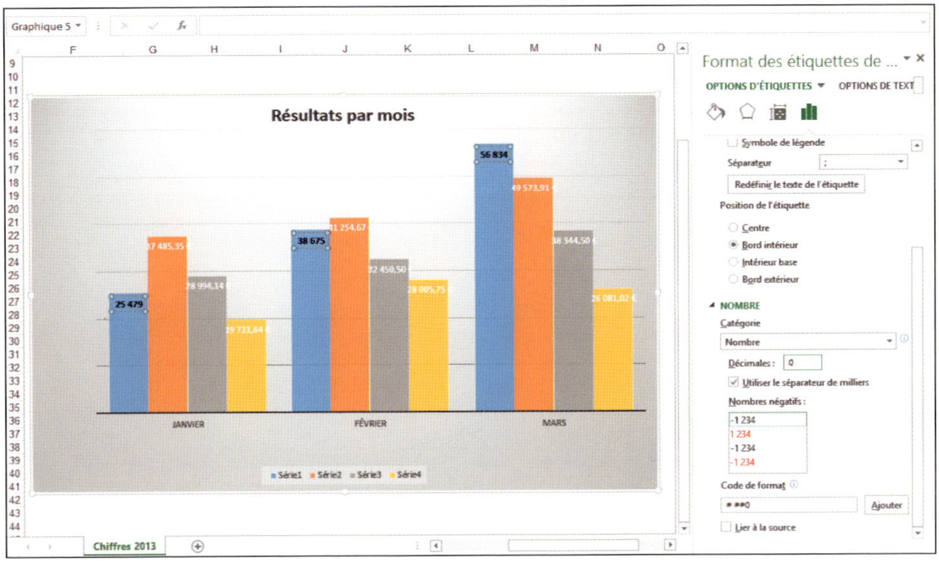

Figure 4.8 : La série d'étiquettes bleues contient à présent des nombres entiers.

16. Dans le volet à droite, en haut, cliquez sur l'icône Taille et propriétés.

17. À la rubrique Alignement cliquez sur le petit bouton fléché du menu Orientation du texte. Dans le menu sélectionnez Faire pivoter tout le texte de 270° (Figure 4.9).

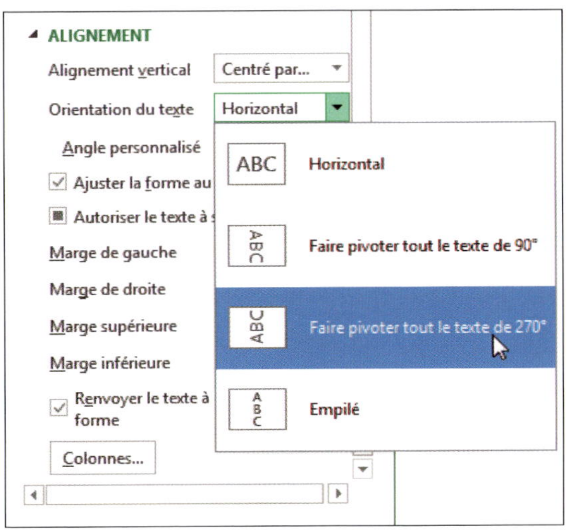

Figure 4.9 : Modifiez l'orientation du texte.

18. Répétez l'étape 7 sur une étiquette de chacune des séries.

19. Cliquez sur l'icône Options d'étiquettes.

20. En bas du panneau, cochez l'option Centre.

21. Les étiquettes se placent au centre des colonnes, comme le montre la Figure 4.10.

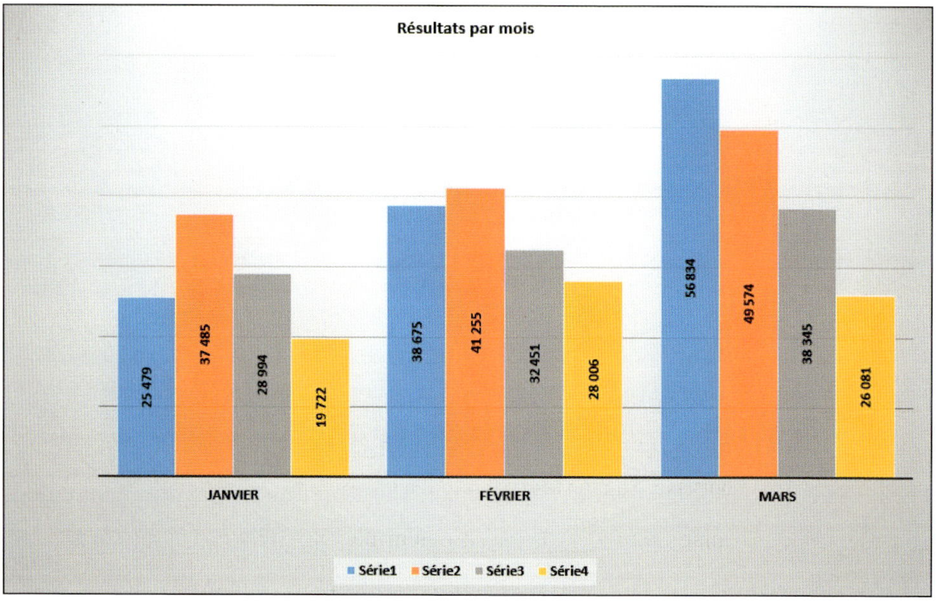

Figure 4.10 : Les étiquettes du graphique après la remise en forme.

Régler l'écartement des colonnes

1. Cliquez du bouton droit sur une colonne de l'histogramme.
2. Peu importe laquelle.
3. Dans le menu, cliquez sur Mettre en forme une série de données (Figure 4.11).

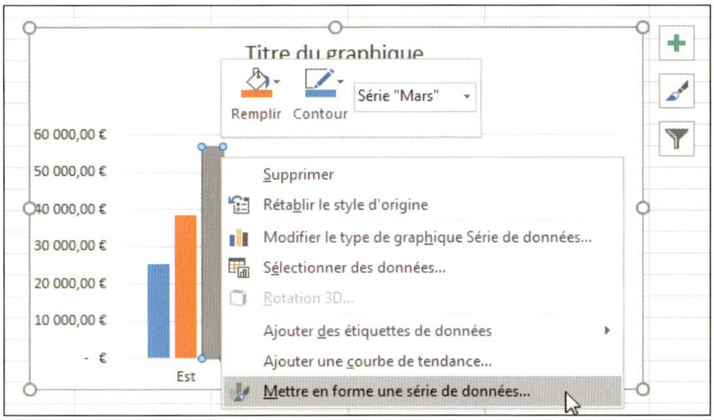

Figure 4.11 : Choisissez l'option Mettre en forme une série de données.

4. Le volet de mise en forme des données apparaît à droite dans Excel.
5.  En haut du volet, cliquez sur l'icône Options des séries.
6. Dans le volet Options des séries, à droite d'Excel, actionnez ces deux glissières (Figure 4.12) :

   a) **Superposition de séries :** Tirez le curseur vers la gauche pour régler l'écartement entre chaque colonne de chaque groupe. L'intervalle entre les groupes est également modifié.

   b) **Largeur de l'intervalle :** Actionnez cette glissière pour régler l'intervalle entre les groupes de séries. L'intervalle entre les séries est également modifié. À 0 %, toutes les colonnes se touchent.

7. Comme modifier un type d'intervalle a forcément une incidence sur une autre, vous devrez régler l'écartement pas approximations successives, en agissant sur chacune des glissières.

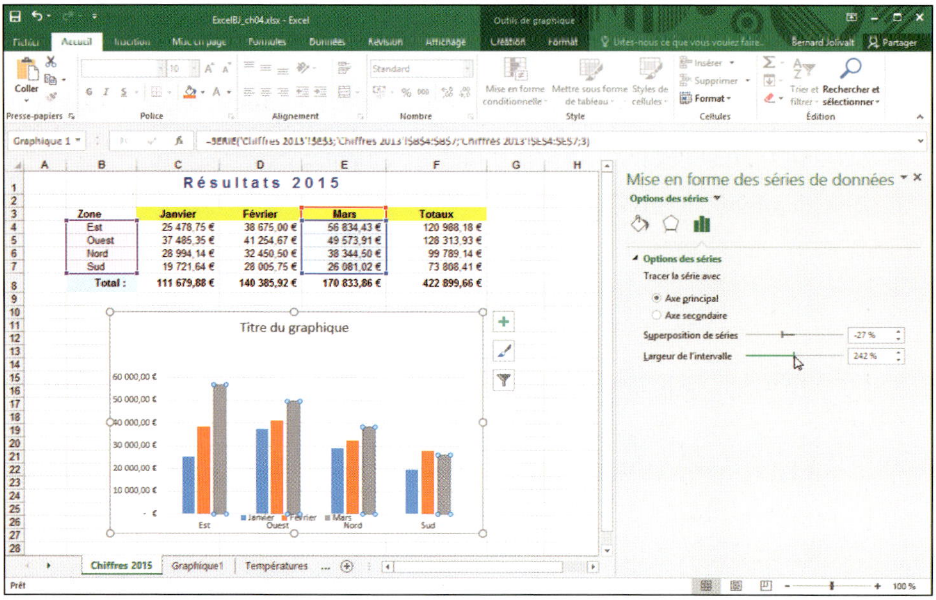

Figure 4.12 : Les deux glissières à droite règlent l'écartement entre les données d'un groupe (en haut) et entre les groupes (en bas).

Limiter l'amplitude des données

1. La partie intéressante de la courbe de température de la Figure 4.13 n'occupe que le quart supérieur du graphique. Si elle exploitait mieux la zone de traçage, les différences de température d'un jour à l'autre seraient mieux visibles.

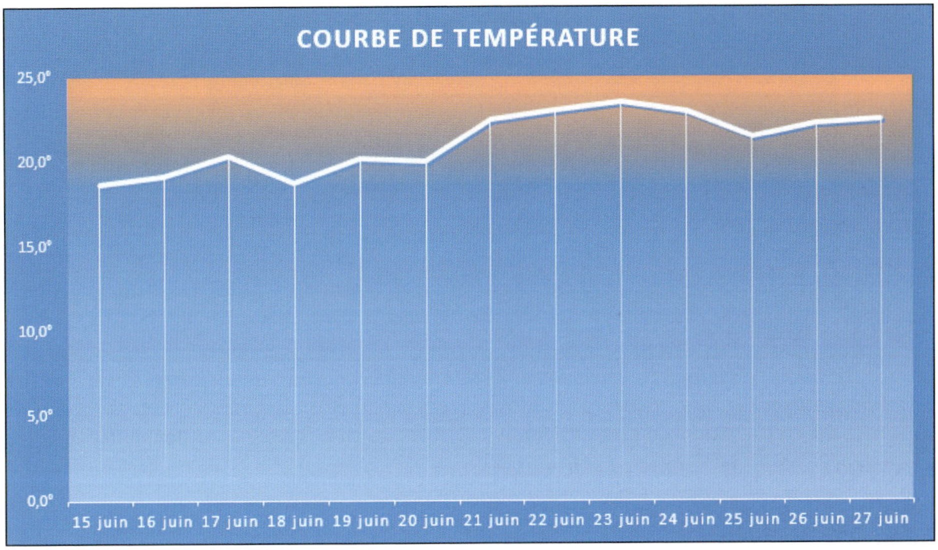

Figure 4.13 : Les deux glissières à droite règlent l'écartement entre les données d'un groupe (en haut) et entre les groupes (en bas).

TRUC

En règle générale, Excel limite automatiquement un graphique entre une valeur un peu en deçà des valeurs plancher et une valeur un peu au delà des valeurs plafond.

2. Cliquez du bouton droit sur les valeurs de l'axe vertical, à gauche du graphique, puis choisissez l'option Mise en forme de l'axe.

3. Dans le volet Format de l'axe, à droite dans Excel, à la rubrique Limites, saisissez les valeurs requises dans les champs Minimum et Maximum.

4. Pour notre exemple, nous avons saisi un minimum de 15 et un maximum de 25. La courbe est beaucoup plus accentuée que précédemment, comme le révèle la Figure 4.14.

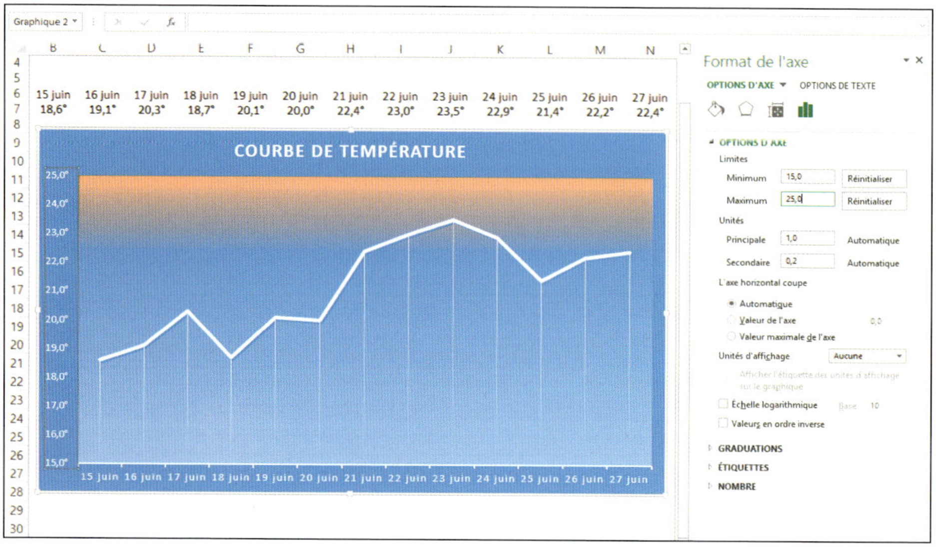

Figure 4.14 : En limitant le minimum et le maximum, la courbe exploite mieux la zone de traçage du graphique.

Tracer une moyenne

1. Nous reprenons pour cet exercice la courbe de température de la fiche précédente.

2. Dans la feuille de calcul, les températures occupent les cellules B3 à N3, ainsi qu'il apparaît dans la Figure 4.15.

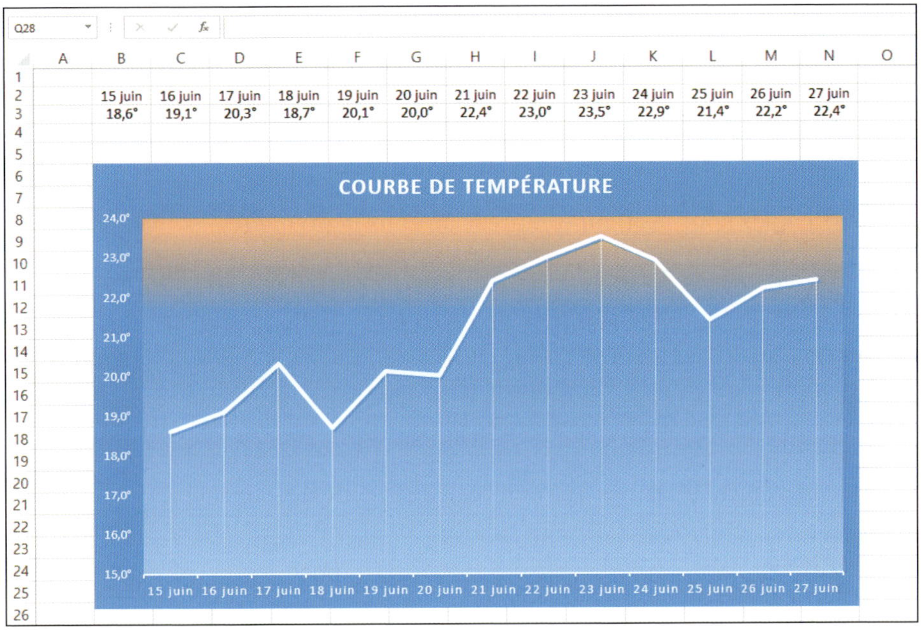

Figure 4.15 : Un relevé de températures et sa représentation dans un graphique en courbes.

3. Cliquez dans la cellule B4, sous la première température, puis saisissez cette formule :

```
=MOYENNE(B3:N3)
```

4. Eh oui, nous sommes obligés de recourir à une formule, un sujet qui occupe tout le second chapitre de ce livre. Elle utilise la fonction MOYENNE. La Figure 4.16 montre la fonction MOYENNE dans la barre de formule et le résultat dans la cellule : 21,123.

5. La cellule B4 – celle qui contient la moyenne calculée par la fonction – étant active, appuyez sur les touches Ctrl+C.

6. Ce raccourci-clavier copie le contenu de la cellule, c'est-à-dire la fonction MOYENNE.

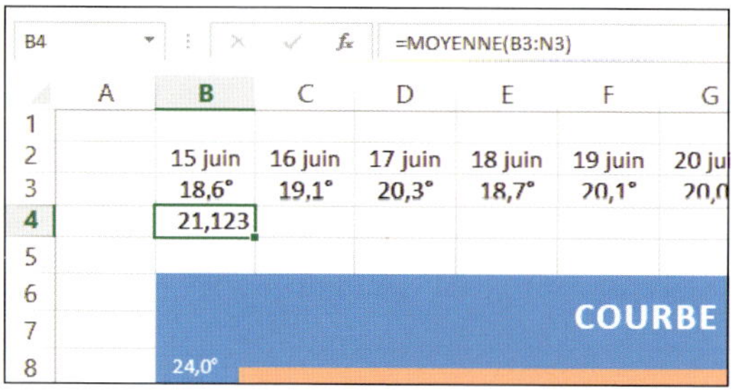

Figure 4.16 : La fonction MOYENNE est indispensable pour afficher une moyenne dans un graphique.

7. Cliquez dans la cellule C4, à droite de la cellule contenant la formule puis, touche Maj enfoncée, cliquez dans la cellule N4.

8. Les cellules sous les températures – hormis la première – sont sélectionnées.

9. Cliquez du bouton droit dans la sélection puis, dans le menu, choisissez Collage spécial.

10. Dans la boîte de dialogue Collage spécial, cliquez sur Valeurs, comme le montre la Figure 4.17. Cliquez ensuite sur OK.

Figure 4.17 : Choisissez de ne coller que des valeurs, et non la formule elle-même.

11. La valeur de la moyenne est recopiée dans toutes les cellules.

ATTENTION

N'utilisez surtout pas la poigné de recopie. Comme vous l'apprendrez au Chapitre 6, le calcul de la moyenne serait complètement faussé à cause du décalage des cellules prises en compte pour le calcul.

12. Cliquez du bouton droit dans la zone de traçage du graphique et dans le menu, choisissez Sélectionner des données.

13. Dans la boîte de dialogue Sélectionner la source de données, cliquez sur le bouton Ajouter (Figure 4.18).

14. La petite boîte de dialogue Modifier la série apparaît.

15. Dans la boîte de dialogue Modifier la série, cliquez dans le champ Nom de la série puis saisissez un nom.

16. Pour cet exemple, Moyenne (Figure 4.19).

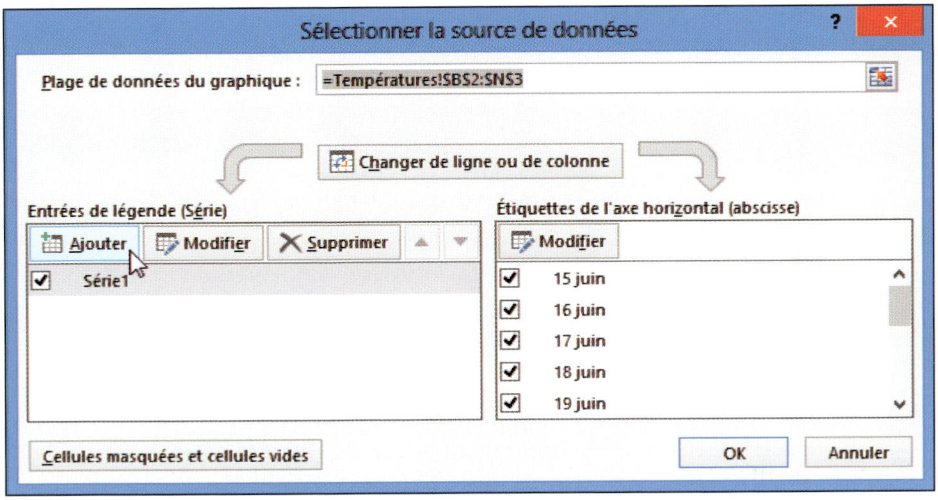

Figure 4.18 : Ajoutez une nouvelle série de données au graphique.

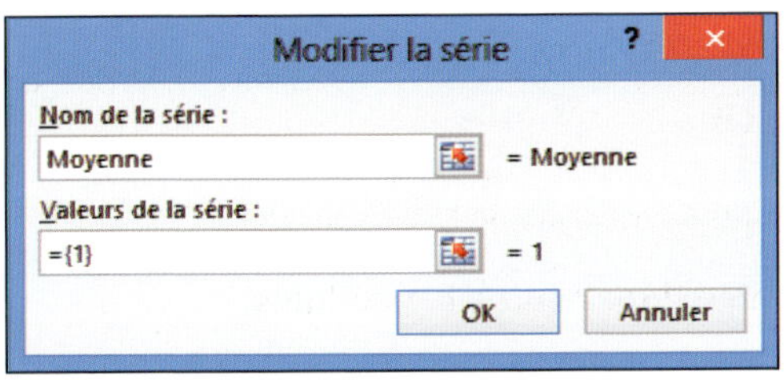

Figure 4.19 : Nommez la nouvelle série.

17.  Cliquez sur le bouton à droite, dans le champ Valeurs de la série.

Une petite boîte de dialogue Modifier la série apparaît.

18. Cliquez dans la première des cellules contenant les moyennes, tapez sur la touche deux-points (:) puis cliquez sur la dernière des cellules contenant la moyenne, comme dans la Figure 4.20.

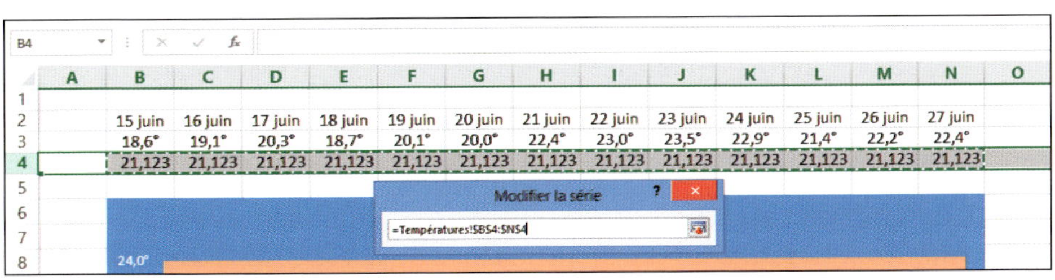

Figure 4.20 : Sélectionnez les valeurs.

19. La boîte de dialogue Modifier la série contient à présent le signe égal suivi nom de la feuille de calcul suivi d'un point d'exclamation et de la référence à la plage de cellules :

```
=Températures!$B$4:$N$4
```

Les signes dollar ($) qu'Excel a automatiquement ajouté avant les lettres de colonnes et les numéros de lignes servent à transformer des références relatives en références absolues, comme nous le verrons au Chapitre 6.

20.  Cliquez sur le bouton à droite du champ.

Ce bouton fait revenir à la boîte de dialogue Modifier la série. La formule de la boîte de dialogue Modifier la série a été reportée dans le champ Valeurs de la série, et la moyenne est déjà affichée dans le graphique (Figure 4.21)

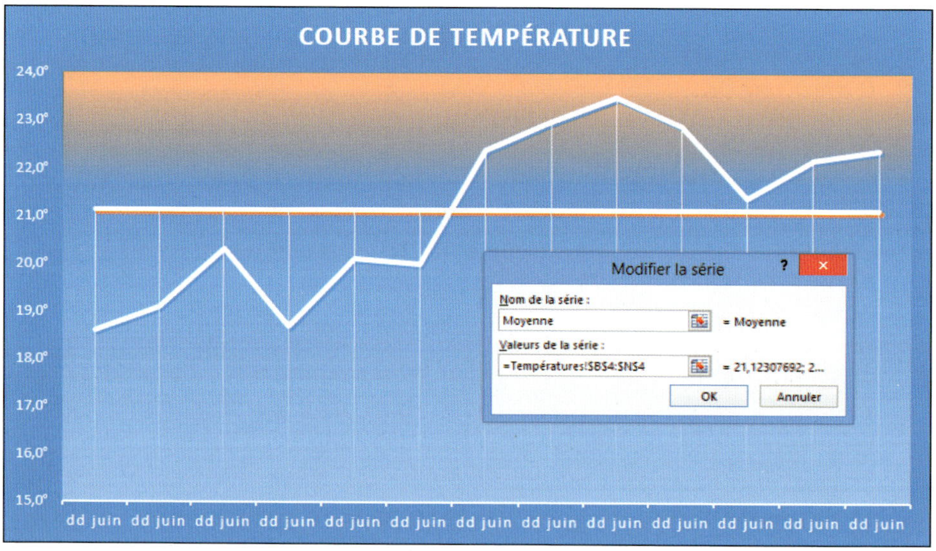

Figure 4.21 : La moyenne est en place.

21. Cliquez sur OK

22. La boîte de dialogue Sélectionner la source de données est de nouveau affichée.

23. Cliquez sur la série Moyenne que nous venons de créer, puis cliquez sur le bouton Vers le haut (voir Figure 4.22) afin de montrer la série Moyenne tout en haut.

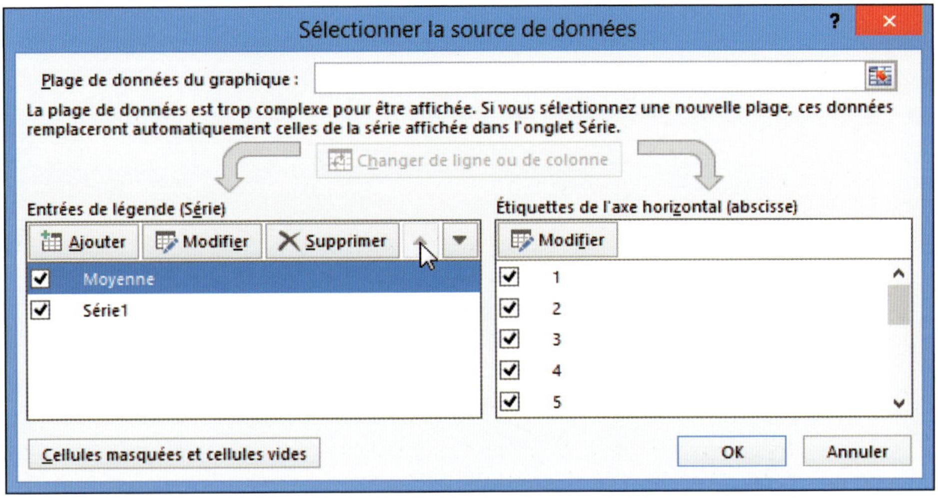

Figure 4.22 : Montez la valeur de série Moyenne en haut de la liste.

24. En procédant ainsi, la moyenne sera à l'arrière-plan dans le graphique

25. Cliquez sur OK.

26. La création de la moyenne est techniquement terminée. Il ne reste plus qu'une opération « cosmétique » à effectuer.

27. (Facultatif) Pour mettre la moyenne en forme, cliquez dessus du bouton droit et dans le menu, choisissez Mettre en forme une série de données. Choisissez ensuite sa taille, sa couleur et d'autres aspects dans le volet Mettre en forme des séries. La Figure 4.22 montre la courbe de température.

     Pour peaufiner le tableau, masquez les cellule ne contenant que de moyennes identiques. Pour ce faire, cliquez sur l'icône Couleur de police, dans le ruban Accueil, puis choisissez la même couleur que le fond de la cellule (n'utilisez pas la commande Masquer accessible en cliquant du bouton droit sur l'en-tête de la ligne, car la moyenne ne serait plus affichée sur le graphique).

    La Figure 4.23 montre la moyenne des températures. Remarquez la cellule active qui semble vide. En réalité, son contenu est en blanc sur fond blanc. La barre de formule révèle la valeur présente dans la cellule.

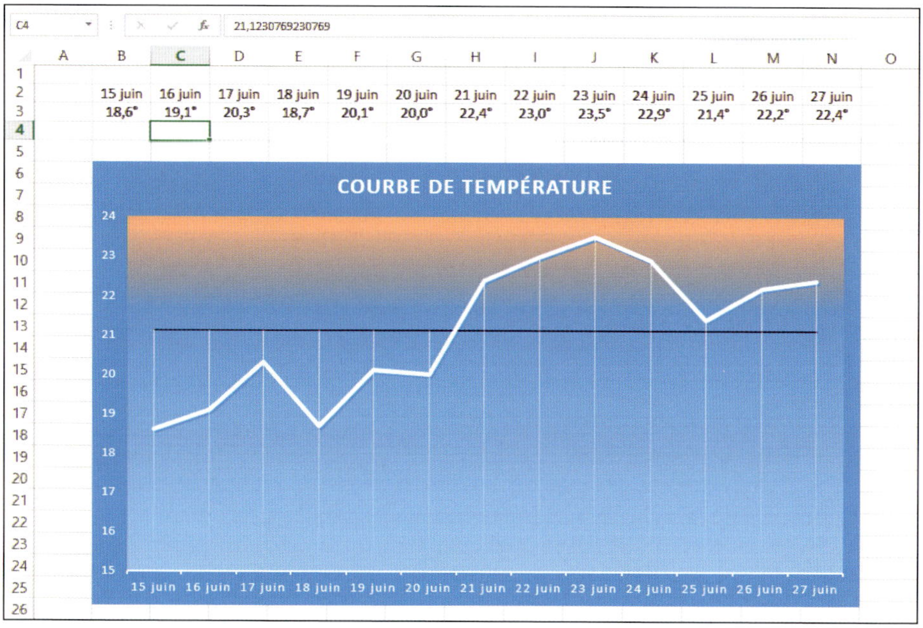

Figure 4.23 : Un graphique avec la moyenne des températures.

Tracer une courbe de tendance

1. Cliquez sur un élément de la série de valeurs pour laquelle vous désirez déterminer la courbe de tendance (Figure 4.24).

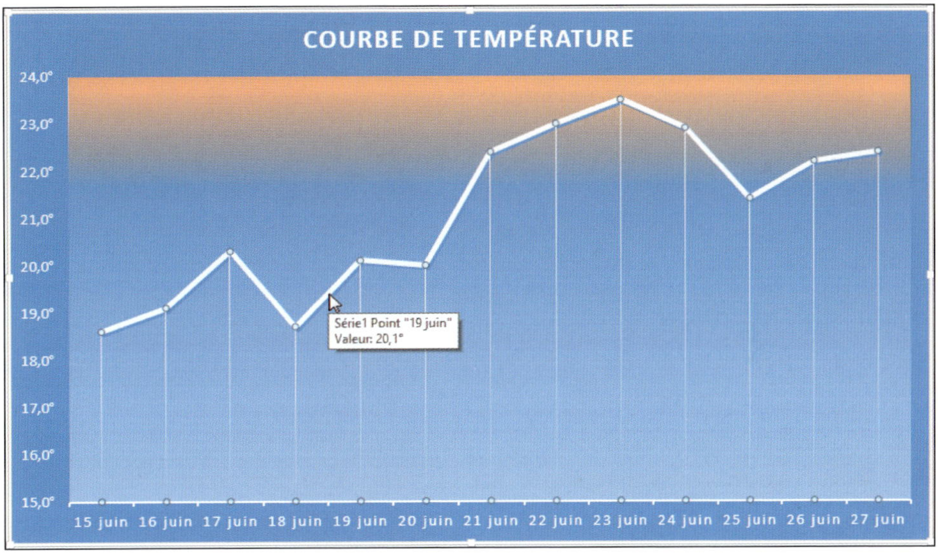

Figure 4.24 : Cliquez sur la série de données.

2. Cliquez sur le bouton Éléments de graphique, en haut à droite du graphique.
3. Ce bouton, ainsi que les deux autres, n'est affiché que si le graphique a été sélectionné en cliquant dessus.
4. En bas du menu, cochez la case Courbe de tendance.
5. La courbe de tendance apparaît sur le graphique (Figure 4.25)

TRUC

Par défaut, Excel trace une courbe de tendance linéaire. Comme le montre la Figure 4.26, d'autres types de courbes peuvent être affichés en cliquant sur le petit bouton triangulaire à droite de l'option Courbe de tendance (il n'apparaît que si le pointeur de la souris survole l'option.

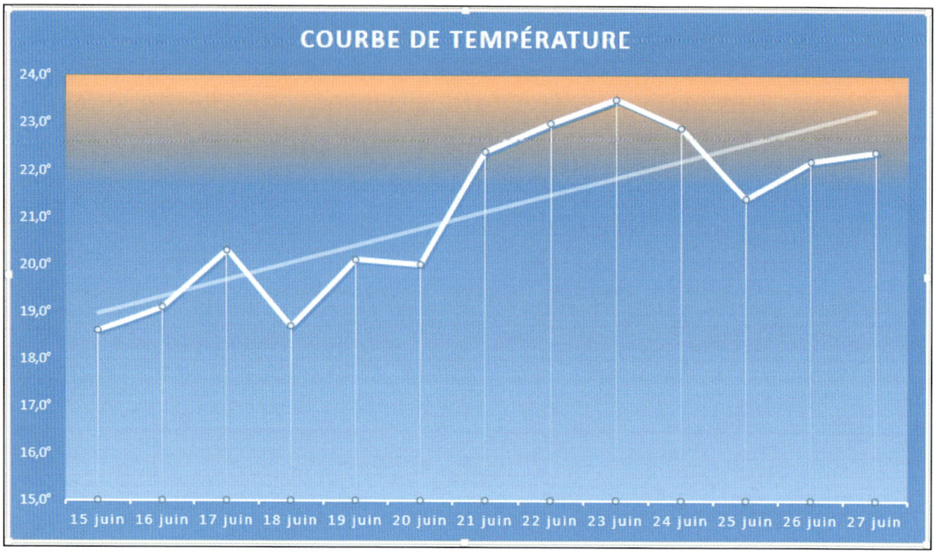

Figure 4.25 : Une courbe de tendance linéaire vient d'être tracée.

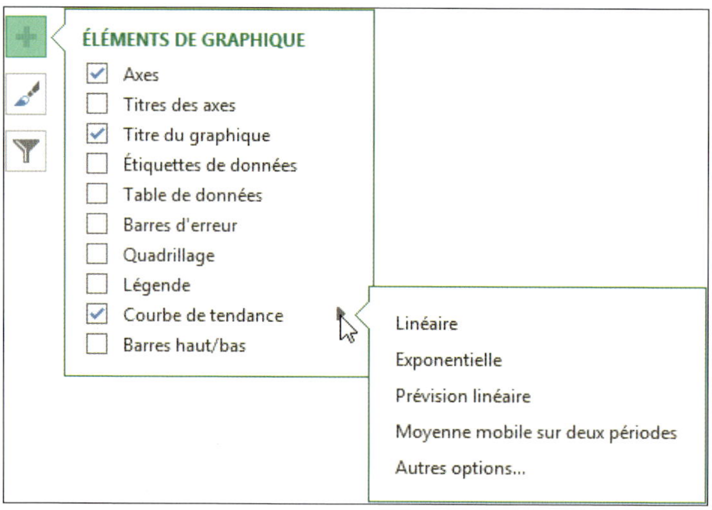

Figure 4.26 : D'autres types de courbes de tendance peuvent être affichés.

Cliquer sur Autres options, en bas du menu, ouvre un volet permettant de paramétrer les divers types de courbes de tendance. Il contient d'autres types, comme Logarithmique, Polynomiale et Puissance, et permet aussi de montrer l'interception et d'afficher l'équation sur le graphique, ainsi que le coefficient de détermination.

Modifier le type d'un graphique

1. Dans un graphique contenant plusieurs séries de données – dans cet exemple, chaque groupe de données représente les ventes sur six mois d'un article de droguerie –, cliquez du bouton droit sur l'une d'elles.

2. Peu importe la série de données. Le choix de la série à modifier sera effectué ultérieurement.

3. Dans le menu généré par le clic du bouton droit, cliquez sur l'option Modifier le type de graphique (Figure 4.27).

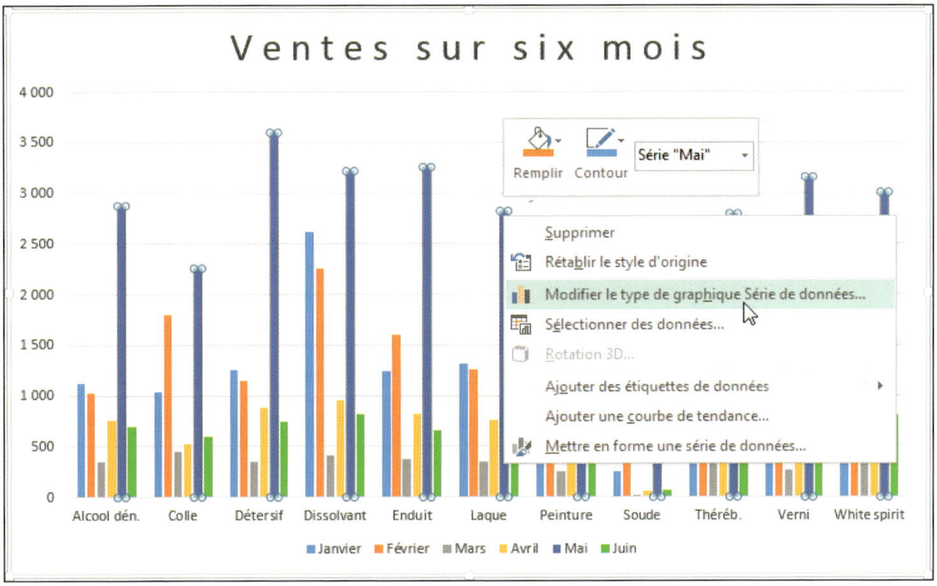

Figure 4.27 : Nous allons remplacer l'un des histogrammes par une courbe.

4. La boîte de dialogue Modifier le type de graphique apparaît. La fenêtre en bas à droite contient la liste les séries avec leur type de graphique.

5.  Cliquez sur le bouton à chevron à droite du nom de la série de données à modifier.

6. Pour cet exemple, nous remplacerons l'histogramme du mois de mai (barres bleues) par une courbe.

7. Choisissez le type de graphique de remplacement (Figure 4.28).

8.  Dans la colonne Axe secondaire, cochez la case pour afficher un deuxième axe, propre à la série modifiée, à droite du graphique.

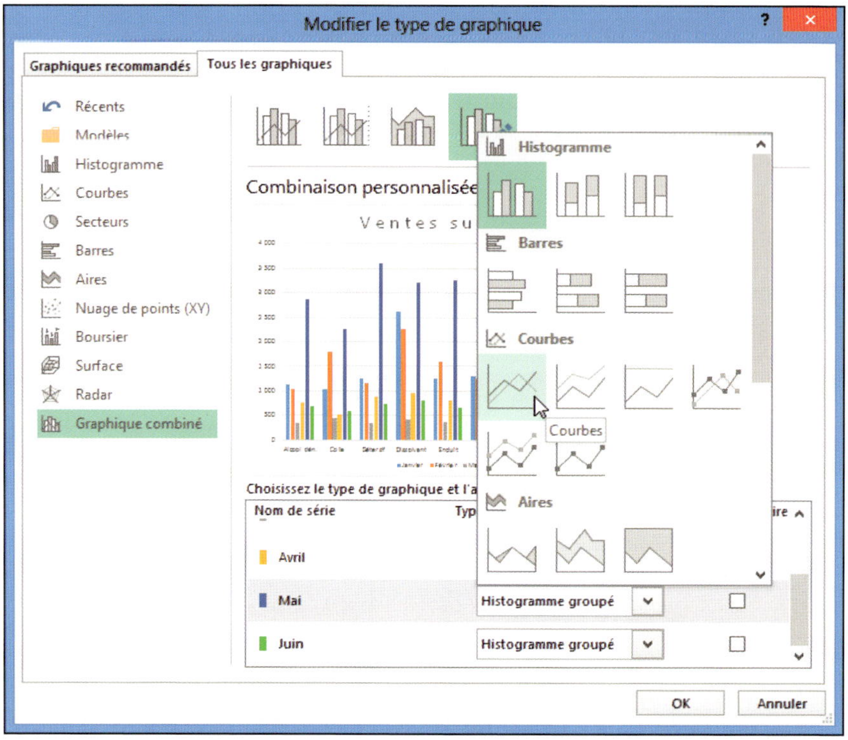

Figure 4.28 : Sélectionnez le graphique de remplacement.

9. Il est recommandé d'afficher cet axe pour la raison expliquée dans les prochaines étapes.

10. Cliquez sur le bouton OK.

11. La Figure 4.29 montre le groupe modifié. En principe, l'opération est terminée mais…

ATTENTION

…remarquez l'axe à droite dont les valeurs ne se rapportent qu'à la courbe. Son échelle est différente de celle de l'histogramme, à gauche. Comme les valeurs du mois de mai sont les plus élevées, Excel a automatiquement fixé un plafond à 4 000, au lieu de 3 000 pour les autres données. La proportion entre l'histogramme et la courbe est faussée de 25 %.

12. Cliquez du bouton droit sur l'axe vertical de gauche et, dans le menu, choisissez Mise en forme de l'axe.

13. Dans le volet à gauche, assurez-vous que l'icône Options d'axe est sélectionnée.

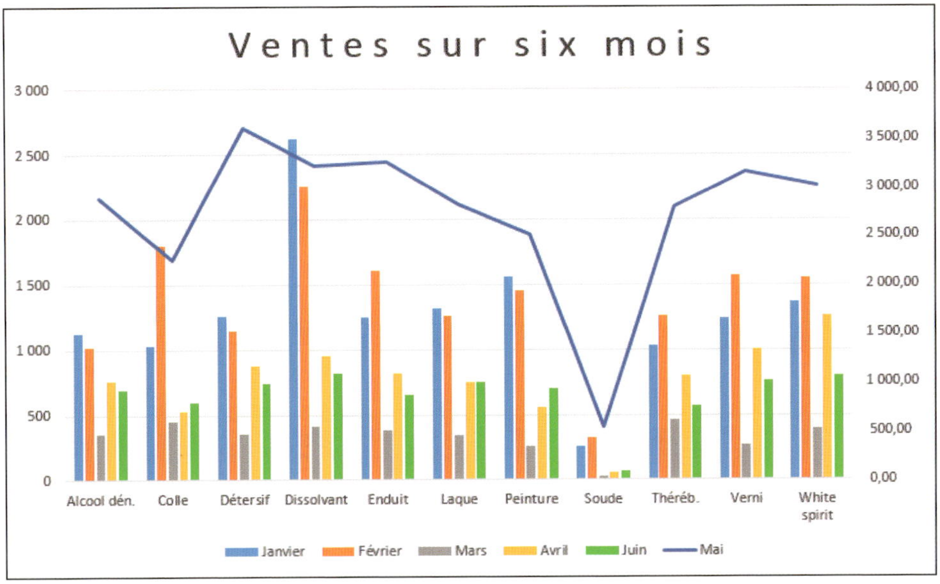

Figure 4.29 : L'histogramme du mois de mai est remplacé par une courbe. Son échelle est cependant différente de celle des autres séries, ce qui fausse la perception.

14. Dans le champ Maximum, saisissez la même valeur maximale de l'axe de droite.

15. Dans notre exemple, cette valeur est 4 000. Appuyez ensuite sur la touche Entrée.

16. Le graphique est aussitôt redessiné avec les mêmes valeurs d'axe à gauche et à droite, comme dans la Figure 4.30.

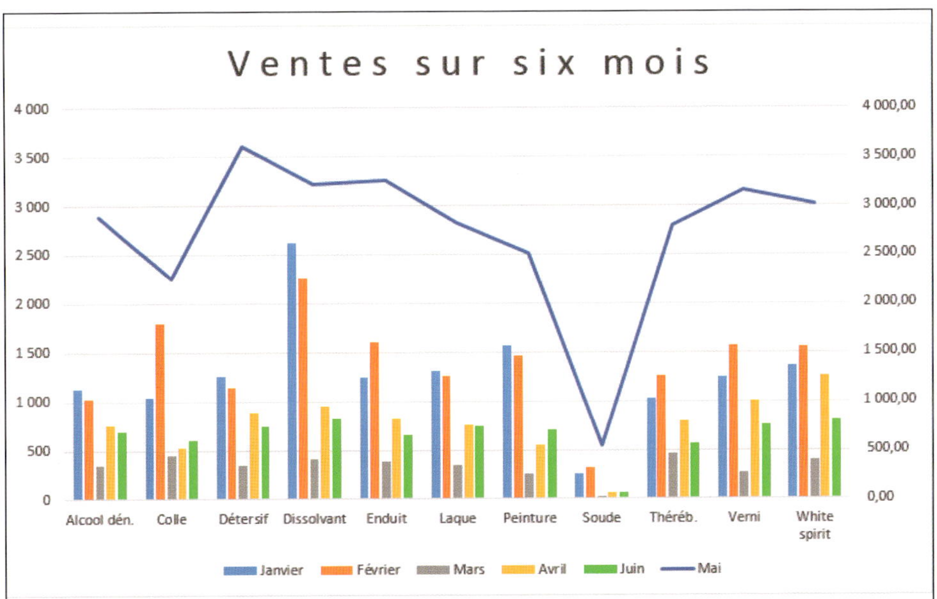

Figure 4.30 : L'histogramme et la courbe sont à présent en proportion.

Ajouter des données à une série

1. Vous voulez ajouter de nouvelles données à une série de données.
2. Il s'agit ici d'une courbe de température et la moyenne des températures.
3. Saisissez l'étiquette de données supplémentaire.
4. Il s'agit ici du jour, saisi dans la cellule O2 : le 28 juin.

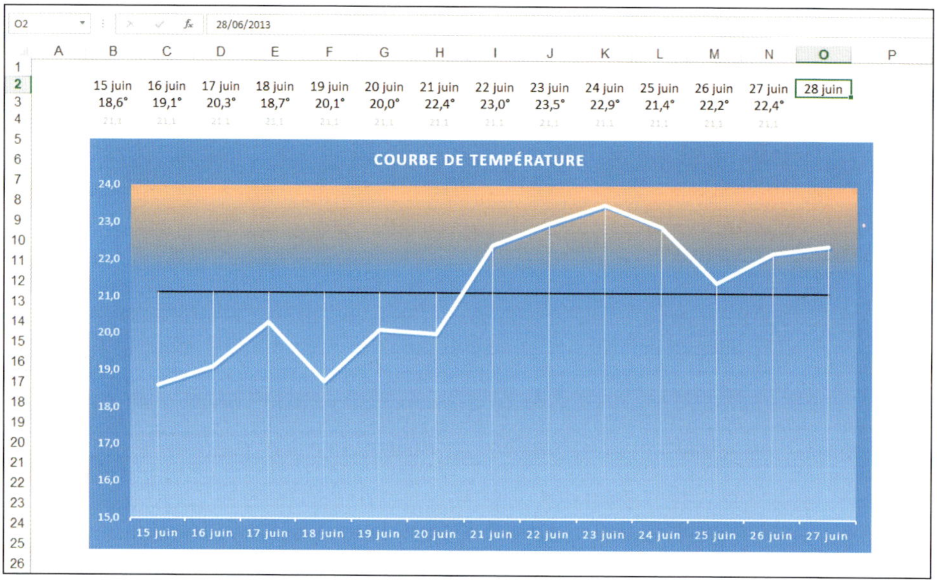

Figure 4.31 : La courbe de température et sa moyenne.

5. Copiez les nouvelles données
6. Dans la cellule O3, nous saisissons la température du jour. Utilisez éventuellement l'outil Reproduire la mise en forme, décrit au Chapitre 2. Copiez et coller la moyenne dans la cellule O4.
7. Cliquez sur la série de données des températures.
8. Dans le tableau de chiffres, Excel sélectionne la plage de données de données des en-têtes et celle des températures (Figure 4.32).

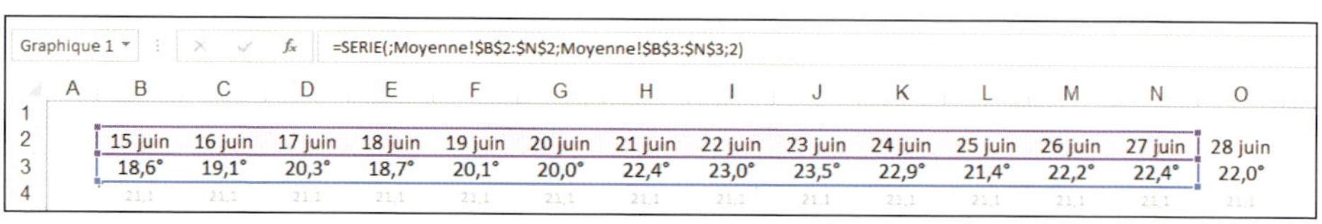

Figure 4.32 : Les en-têtes et les températures sont sélectionnées.

9.  Cliquez sur la poignée en haut à droite de la plage d'en-têtes – le pointeur se change en flèche à deux pointes – puis, bouton de la souris enfoncé, tirez-la vers la droite afin que le cadre de sélection englobe la nouvelle donnée, ainsi que le montre la Figure 4.33.

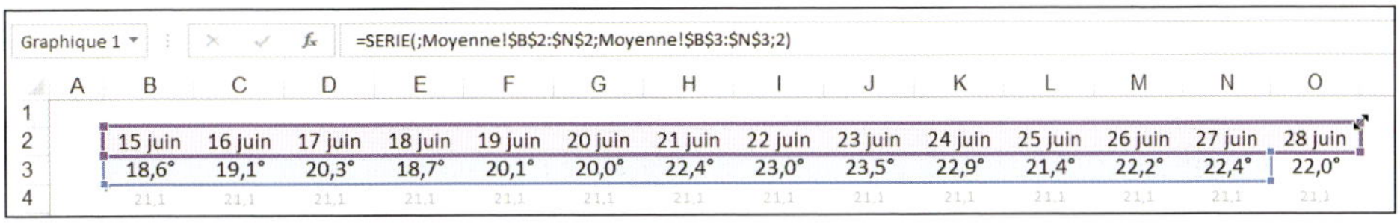

Figure 4.33 : Tirez la poignée de la plage de cellule afin que le cadre englobe les nouvelles données.

10. Répétez l'étape précédente, mais cette fois pour le cadre des températures.

11. Dans le graphique, cliquez sur la série de données de la moyenne puis, dans le tableau de chiffres, étendez son cadre de sélection en tirant l'une des poignées à gauche (Figure 4.34).

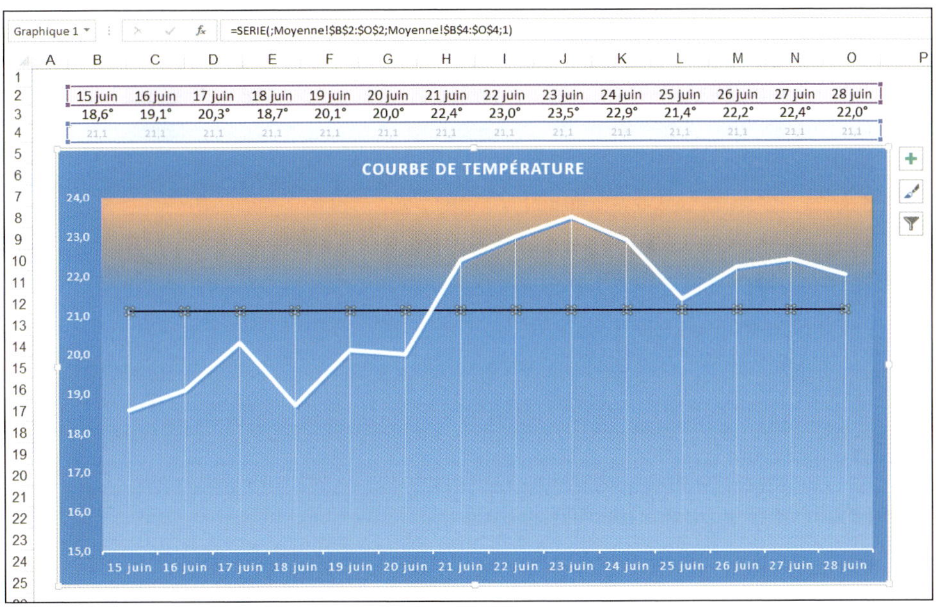

Figure 4.34 : Les données dans la colonne O ont été intégrées dans le graphique (la série de données Moyenne est cependant encore sélectionnée).

ATTENTION

Quand vous étirez le cadre de sélection d'une série de données, veillez à ce que le pointeur soit en forme de double-flèche, comme celui représenté en marge de l'étape 5. S'il était en forme de flèche à quatre pointes, le cadre de sélection serait déplacé au lieu d'être étendu.

Placer un graphique sur une feuille à part

1. Cliquez sur le cadre extérieur du graphique à placer sur une feuille à part.
2. Excel créé toujours le graphique dans la feuille de calcul contenant les données.
3. Dans l'onglet Outils de graphique, cliquez sur l'onglet Création.
4. L'onglet de graphique, affiché après ceux du ruban, n'apparaît que si un graphique est sélectionné.
5.  À droite dans le ruban, cliquez sur l'icône Déplacer le graphique.
6. La boîte de dialogue Déplacer le graphique apparaît.
7. Cliquez sur le bouton d'option Nouvelle feuille (Figure 4.35).

Figure 4.35 : Déplacez le graphique vers une feuille de graphique.

8. Dans le champ Nouvelle feuille, remplacez le nom par défaut Graphique1 par un nom plus approprié.
9. Cliquez sur le bouton OK.
10. Excel créé une feuille de graphique dans laquelle il place le graphique (Figure 4.36). Elle occupe la totalité de la fenêtre.

Notez que le graphique n'existe plus dans la feuille de calcul d'origine. En revanche, toutes les liaisons dynamiques sont conservées : lorsque vous modifiez des valeurs dans la feuille de calcul, la feuille de graphique est aussitôt mise à jour.

Figure 4.36 : La feuille de graphique nouvellement créée.

Créer un graphique sparkline

1. Sélectionnez une plage de cellules contenant de nombres (Figure 4.36).

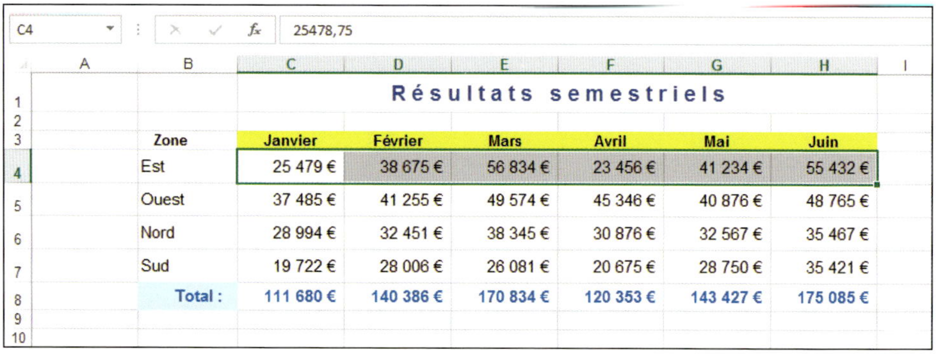

C4 | 25478,75

	A	B	C	D	E	F	G	H
1			Résultats semestriels					
2								
3		Zone	Janvier	Février	Mars	Avril	Mai	Juin
4		Est	25 479 €	38 675 €	56 834 €	23 456 €	41 234 €	55 432 €
5		Ouest	37 485 €	41 255 €	49 574 €	45 346 €	40 876 €	48 765 €
6		Nord	28 994 €	32 451 €	38 345 €	30 876 €	32 567 €	35 467 €
7		Sud	19 722 €	28 006 €	26 081 €	20 675 €	28 750 €	35 421 €
8		Total :	111 680 €	140 386 €	170 834 €	120 353 €	143 427 €	175 085 €
9								
10								

Figure 4.37 : Sélectionnez une ligne ou une colonne de nombres.

2. Les nombres doivent impérativement se trouver sur la même ligne ou dans la même colonne.

3. Cliquez sur l'onglet de ruban Insertion.

4. Dans le groupe Graphiques sparkline, cliquez sur l'un des trois types de graphiques : Courbes, Histogramme ou Positif/Négatif (ce dernier met en évidence les valeurs positives et les valeurs négatives).

    Pour cet exemple, nous cliquons sur Histogrammes.

5. Excel affiche la boîte de dialogue Créer des graphiques sparkline (Figure 4.38). Le champ Plage de données contient déjà la référence à la plage sélectionnée à l'étape 1.

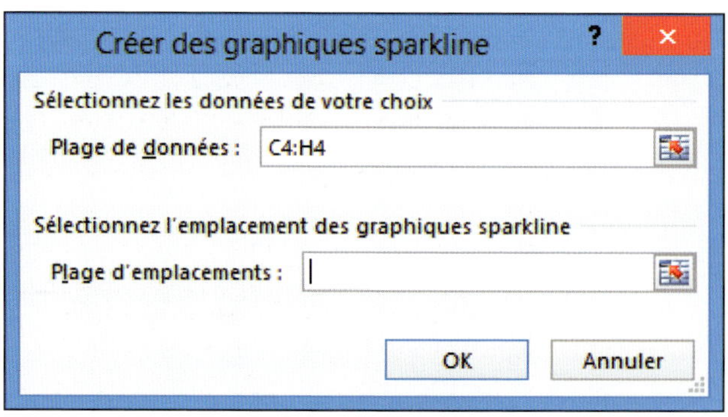

Figure 4.38 : Ne modifiez pas la plage de données.

6.  Dans le champ Plage d'emplacements, cliquez sur le bouton à droite.

7. La boîte de dialogue se réduit à un simple champ de saisie.

8.  Cliquez dans la cellule qui recevra le graphique sparkline (Figure 4.39), puis cliquez sur le petit bouton à droite dans le champ.

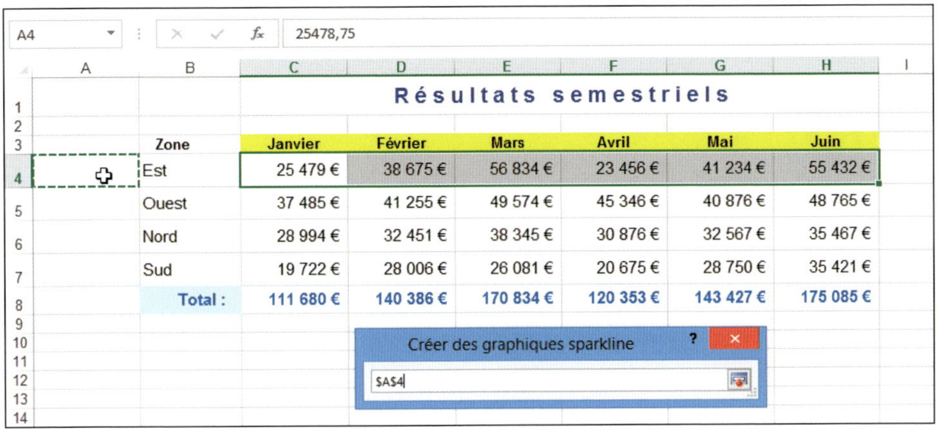

Figure 4.39 : Cliquez dans la cellule devant recevoir le graphique sparkline.

9. La boîte de dialogue Créer des graphiques sparkline réapparaît. La référence de la cellule apparaît dans le champ Plage d'emplacements.

10. Cliquez sur OK.

11. Le graphique sparkline apparaît dans la cellule (Figure 4.40).

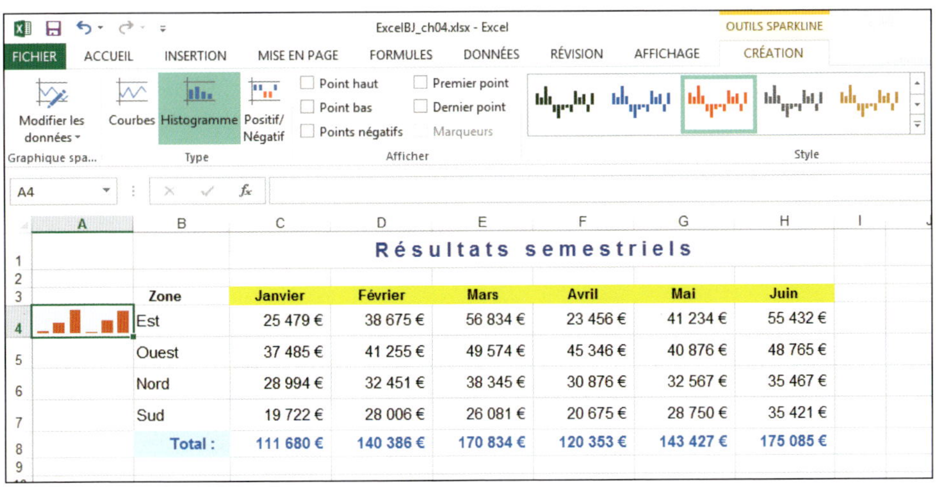

Figure 4.40 : La colonne A contient quatre graphiques sparkline.

TRUC

Quand la cellule contenant un graphique sparkline est sélectionnée, l'onglet Outils sparkline, dans le ruban, propose de nombreuses options d'analyse et de mise en forme.

TRUC

Pour mieux voir un graphique sparkline, augmentez la hauteur de la ligne ou mieux encore, fusionnez plusieurs cellules superposées.

TRUC

Pour supprimer un graphique sparkline, cliquez dessus du bouton droit puis, dans le menu, choisissez Graphiques sparkline > Supprimer les graphiques sparkline.

5

Imprimer

Imprimer un texte n'est qu'une formalité. Du moins lorsqu'il s'agit d'un écrit réalisé avec Word ou tout autre traitement de texte. Les feuilles se succèdent en effet dans l'ordre où elles ont été écrites, et cela s'arrête là.

L'impression d'une feuille de calcul Excel est un peu plus délicate. Les données se suivent non seulement de haut en bas, comme dans un texte, mais aussi de gauche à droite. Lorsque le nombre de colonne est élevé, et qu'il dépasse ce qui peut tenir sur une feuille A4 ou A3, une solution consiste à imprimer en mode Paysage – en largeur, si vous préférez – mais ce n'est pas toujours évident. Il faut souvent accoler plusieurs feuilles pour voir l'ensemble des données.

C'est pourquoi l'impression d'une feuille de calcul requiert une attention toute particulière. Notamment, il est indispensable de prévisualiser l'impression. Autrement, le moindre débordement de colonnes risquerait de provoquer un gâchis de papier, car de nombreuses feuilles ne contiendraient, par exemple, qu'une seule colonne.

Prévisualiser l'impression

1. À gauche des onglets de ruban cliquez sur Fichier.

2. Dans le volet de gauche du panneau qui vient d'apparaître, cliquez sur Imprimer.

3. Le panneau de la Figure 5.1 apparaît. Les commandes d'impression se trouvent sous le titre du panneau, Imprimer. À gauche, un aperçu montre l'aspect de la feuille de calcul une fois imprimée.

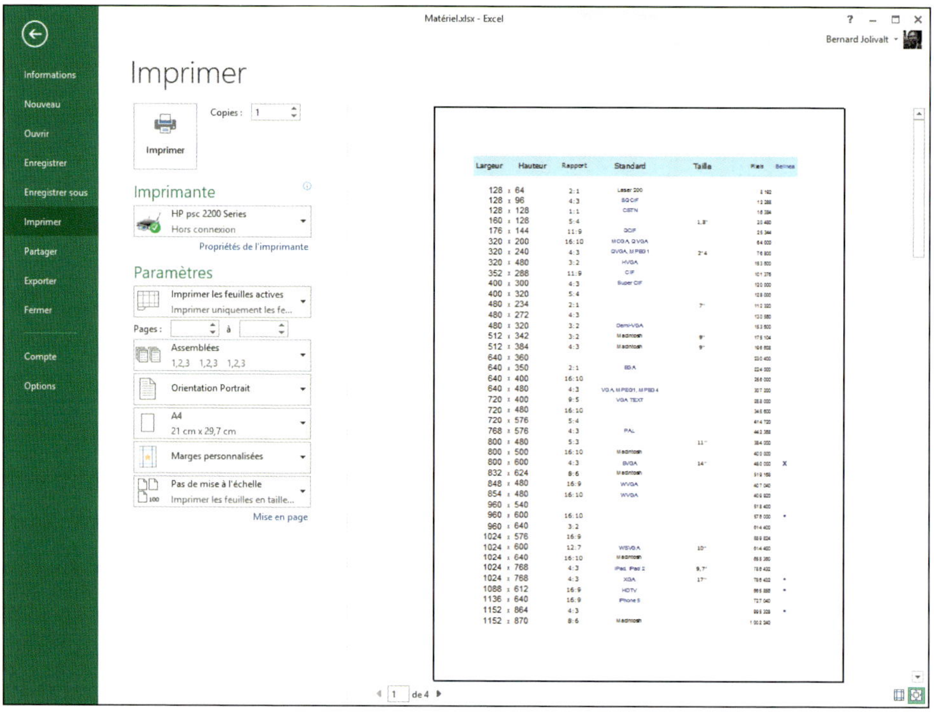

Figure 5.1 : Le panneau Imprimer. Les commandes à gauche peuvent varier légèrement selon la marque et le modèle de l'imprimante.

4. En bas à gauche, vérifiez le nombre de pages qui seront imprimées.

5. Si le nombre de pages paraît excessif, il faudra sans doute revoir la largeur des colonnes.

6. Cliquez sur le bouton fléché, à gauche du compteur de page, afin de les faire défiler.

7. L'aperçu d'une autre page montre que l'espace est moins bien utilisé que sur la première (Figure 5.2).

8. Pour mieux faire tenir les données dans une feuille de papier, vous avez le choix entre plusieurs solutions :

   - Réduire la largeur des colonnes. Il suffit parfois de quelques pixels de moins pour qu'une colonne rejetée sur d'autres feuilles de papier tiennent maintenant sur la même feuille que les autres.

   - Utilisez les feuilles de papier en mode Paysage. Pour ce faire, cliquez sur le bouton Orientation, parmi les commandes de l'imprimante, et dans le menu, choisissez Orientation Paysage. L'aperçu de la feuille apparaît à présent en largeur.

9. Pour une ultime vérification, cliquez sur le bouton de retour, en haut à gauche du panneau Imprimer.

10. Des pointillés délimitent à présent l'impression des colonnes. Dans la Figure 5.3, il est évident que la colonne M, à droite, occupera à elle seule une ou plusieurs pages.

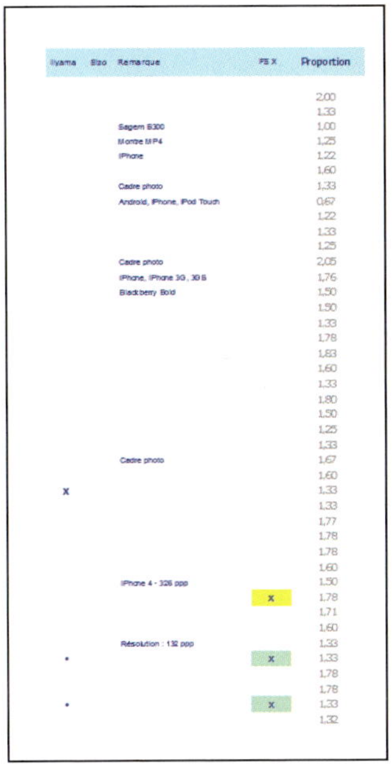

iiyama	Eizo	Remarque	FS X	Proportion
				2,00
				1,33
		Sagem B300		1,00
		Montre MP4		1,25
		iPhone		1,22
				1,60
		Cadre photo		1,33
		Android, iPhone, iPod Touch		0,67
				1,22
				1,33
				1,25
		Cadre photo		2,05
		iPhone, iPhone 3G, 3GS		1,76
		Blackberry Bold		1,50
				1,50
				1,33
				1,78
				1,83
				1,60
				1,33
				1,80
				1,50
				1,25
				1,33
		Cadre photo		1,67
				1,60
x				1,33
				1,33
				1,77
				1,78
				1,78
				1,60
		iPhone 4 - 326 ppp		1,50
			x	1,78
				1,71
				1,60
		Résolution : 132 ppp		1,33
•			x	1,33
				1,78
				1,78
•			x	1,33
				1,32

Figure 5.2 : L'aperçu d'une autre page.

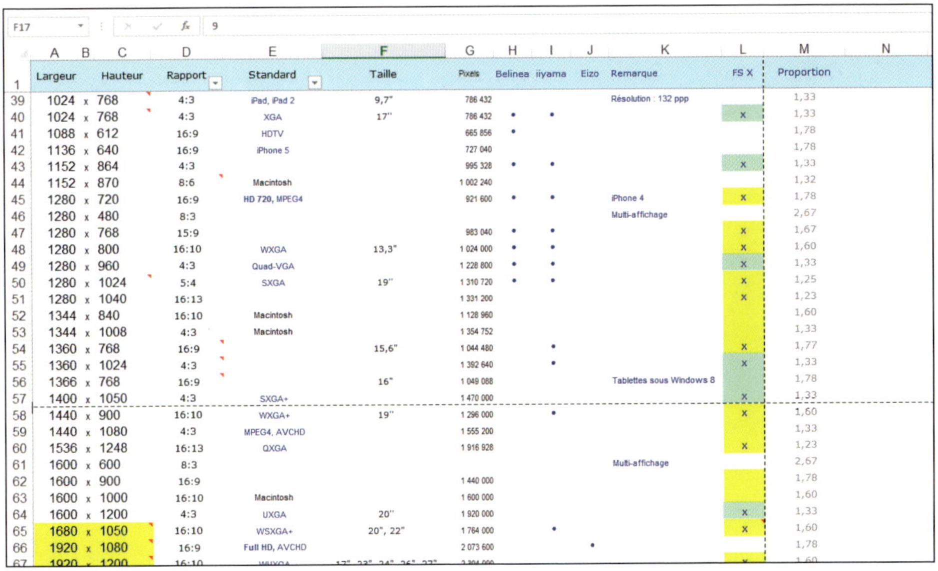

F17 9

	Largeur		Hauteur	Rapport	Standard	Taille	Pixels	Belinea	iiyama	Eizo	Remarque	FS X	Proportion
39	1024	x	768	4:3	iPad, iPad 2	9,7"	786 432				Résolution : 132 ppp		1,33
40	1024	x	768	4:3	XGA	17"	786 432	•	•			x	1,33
41	1088	x	612	16:9	HDTV		665 856	•					1,78
42	1136	x	640	16:9	iPhone 5		727 040						1,78
43	1152	x	864	4:3			995 328	•	•			x	1,33
44	1152	x	870	8:6	Macintosh		1 002 240						1,32
45	1280	x	720	16:9	HD 720, MPEG4		921 600	•	•		iPhone 4	x	1,78
46	1280	x	480	8:3							Multi-affichage		2,67
47	1280	x	768	15:9			983 040	•	•			x	1,67
48	1280	x	800	16:10	WXGA	13,3"	1 024 000	•	•			x	1,60
49	1280	x	960	4:3	Quad-VGA		1 228 800	•	•			x	1,33
50	1280	x	1024	5:4	SXGA	19"	1 310 720	•	•			x	1,25
51	1280	x	1040	16:13			1 331 200					x	1,23
52	1344	x	840	16:10	Macintosh		1 128 960						1,60
53	1344	x	1008	4:3	Macintosh		1 354 752						1,33
54	1360	x	768	16:9		15,6"	1 044 480		•			x	1,77
55	1360	x	1024	4:3			1 392 640		•			x	1,33
56	1366	x	768	16:9		16"	1 049 088				Tablettes sous Windows 8		1,78
57	1400	x	1050	4:3	SXGA+		1 470 000					x	1,33
58	1440	x	900	16:10	WXGA+	19"	1 296 000		•			x	1,60
59	1440	x	1080	4:3	MPEG4, AVCHD		1 555 200						1,33
60	1536	x	1248	16:13	QXGA		1 916 928					x	1,23
61	1600	x	600	8:3							Multi-affichage		2,67
62	1600	x	900	16:9			1 440 000						1,78
63	1600	x	1000	16:10	Macintosh		1 600 000						1,60
64	1600	x	1200	4:3	UXGA	20"	1 920 000					x	1,33
65	1680	x	1050	16:10	WSXGA+	20", 22"	1 764 000		•			x	1,60
66	1920	x	1080	16:9	Full HD, AVCHD		2 073 600			•			1,78
67	1920	x	1200	16:10	WUXGA	17", 23", 24", 26", 27"	2 304 000					x	1,60

Figure 5.3 : Après avoir affiché le panneau Imprimer, Excel indique l'emplacement des sauts de page par des pointillés.

ATTENTION

L'impression en mode Paysage peut augmenter le nombre de feuilles nécessaires. Vérifiez toujours le nombre de feuilles en bas à gauche de l'aperçu.

11. Si c'est possible, réduisez la largeur des colonnes jusqu'à ce la colonne dissidente tienne dans la même page que les autres.
12. Dans la Figure 5.3, la colonne Taille, surdimensionnée, peut être considérablement réduite, ce qui résout le problème.
13. Si vous voulez imprimer dès maintenant, appuyez sur les touches Ctrl+P pour revenir instantanément au panneau Imprimer.
14. Cliquez sur le bouton Imprimer, en haut à gauche.

NOTE TECHNIQUE

Rappelons que le quadrillage des pages n'est jamais imprimé. Pour que des cellules soient entourées de bordures, vous devez les définir avec les commandes de bordure du groupe Police, dans l'onglet Accueil.

TRUC

Pour afficher les sauts de page, cliquez sur l'onglet Affichage puis, dans le groupe Modes d'affichage, cliquez sur l'icône Avec sauts de page. Au besoin, modifiez la largeur des colonnes, et/ou réorientez la page, pour mieux exploiter la surface du papier.

Imprimer un en-tête ou un pied de page

1. Cliquez sur l'onglet de ruban Mise en page.
2. Dans le groupe Mise en page, cliquez sur l'icône Imprimer les titres.
3. La boîte de dialogue Mise en page apparaît.
4. Dans la boîte de dialogue Mise en page, cliquez sur l'onglet En-tête/Pied de page
5. Cliquez sur le bouton En-tête personnalisé (Figure 5.4).

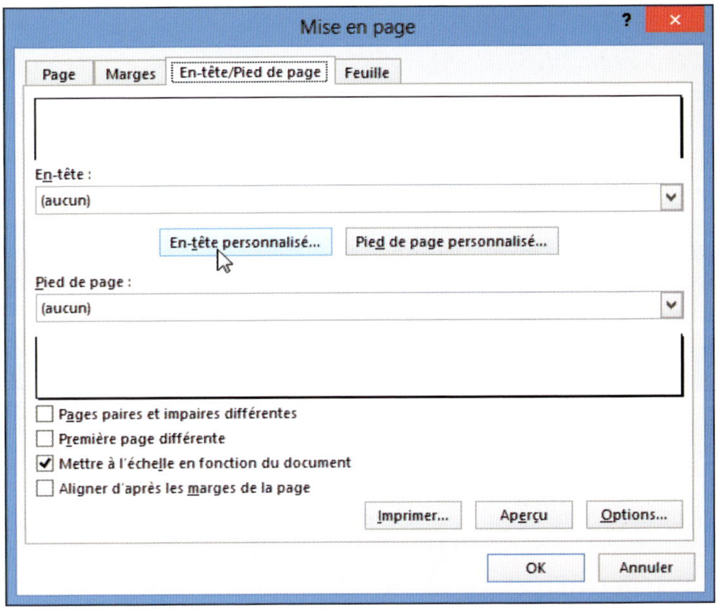

Figure 5.4 : Accédez à l'en-tête personnalisé.

6. La boîte de dialogue En-tête apparaît (voir Figure 5.5). Elle contient toute une série de boutons. Certains ne sont utilisables qu'après avoir saisi du texte :

   - **A Mettre le texte en forme :** Sélectionnez du texte puis cliquez sur ce bouton. Excel affiche la classique boîte de dialogue Police permettant de mettre la typographie en forme.
   - **Insérer un numéro de page :** Excel insère le code `&[Page]`.
   - **Insérer un numéro de page :** Excel insère le code `&[Pages]`. Si dans le champ Partie droite vous saisissez **&[Page] sur &[Pages]**, Excel affichera par exemple, en haut à droite de chaque page, `3 sur 7`.
   - **Insérer la date :** Excel insère le code `&[Date]`.

- **Insérer l'heure:** Excel insère le code `&[Heure]`.
- **Insérer le chemin et le nom du fichier :** Excel insère deux code : `&[Chemin]&[Fichier]`.
- **Insérer le nom du classeur Excel :** Excel insère le code `&[Fichier]`.
- **Insérer le nom de la feuille de calcul :** Excel insère le code `&[Onglet]`.
- **Insérer une image :** Excel ouvre la boîte de dialogue Insérer des images. Rechercher une image dans des emplacements suggérés (à partir d'un fichier présent dans l'ordinateur, depuis votre espace OneDrive, depuis un site de cliparts…). Excel insère le code `&[Image]`.
- **Mettre l'image en forme :** Si un code d'insertion d'image a été utilisé, ce bouton permet notamment de régler les dimensions de l'image, sa luminosité et son contraste.

7. Remplissez un ou plusieurs des trois champs avec du texte et des codes.
8. La Figure 5.5 montre la boîte de dialogue En-tête après avoir configuré l'en-tête qui sera imprimé en tête de chaque feuille de papier : en haut à gauche, le nom de l'auteur mis en forme, dans la partie centrale, le logo de la société. En haut à droite de chaque feuille, le numéro de la page et le nombre total de pages.

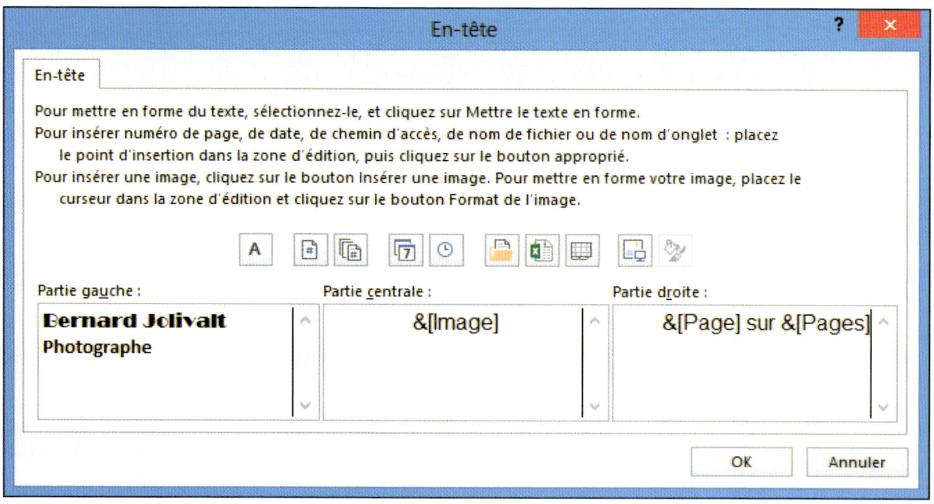

Figure 5.5 : Les codes de l'en-tête personnalisé.

9. Cliquez sur OK.
10. La boîte de dialogue Mise en page réapparaît. Un aperçu est visible dans la zone En-tête (Figure 5.6)

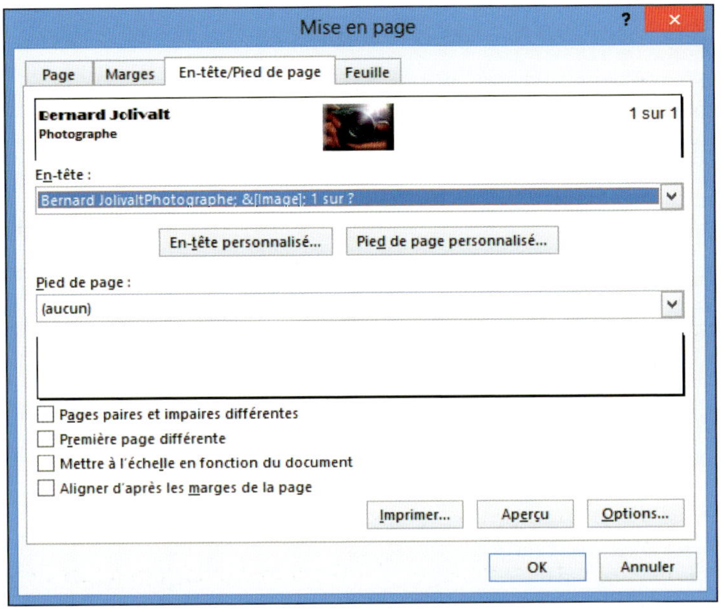

Figure 5.6 : L'aperçu de l'en-tête est visible en haut de la boîte de dialogue.

11. Cliquez sur OK.

12. L'en-tête que vous venez de configurer n'apparaît pas dans la feuille de calcul, mais seulement dans l'aperçu du panneau Imprimer.

TRUC

La configuration du pied de page est identique à celle de l'en-tête. Vous pouvez bien sûr configurer à la fois un en-tête et un pied de page. Dans ce cas, à l'étape 6, cliquez sur le bouton Pied de page personnalisé.

Répéter des lignes en en-tête

1. Cliquez sur l'onglet de ruban Mise en page.
2.  Dans le groupe Mise en page, cliquez sur l'icône Imprimer les titres.
3. La boîte de dialogue Mise en page apparaît (Figure 5.7). L'onglet Feuille est déjà sélectionné.

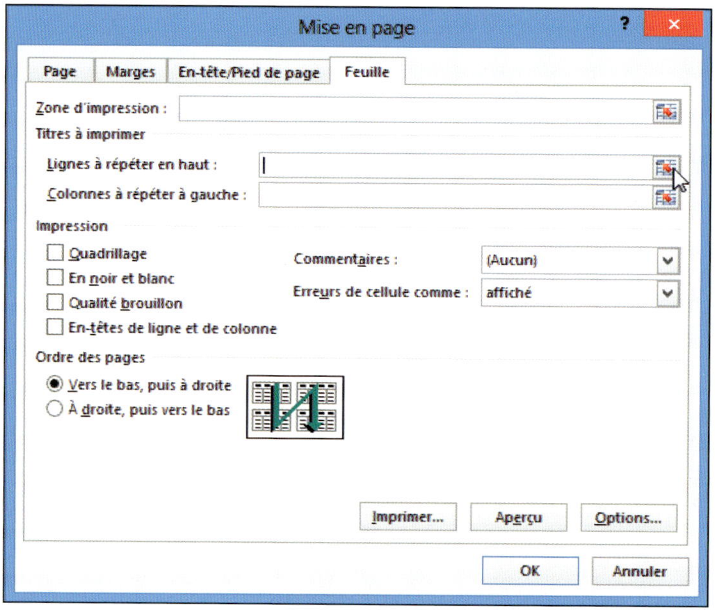

Figure 5.7 : Configurez ici la répétition de l'impression de lignes ou de colonnes sur chaque feuille de papier.

4.  Cliquez sur le bouton à droite, dans le champ Lignes à répéter en haut.
5. La boîte se réduit à un unique champ de saisie. Pour notre exemple, nous devons répéter les deux premières lignes.
6. Cliquez sur l'en-tête de la ligne 1 puis, bouton de la souris enfoncé, tirez le pointeur juste que sur l'en-tête de la ligne 2.
7. Les deux premières lignes sont sélectionnées (Figure 5.8).
8. Dans le champ de saisie, la référence aux cellules est :

```
$1:$2
```

9. En clair : ligne 1 et ligne 2. Le signe dollar ($) indique qu'il s'agit de références absolues, comme nous le verrons au prochain chapitre.

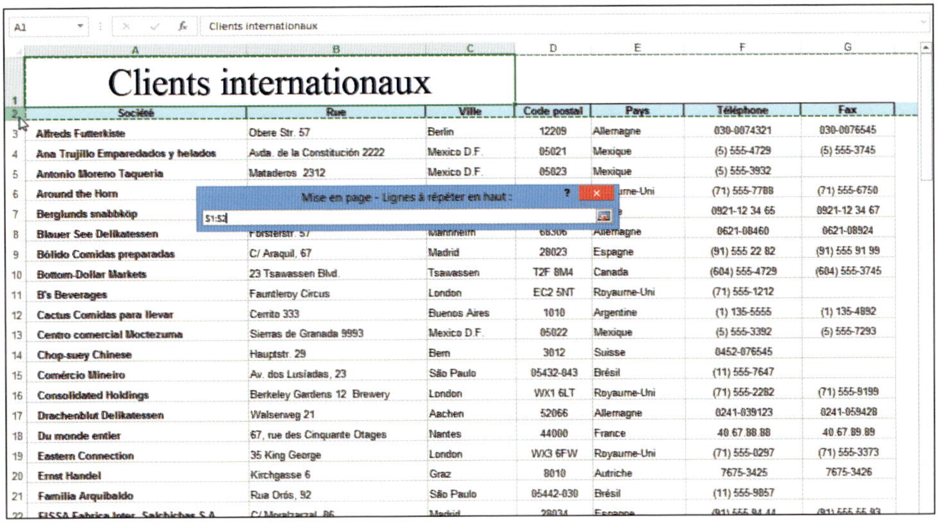

Figure 5.8 : Cliquez et tirez par-dessus les en-têtes des deux premières lignes pour les sélectionner.

10.  Cliquez sur le bouton à droite du champ.

11. La boîte de dialogue Mise en page réapparaît. La référence $1:$2 se trouve dans le champ Lignes à répéter en haut.

Figure 5.9 : Les deux premières lignes – le titre « Clients internationaux et la barre d'en-têtes » – se trouvent en haut de chaque page, comme ici sur la quatrième.

12. Pour voir comment ces lignes apparaîtront sur le papier, cliquez sur le bouton Aperçu, en bas de la boîte de dialogue.

13. Le panneau Imprimer est affiché.

14. Parcourez les pages et vérifiez si les deux lignes se répètent bien d'une page à une autre (Figure 5.9).

15. Cliquez sur le bouton de retour, en haut à gauche du panneau, pour revenir à la feuille de calcul.

Ne confondez pas la l'impression des en-têtes et pieds de page avec la répétition des lignes d'en-tête. Dans le premier cas, les informations sont indépendantes du contenu des cellules (elles sont placées dans la marge du haut et/ou du bas). Dans le second cas, les informations se trouvent dans la feuille de calcul (ce sont des cellules).

Seconde partie

Fonctions et formules

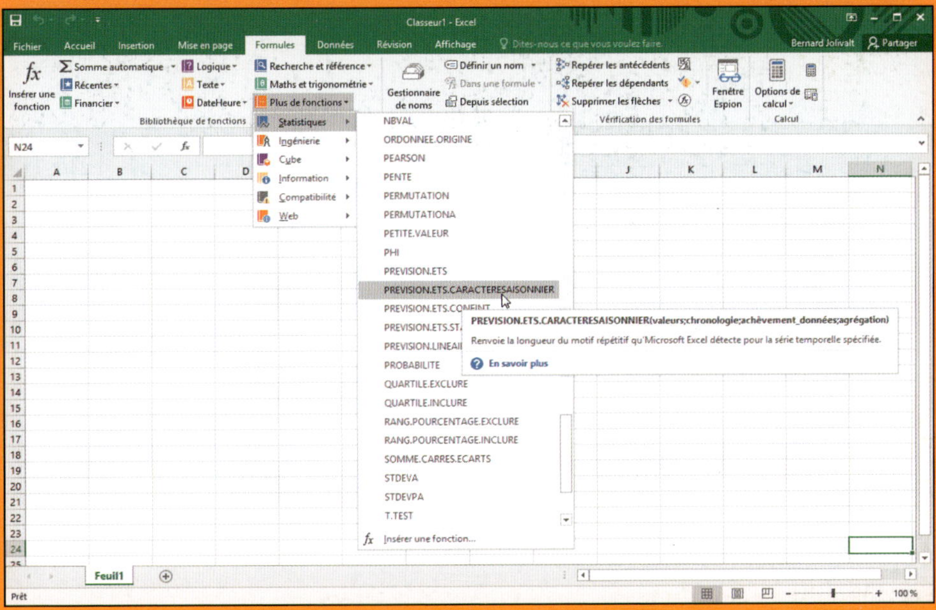

6

Les notions de base

Nous abordons dans cette seconde partie ce qui fait la puissance d'Excel : les fonctions et leur utilisation au travers de formules. Dans ce chapitre, deux notions élémentaires doivent être impérativement assimilées :

- Les références relatives et les références absolues ;
- Les priorités de calcul.

Ces deux notions ont en effet un point en commun : l'impossibilité, pour Excel, de détecter une éventuelle erreur. Excel est en effet capable de repérer une parenthèse manquante, car une parenthèse ouvrante doit toujours aller de paire avec une parenthèse fermante. Il sait aussi détecter une erreur dans une référence (la lettre de colonne précède le numéro de ligne, et non l'inverse), mais pour les références relatives et absolues, et pour les priorités, il ne peut rien faire car elles ne dépendent que de vous. C'est vous qui les définissez selon le résultat recherché. Excel ne peut pas penser à votre place.

Nous aborderons aussi quelques facilités, comme nommer des plages de cellules afin que les calculs soient plus clairs. Par exemple, une formule comme celle-ci :

```
=(recettes-dépenses)*tva
```

est beaucoup plus limpide que la formule brute :

```
=(B12-D12)*T1
```

Enfin sachez dès à présent que tout calcul, toute fonction et toute formule commence par le signe égal (=), ainsi que vous pouvez le remarque dans les deux exemples ci-dessus.

Additionner des nombres

1. Cliquez dans la cellule devant recevoir le résultat (Figure 6.1).

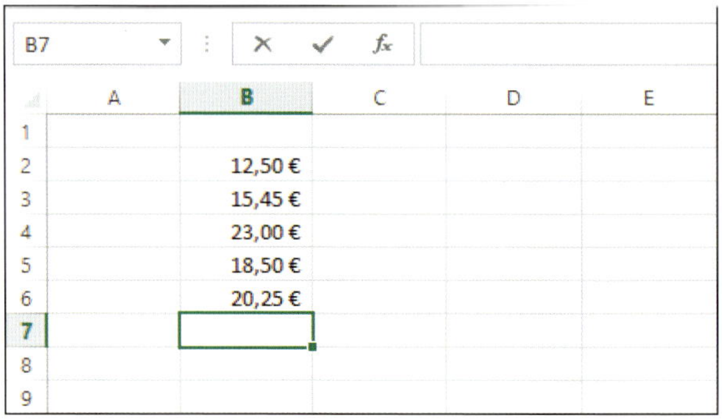

Figure 6.1 : Nous calculerons la somme de ces nombres.

2. Saisissez le signe = (égal).
3. Il indique à Excel qu'il doit calculer ce qui suit.
4. Cliquez sur le premier des nombres à ajouter puis tapez sur la touche + (plus).
5. Répétez l'étape précédente pour chaque nombre, jusqu'à l'avant-dernier (Figure 6.2).

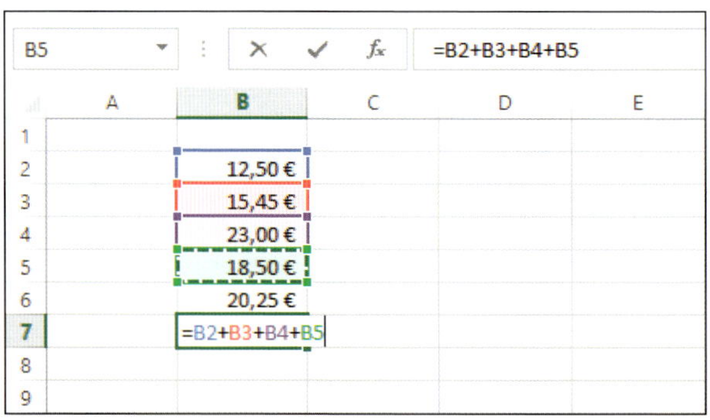

Figure 6.2 : Cliquez sur chaque nombre et appuyez sur la touche +.

6. Remarquez l'addition figurant dans la barre de formule, au-dessus des en-têtes de colonnes. En cas d'erreur, vous pouvez modifier le calcul, soit directement dans le cellule, soit dans la barre de formule.
7. ✓ Terminez en cliquant sur le dernier nombre et en cliquant ensuite sur la coche de validation, à gauche de la barre de formule.
8. Ou alors, au lieu de cliquer sur la coche, appuyez sur la touche Entrée.

9. Le résultat apparaît dans la cellule, comme le montre la Figure 6.3. La barre de formule montre le calcul lui-même.

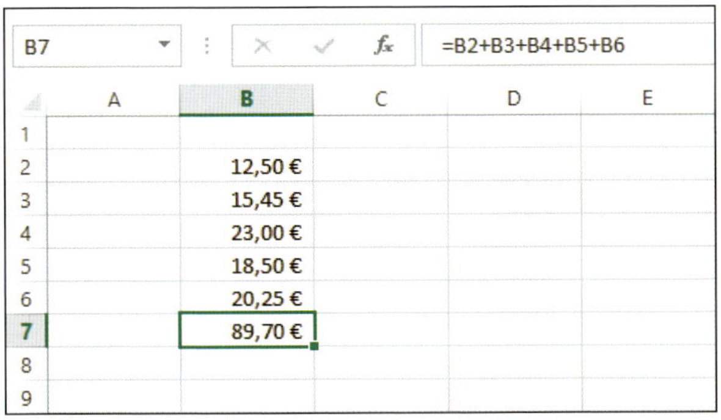

Figure 6.3 : Le résultat est affiché dans la cellule, le calcul lui-même est affiché dans la barre de formule.

Pour cet exemple, nous avons additionné des nombres, mais il est bien sûr possible d'utiliser tous les opérateurs arithmétiques, comme la soustraction, la multiplication, etc. Voici les touches à utiliser :

- + Addition
- - Soustraction.
- * Multiplication
- / Division
- ^ Puissance (signe obtenu en appuyant sur les touche Alt Gr+ç) Exemple : =3^2 donne 9.

Il est possible d'utiliser des parenthèses dans une opération arithmétique. Par exemple, =(3*15)+5 donne 50.

Utiliser une fonction

1. Cliquez dans la cellule devant recevoir le résultat (Figure 6.4).

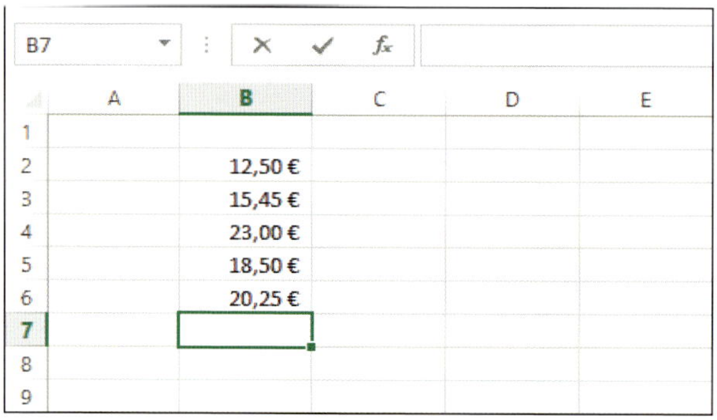

Figure 6.4 : Nous calculerons la somme de ces nombres.

2. Saisissez :

```
=SOMME(
```

3. La Figure 6.5 montre la saisie.

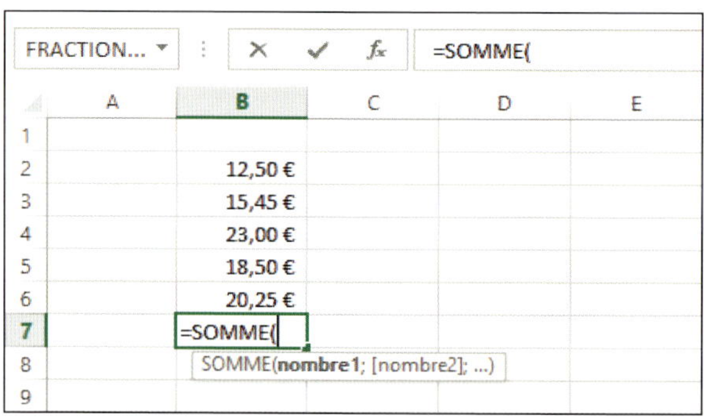

Figure 6.5 : La saisie d'une fonction.

4. Le signe = indique à Excel que le mot SOMME est une fonction (elle sert à additionner des nombres). La parenthèse ouvrante sera suivie des arguments de la fonction.

5. Cliquez sur le premier nombre de la plage de chiffres.

6. Appuyez sur la touche : (deux-points).

7. Cliquez sur le dernier nombre de la plage de chiffres.

NOTE TECHNIQUE

Ce signe est un séparateur qui sert à définir une plage de cellules. Par exemple, dans cet exercice, nous définissons la plage de cellules B2:B6.

8. Comme le montre la Figure 6.6, Excel vient de définir la plage de cellules l'entourant d'un cadre. Il est ainsi facile de vérifier si la fonction n'oublie aucun chiffre.

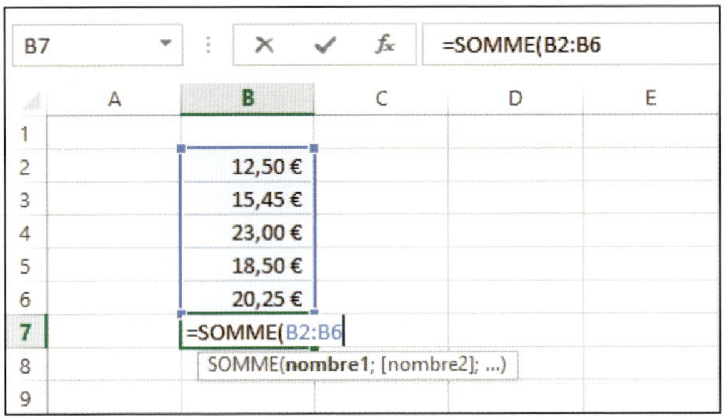

Figure 6.6 : Dès qu'une plage de cellules a été définie, Excel l'entoure d'un cadre.

9. Appuyez sur la touche) afin de fermer la parenthèse.

10. Cliquez sur la coche de validation, à gauche de la barre de formule, ou appuyez sur la touche Entrée

11. La fonction est terminée et apparaît dans la barre de formule. Le résultat est affiché dans la cellule (Figure 6.7).

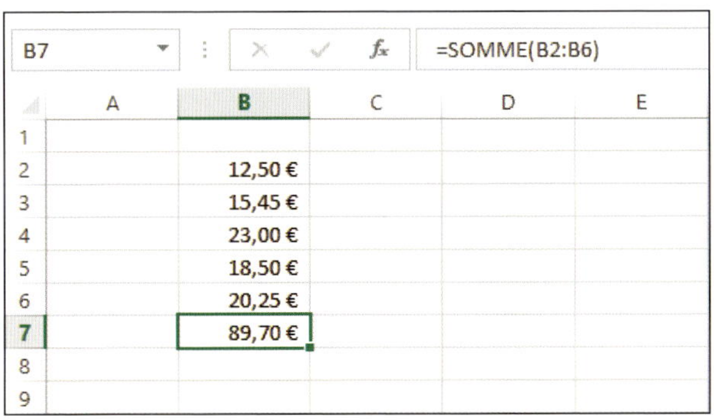

Figure 6.7 : La fonction SOMME a calculé la somme des cellules de la plage B2:B6.

TRUC

N'importe quels opérateurs peuvent être utilisés avec la fonction SOMME. Elle ne se contente en effet pas d'additionner et peut même effectuer des opérations complexes.

TRUC

Pour effectuer rapidement une somme ou une moyenne, ou connaître immédiatement le nombre de cellules contenant des chiffres, la valeur maximale ou minimale d'une colonne de chiffres, cliquez sur la cellule sous une série de chiffres puis, dans le groupe Bibliothèque de fonctions du ruban Formules, cliquez sur Somme automatique, choisissez l'information désirée (Figure 6.8) et appuyez sur la touche Entrée.

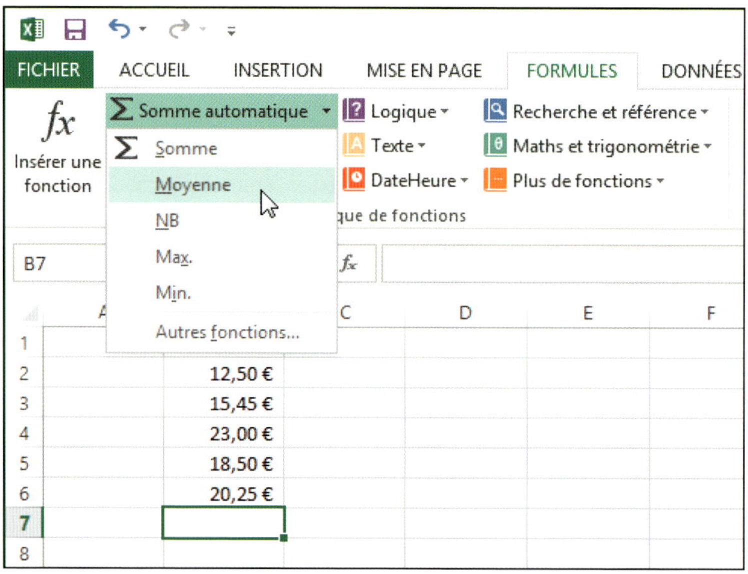

Figure 6.8 : La commande Somme automatique permet d'obtenir rapidement un résultat, comme ici la moyenne des nombres.

Accéder aux fonctions

1. Cliquez dans la cellule devant recevoir le résultat.
2. À gauche de la barre de formule, cliquez sur le bouton *fx*.
3. Excel affiche la boîte de dialogue Insérer une fonction que montre la Figure 6.9. Par défaut, elle affiche les dernières fonctions utilisées.

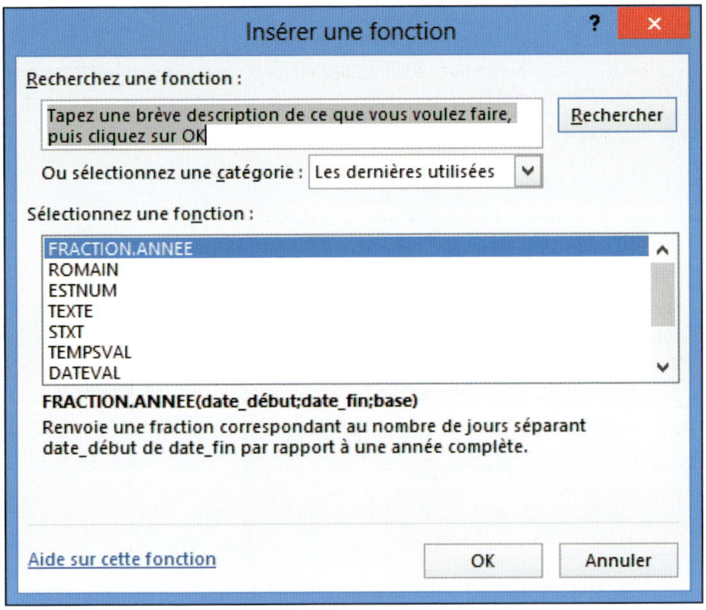

Figure 6.9 : Cette boîte de dialogue donne accès à des centaines de fonctions.

4. Pour accéder à une fonction, vous avez le choix entre deux méthodes :

   - Indiquez en quelques mots, comme « amortissement linéaire » ou « khi-deux », la fonction dont vous avez besoin. Cliquez ensuite sur le bouton Rechercher, à droite du champ de saisie. Excel affiche les fonctions correspondantes (Figure 6.10).
   - Si vous êtes déjà familiarisé avec les fonctions, déroulez le menu Ou sélectionnez une catégorie (Figure 6.11). La catégorie Tous liste la totalité des fonctions classées par ordre alphabétique. Pour restreindre la recherche d'une fonction, choisissez l'une des catégories thématiques, comme Finances, Math & Trigo, etc.

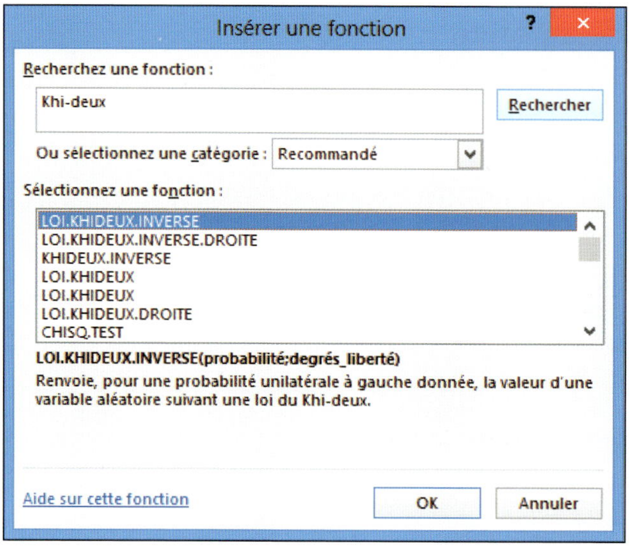

Figure 6.10 : Excel affiche les fonctions correspondant à la recherche.

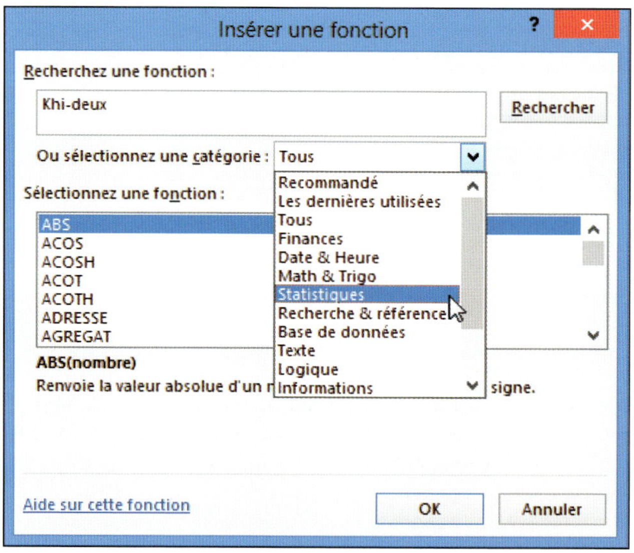

Figure 6.11 : Recherchez une fonctions dans les listes thématiques.

5. Cliquez sur le nom d'une fonction.

6. Excel affiche la syntaxe de la fonction. Elle est composée du nom de la fonction et, entre parenthèses, des arguments de la fonction.

NOTE TECHNIQUE

Les arguments d'une fonction sont toujours séparées par le signe ; (point-virgule).

7. Sous la syntaxe se trouve une brève description de la fonction.

TRUC

Pour obtenir une aide très détaillée, avec des exemples à l'appui, cliquez sur le lien Aide sur cette fonction, en bas à gauche de la boîte de dialogue.

8. Pour utiliser une fonction, passez à la fiche suivante.

TRUC

Dans le ruban Formules, le groupe Bibliothèque de fonctions contient de nombreux boutons permettant d'accéder à fonctions classées par thème. Une brève description est affichée lorsque le pointeur de la souris survole l'une des fonctions du menu (Figure 6.12). Cliquer sur une fonction ouvre la boîte de dialogue Arguments de la fonction décrite dans la prochaine fiche.

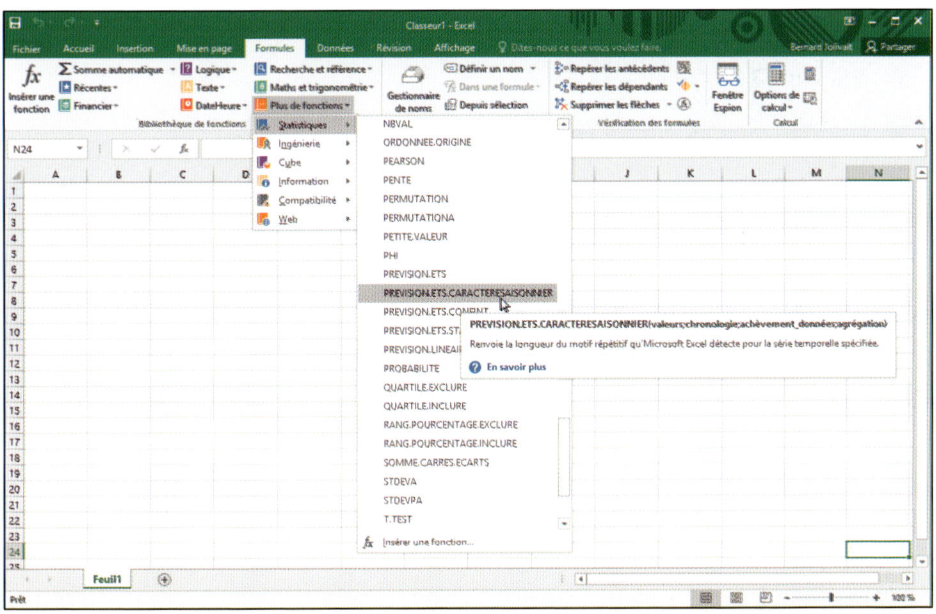

Figure 6.12 : Vous pouvez accéder à toutes les fonctions à partir du ruban Formules.

Insérer une fonction

Si vous êtes familiarisé avec une fonction et sa syntaxe, saisissez-la directement dans la cellule devant afficher le résultat, comme nous l'avons effectué précédemment pour la fonction SOMME.

1. Cliquez dans la cellule devant recevoir le résultat.
2. Accédez à une fonction comme expliqué dans la fiche précédente.
3. Pour cet exemple, nous étudierons la fonction MOYENNE.
4. Accédez à la boîte de dialogue Arguments de la fonction selon l'une de ces procédures :
   - Via la boîte de dialogue Insérer une fonction, décrite dans la fiche précédente : cliquez sur la fonction puis cliquez sur le bouton OK.
   - Via le groupe Bibliothèques de fonctions, dans le ruban Formules. Choisir une fonction ouvre directement la boîte de dialogue Arguments de la fonction.
   - *fx* En cliquant sur le bouton *fx*, à gauche de la barre de formule, lorsque la cellule active contient une fonction.
5. Dans chacun de ces cas, la boîte de dialogue Argument de la fonction apparaît (Figure 6.13). Excel s'efforce de déterminer la plage contenant les nombres à prendre en compte, mais comme le révèle la figure, il n'y parvient pas toujours.
6. Cliquez sur le bouton à droite de Nombre1.
7. La boîte de dialogue se réduit à un seul champ de saisie.
8. Cliquez sur la première cellule de la plage de nombres puis, bouton de la souris enfoncé, tirez le pointeur jusque sur la dernière cellule, comme le montre la Figure 6.14.
9. La référence de la plage apparaît dans le champ de saisie.
10. Cliquez sur le bouton à droite du champ de saisie.
11. La boîte de dialogue Arguments de la fonction réapparaît (Figure 6.15). Le résultat est déjà affiché sous la liste des arguments.
12. Cliquez sur OK.
13. La moyenne apparaît dans la cellule (Figure 6.16).

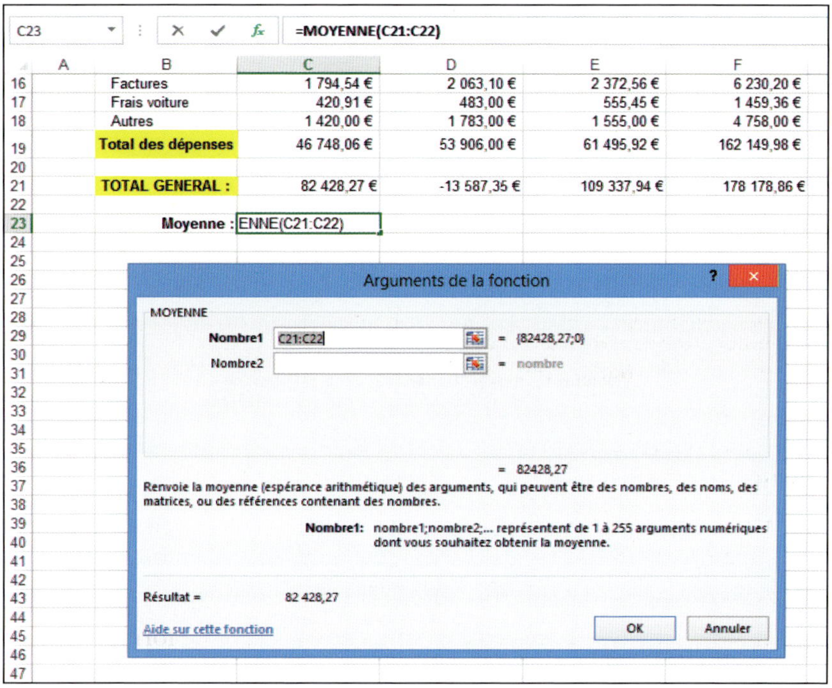

Figure 6.13 : La fonction MOYENNE vient d'être sélectionnée. La plage de cellule proposée par Excel n'est pas la bonne (nous voulons en effet la moyenne de la plage C21:F21).

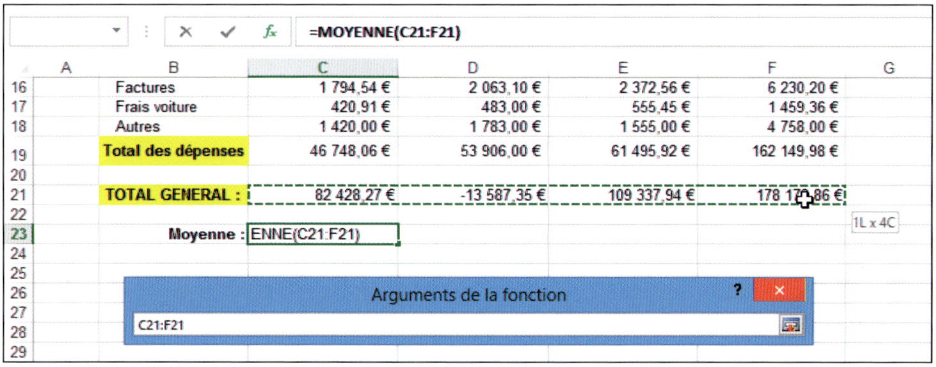

Figure 6.14 : Sélectionnez la plage de cellules.

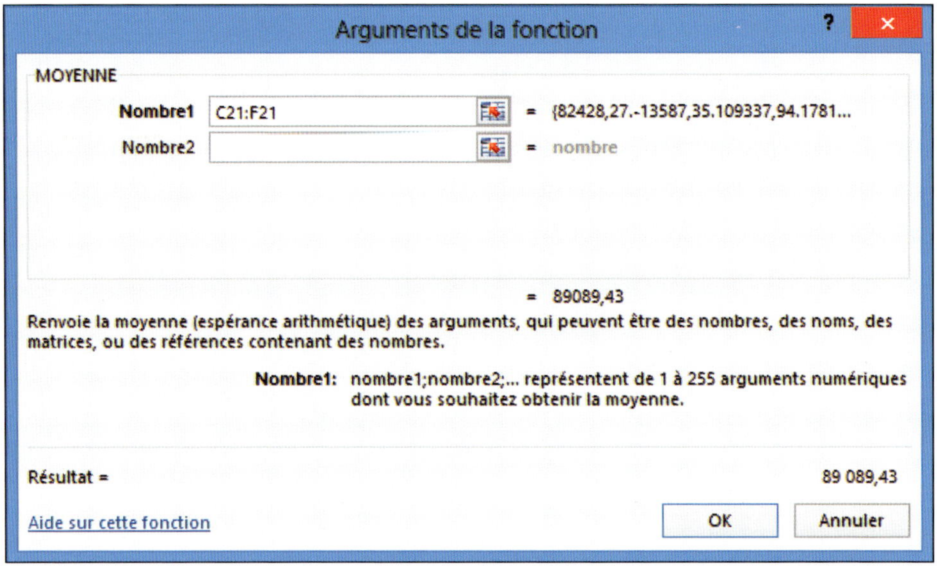

Figure 6.15 : Un seul argument a été saisi : la plage de cellules dont nous voulons calculer la moyenne.

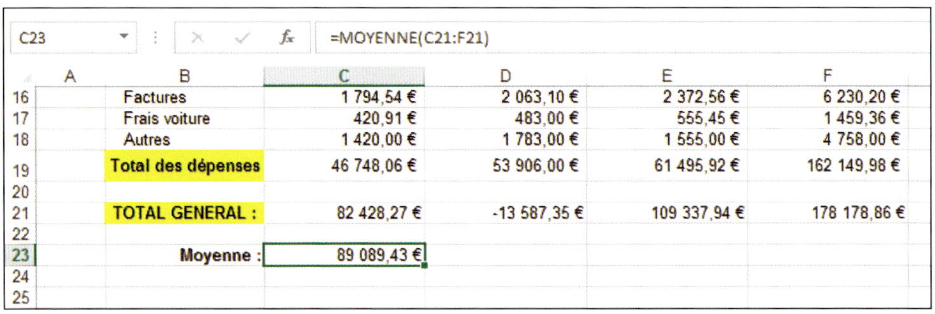

Figure 6.16 : La moyenne a été calculée.

TRUC

Avec un peu de pratique, vous n'utiliserez la boîte de dialogue Arguments de la fonction que pour les fonctions les plus complexes. Les fonctions les plus simples sont beaucoup plus rapidement saisies directement dans la cellule. C'est ce que nous ferons le plus souvent dans ce livre.

Visualiser les composants d'une formule

1. Cliquez dans la cellule contenant une fonction ou une formule.
2. La fonction ou la formule est affiché dans la barre de formule (Figure 6.17).

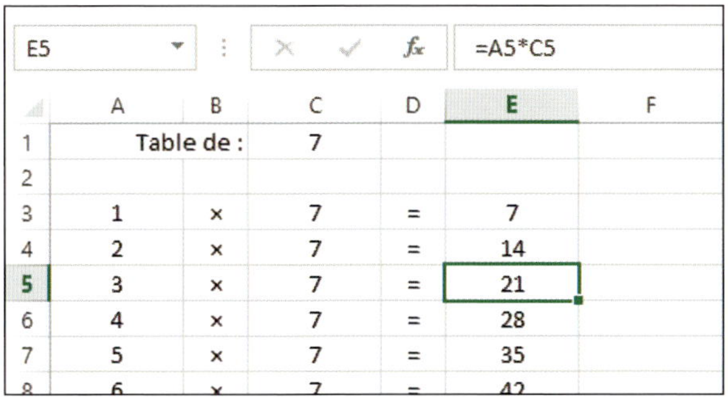

Figure 6.17 : La barre de formule contient les références de cellules de la formule.

3. Cliquez dans la barre de formule.
4. Dans la barre de formule, les divers éléments (fonction, arguments, références…) sont affichés en différentes couleurs. Dans la feuille de calcul, des cadres de même couleur indiquent à quelles cellules ces éléments se rapportent (Figure 6.18).

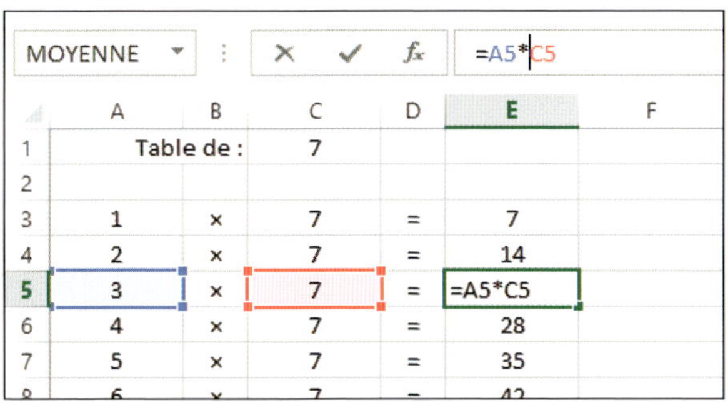

Figure 6.18 : Un système de cadres colorés permet d'identifier les cellules auxquelles une formule se rapporte.

ATTENTION

Abstenez-vous de cliquer dans la feuille de calcul car vous inséreriez une référence supplémentaire dans la formule, qui fausserait le calcul.

5. Appuyez sur la touche Échap.

Utiliser des références absolues

1. Examinez la table de multiplication en cours de création dans la Figure 6.19.

2. Les cellules C3 à C12 contiennent la formule =C1. Ainsi, lorsqu'une nouvelle valeur est entrée dans la cellule C1, toutes les autres changent en conséquence. Il est ainsi possible de demander n'importe quelle table de multiplication.

3. La cellule E3 contient la formule suivante : =A3*C1

4. Cliquez sur la poignée de recopie de la cellule E3 puis recopiez la formule vers le bas jusqu'à la cellule E12.

5. Le résultat n'est pas concluant car, comme le révèle la Figure 6.20, le décalage de cellules, dans les colonnes A et C, a été répété. De ce fait, la cellule E4 a pour résultat zéro.

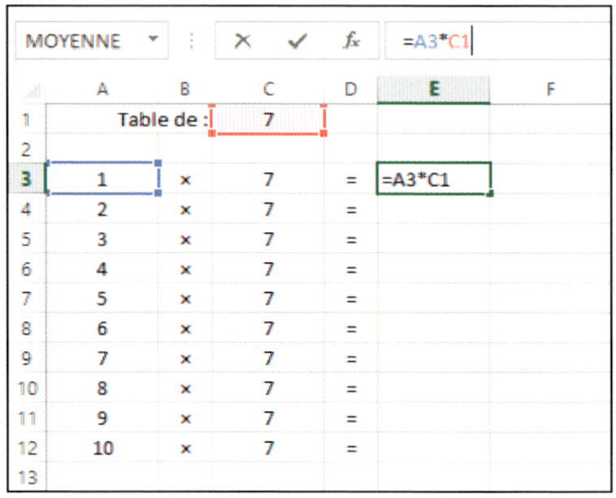

Figure 6.19 : Une table de multiplication en cours de création.

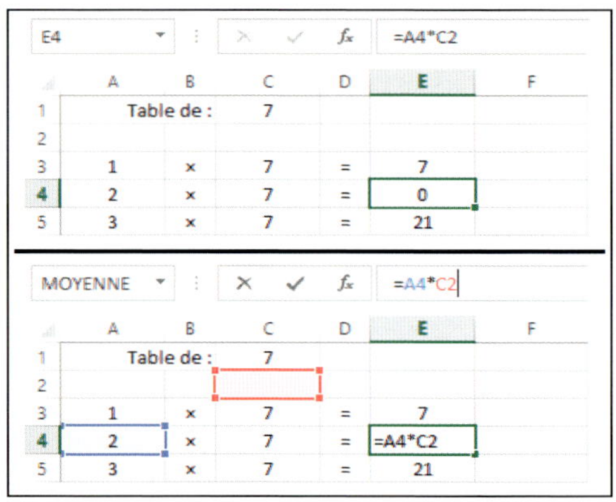

Figure 6.20 : Au lieu d'être sur la même ligne, les éléments du calcul sont décalés.

L'erreur de calcul provient du fait que les références de cellules sont relatives. Lors d'un copier/coller, d'un couper/coller ou d'une recopie automatique, la position des cellules les unes par rapport aux autres est préservée.

Pour que cette table de multiplication fonctionne correctement, la référence à la cellule C1 doit être absolue. Elle ne doit pas changer même lors d'une copie.

Voici comment procéder :

1. Cliquez dans la cellule contenant la formule.

2. Il s'agit ici de la cellule E3

3. Ajoutez le signe dollar ($) avant le numéro de ligne.

4. La formule =A3*C1 devient =A3*C$1 ainsi que le montre la Figure 6.21.

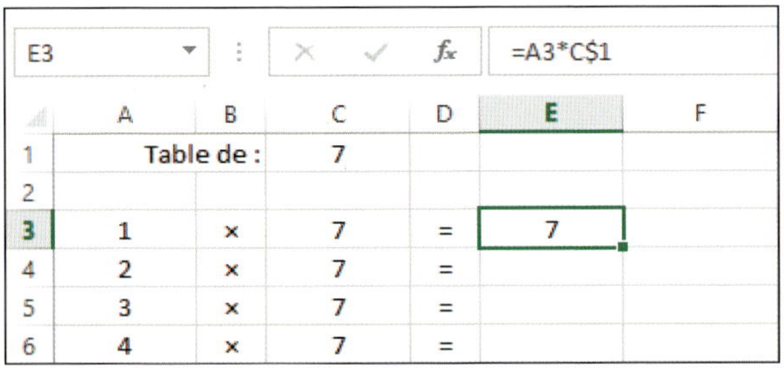

E3 | fx =A3*C$1

	A	B	C	D	E	F
1		Table de :	7			
2						
3	1	×	7	=	7	
4	2	×	7	=		
5	3	×	7	=		
6	4	×	7	=		

Figure 6.21 : La référence de cellule C$1 est devenue absolue.

Pour empêcher n décalage de ligne mais aussi le décalage de colonne, mettez le signe dollar avant la colonne et la ligne. Exemple : $C$1.

5. Recopiez la formule vers le bas.

6. Un clic dans la barre de formule (Figure 6.22) confirme que désormais, chacune des cellules de la colonne E pointe vers une cellule sur la même ligne dans la colonne A (référence relative) et vers la cellule C1 (référence absolue).

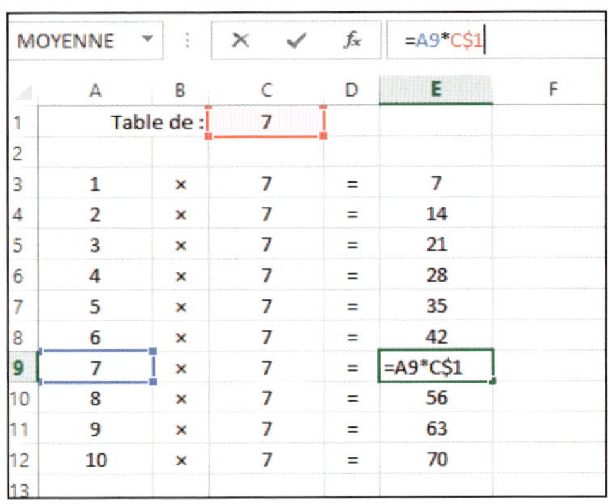

MOYENNE | fx =A9*C$1

	A	B	C	D	E	F
1		Table de :	7			
2						
3	1	×	7	=	7	
4	2	×	7	=	14	
5	3	×	7	=	21	
6	4	×	7	=	28	
7	5	×	7	=	35	
8	6	×	7	=	42	
9	7	×	7	=	=A9*C$1	
10	8	×	7	=	56	
11	9	×	7	=	63	
12	10	×	7	=	70	
13						

Figure 6.22 : Chacune des cellules de la colonne E pointe vers la cellule C1.

Il est important de bien assimiler cette notion de cellules relatives et de cellules absolues. Autrement, une feuille de calcul pourrait contenir des erreurs indétectables par Excel. Ce genre d'erreur n'est en pas une erreur de syntaxe, qu'Excel signale aussitôt, mais une erreur de conception.

Les priorités

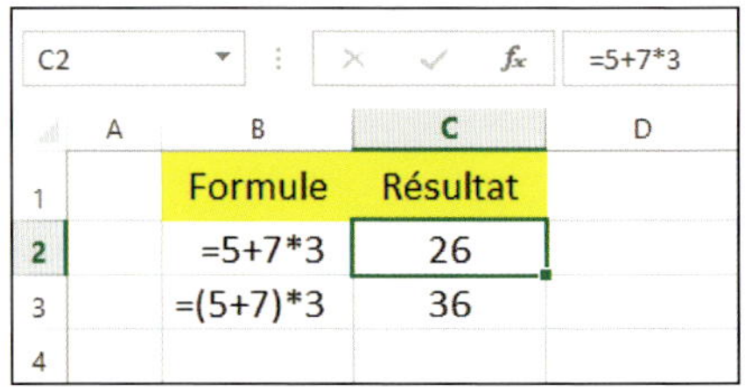

Figure 6.23 : Des opérations apparemment semblables mais des résultats différents.

1. Saisissez cette formule :

```
=5+7*3
```

2. Appuyez sur la touche Entrée.
3. Le résultat est 26, ainsi qu'il apparaît dans la cellule C2, dans la Figure 6.23
4. Cliquez dans une autre cellule, puis saisissez la même formule, mais en mettant des éléments entre parenthèses :

```
=(5+7)*3
```

5. Appuyez sur la touche Entrée.
6. Le résultat est maintenant 36.

NOTE TECHNIQUE

Cette disparité de résultats s'explique par l'ordre dans lequel Excel traite les éléments d'une formule. Il n'effectue en effet pas les calculs de manière linéaire, de la gauche vers la droite par exemple, mais selon les opérateurs et d'autres éléments de la formule.

Excel traite les données numériques dans l'ordre suivant :

- : le ou les séparateurs de plage. Excel détermine d'abord la ou les plages de cellules figurant dans la fonction.
- , la virgule. Excel détermine si la valeur est un nombre entier ou un nombre réel.
- les espaces.
- - les chiffres négatifs.
- % le pourcentage.
- ^ l'exposant.
- * / la multiplication et division (ces deux opérateurs sont d'égale priorité).
- + – l'addition et la soustraction (opérateurs d'égale priorité).
- & la concaténation de chaînes de caractères.

ATTENTION

À l'instar des références relatives et absolues, la notion de priorités doit être maîtrisée pour éviter des erreurs de conceptions dans l'élaboration d'une feuille de calcul.

Nommer une cellule ou une plage

1. Cliquez dans une cellule ou sélectionnez une plage de cellules.
2. Dans la Figure 6.24, nous nommerons la cellule D3 « Taux TVA ».

C2 | fx | 19,1

	A	B	C	D	E
1					
2		Taux de la TVA :	19,1		
3		Ventes	TVA	TVA	TOTAL TTC
4	Janvier	14 050,00 €	19,1	2 683,55 €	16 733,55 €
5	Février	16 252,00 €	19,1	3 104,13 €	19 356,13 €
6	Mars	18 667,00 €	19,1	3 565,40 €	22 232,40 €
7	Avril	22 615,00 €	19,1	4 319,47 €	26 934,47 €
8	Mai	20 303,00 €	19,1	3 877,87 €	24 180,87 €
9	Juin	18 563,00 €	19,1	3 545,53 €	22 108,53 €
10	Juillet	19 259,00 €	19,1	3 678,47 €	22 937,47 €
11	Août	24 500,00 €	19,1	4 679,50 €	29 179,50 €
12	Septembre	21 684,00 €	19,1	4 141,64 €	25 825,64 €
13	Octobre	19 981,00 €	19,1	3 816,37 €	23 797,37 €
14	Novembre	19 528,00 €	19,1	3 729,85 €	23 257,85 €
15	Décembre	18 658,00 €	19,1	3 563,68 €	22 221,68 €
16	TOTAL :	234 060,00 €		44 705,46 €	278 765,46 €
17					

Figure 6.24 : Cliquez dans la cellule à nommer.

3. Cliquez dans le champ complètement à gauche de la barre de formule.
4. Ce champ est appelé Zone nom. La référence de la cellule actuellement affichée, C2 en l'occurrence, est sélectionnée.
5. Saisissez **Taux_TVA**.

NOTE TECHNIQUE

Utilisez le signe de soulignement ou le tiret, entre deux mots, car l'espace n'est pas admis.

6. Appuyez sur la touche Entrée.

Le nom de la cellule apparaît dans la zone Nom (Figure 6.25). Notez que cliquer sur le petit bouton à droite dans la zone nom affiche la liste de tous les noms qui ont définis dans la feuille de calcul.

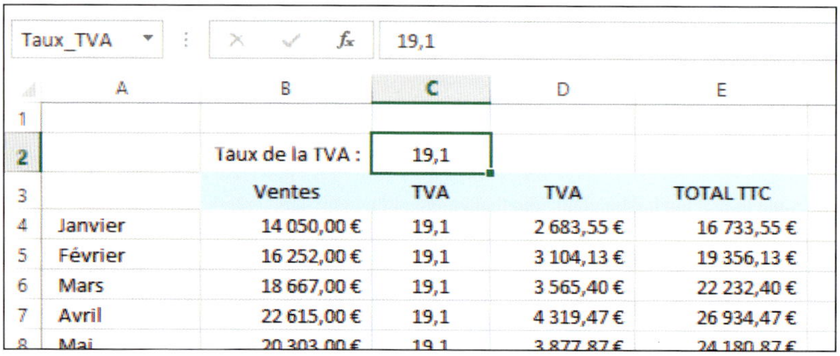

Taux_TVA | 19,1

	A	B	C	D	E
1					
2		Taux de la TVA :	19,1		
3		Ventes	TVA	TVA	TOTAL TTC
4	Janvier	14 050,00 €	19,1	2 683,55 €	16 733,55 €
5	Février	16 252,00 €	19,1	3 104,13 €	19 356,13 €
6	Mars	18 667,00 €	19,1	3 565,40 €	22 232,40 €
7	Avril	22 615,00 €	19,1	4 319,47 €	26 934,47 €
8	Mai	20 303,00 €	19,1	3 877,87 €	24 180,87 €

Figure 6.25 : La cellule C2 vient d'être nommée Taux_TVA. Le nom est visible dans la Zone nom, en haut à droite.

TRUC

À présent, si vous avez défini d'autres noms, comme Revenu, ou Chiffre_affaire, vous pourrez concocter des formules dans lesquelles `=C25*D2` sera libellée `=Chiffre_affaire*Taux_TVA`.

TRUC

La règle, pour nommer des cellules, consiste à cliquer sur l'onglet du ruban Formules, puis cliquez sur Définir un nom, dans le groupe Noms définis. Excel ouvre la boîte de dialogue Nouveau nom (Figure 6.26) permettant notamment d'ajouter un commentaire au nom. La technique expliquée dans la fiche est cependant plus rapide et sans complications.

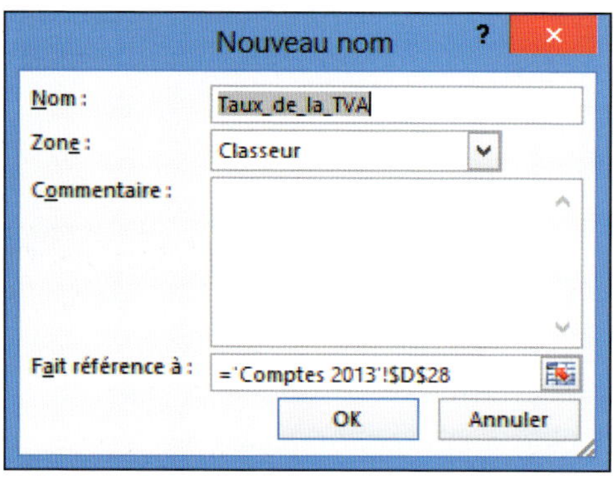

Figure 6.26 : Vous pouvez aussi nommer des cellules à partir de cette boîte de dialogue.

Modifier un nom de cellule ou de plage

1. Cliquez sur l'onglet du ruban Formules.
2. Dans le groupe Noms définis, cliquez sur l'icône Gestionnaire de noms.
3. La boîte de dialogue Gestionnaire de noms apparaît (Figure 6.27).

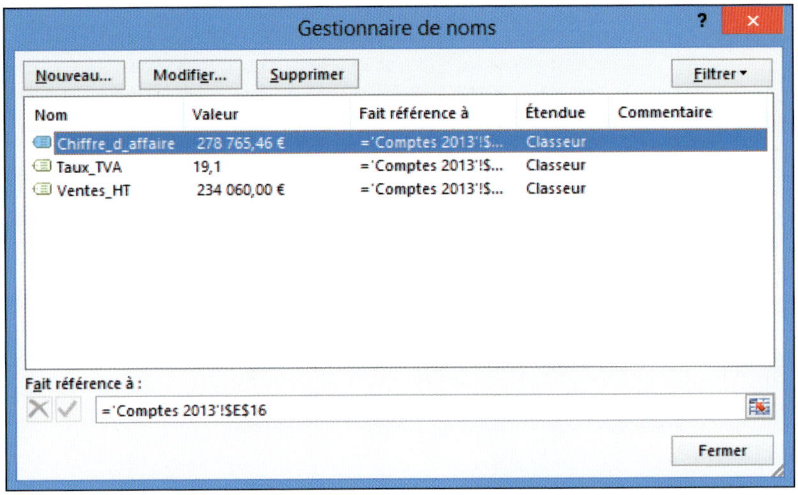

Figure 6.27 : Cette boîte dialogue gère les noms de la feuille de calcul courante.

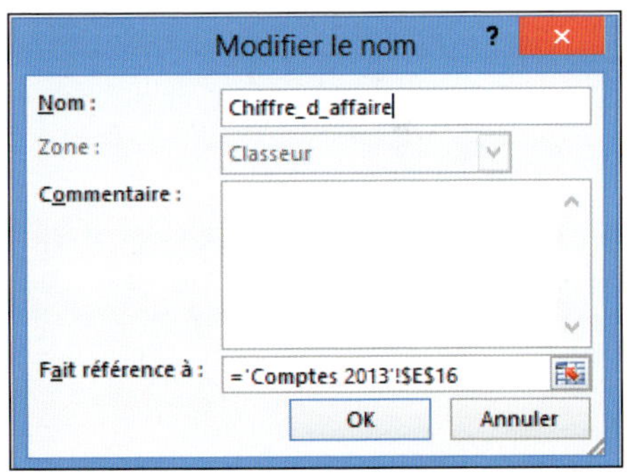

Figure 6.28 : Modifiez ici les différents éléments d'un nom.

4. Cliquez sur le nom à modifier ou à supprimer.
5. Pour changer le nom, cliquez sur le bouton Modifier, en haut de la boîte de dialogue.
6. La boîte de dialogue Modifier le nom (Figure 6.28), permet de renommer le nom, d'ajouter ou modifier un commentaire, ou modifier la référence à la cellule ou à la plage de cellules (cliquez sur le bouton à droite, dans le champ, pour indiquer les nouvelles références à Excel).
7. La modification terminée, cliquez sur OK.

TRUC

Pour supprimer un nom, sélectionnez-le à l'étape 3, puis cliquez sur le bouton Supprimer. Excel demande confirmation.

Lire une cellule dans une autre feuille de calcul

1. Cliquez dans la cellule dans laquelle la valeur provenant d'une autre feuille de calcul doit apparaître.
2. Nous supposons que cette feuille de calcul s'appelle `Compta` et qu'elle se trouve dans le même classeur Excel.

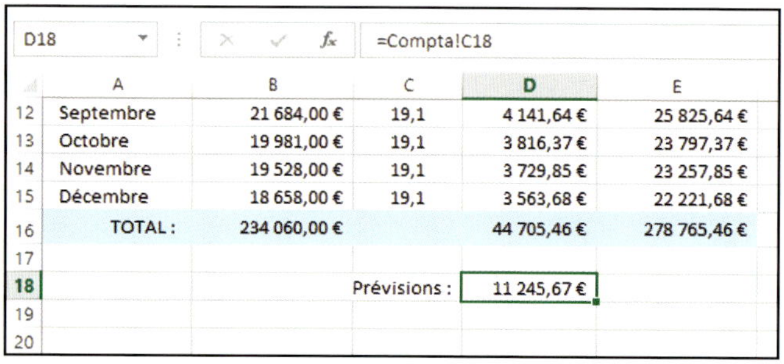
D18 | =Compta!C18

	A	B	C	D	E
12	Septembre	21 684,00 €	19,1	4 141,64 €	25 825,64 €
13	Octobre	19 981,00 €	19,1	3 816,37 €	23 797,37 €
14	Novembre	19 528,00 €	19,1	3 729,85 €	23 257,85 €
15	Décembre	18 658,00 €	19,1	3 563,68 €	22 221,68 €
16	TOTAL :	234 060,00 €		44 705,46 €	278 765,46 €
17					
18			Prévisions :	11 245,67 €	
19					
20					

Figure 6.29 : La valeur dans la cellule D18 provient de la feuille de calcul Compta.

3. Saisissez `=Compta!`
4. Il s'agit du nom de la feuille suivi d'un point d'exclamation.
5. Indiquez la référence de la cellule : `=Compta:C18`, par exemple, et appuyez sur la touche Entrée.
6. La valeur prélevée dans l'autre feuille de calcul est affichée. La source est visible dans la barre de formule (Figure 6.29).

TRUC

Cette manipulation peut aussi figurer dans une formule comme `=SOMME(Compta!C18/12)`.

NOTE TECHNIQUE

Des données peuvent aussi être prélevées dans un autre classeur Excel. La syntaxe est un peu compliquée. Exemple :

```
='c:\Users\VotreNom\Documents\[Classeur1.xlsx]Compta'!C18
```

Les apostrophes indiquent à Excel le chemin à suivre jusqu'à la cellule à lire. Le nom du classeur est entre crochets. Notez que le classeur cible ne doit pas être déplacé hors de son dossier, car Excel ne pourrait plus le trouver (il vous aidera néanmoins à indiquer où il est à présent).

Imbriquer des fonctions

1. Examinez la Figure 6.30.

2. Elle contient la fonction ENT qui arrondit un nombre à sa valeur entière inférieure. Ce que nous voudrions, c'est que ce nombre arrondi apparaisse sous la colonne de chiffre. Or, la cellule B14 contient déjà la formule `=SOMME(B2:B13)`.

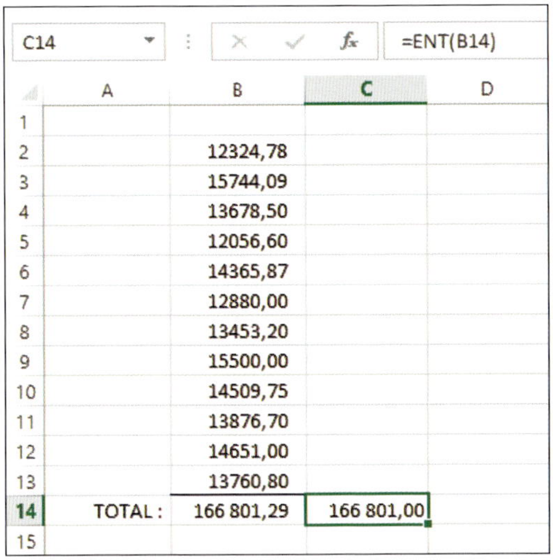

C14 =ENT(B14)

	A	B	C	D
1				
2		12324,78		
3		15744,09		
4		13678,50		
5		12056,60		
6		14365,87		
7		12880,00		
8		13453,20		
9		15500,00		
10		14509,75		
11		13876,70		
12		14651,00		
13		13760,80		
14	TOTAL :	166 801,29	166 801,00	
15				

Figure 6.30 : La valeur entière de la cellule B14 est affichée dans la cellule voisine, à droite.

3. Pour arrondir la somme, nous devrons imbriquer la fonction SOMME dans la fonction ENT :

4. Cliquez dans la cellule devant afficher la somme. Si nécessaire, appuyez sur la touche Supprimer pour effacer sont contenu.

5. Saisissez la fonction ENT, mais sans fermer la parenthèse :

```
=ENT(
```

6. Saisissez la fonction SOMME, mais sans fermer la parenthèse :

```
=ENT(SOMME(
```

7. Indiquez la plage de cellules à additionner (clic sur la première cellule de la plage, séparateur, clic sur la dernière cellule de la plage).

8. La formule devient :

```
=ENT(SOMME(B2:B13
```

9. Ajouter les deux parenthèses fermantes (une pour ENT, l'autre pour SOMME). La fonction imbriquée terminée se présente ainsi :

```
=ENT(SOMME(B2:B13))
```

10. Comme le montre la Figure 6.31, la cellule B14 contient la somme de la liste de nombres arrondie à la valeur entière inférieur.

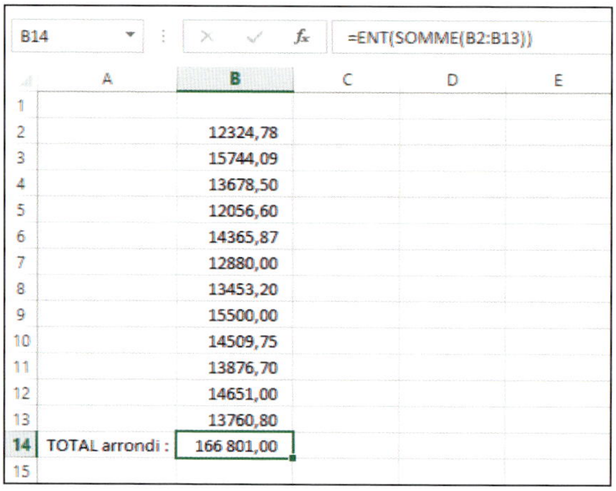

Figure 6.31 : La cellule B14 affiche à présent la somme réduite à son entier.

TRUC

Quand des fonctions sont imbriquées, Excel commence par calculer celle qui est le plus à l'intérieur et fini par calculer celle qui est la plus extérieure. Dans notre exemple, Excel calcule d'abord la somme (fonction SOMME), puis il la réduit à son entier (fonction ENT).

TRUC

Excel 2016 accepte jusqu'à 64 niveaux d'imbrication.

ATTENTION

Ne confondez pas l'affichage sans décimale, obtenu avec le bouton Réduire les décimales (dans le groupe Nombre du ruban Accueil) et la suppression des décimales à l'aide de la fonction ENT. Dans le premier cas, les décimales continuent à être prises en compte dans les calculs bien qu'elles ne soient plus visibles, dans le second cas, les valeurs décimales ont disparu, ce qui modifie le résultat du calcul.

7

Les fonctions arithmétiques

Nous avons abordé dans le chapitre précédent quelques notions élémentaires indispensables pour utiliser Excel. Voici un rappel de la terminologie qui sera abondamment utilisée dans le présent chapitre :

- **Fonction :** C'est une commande permettant de dire à Excel ce qu'il doit faire. Elle se présente toujours sous la forme d'un nom suivit d'une paire de parenthèses. Par exemple, la fonction `HEURE()` renvoie l'heure qu'il est, prélevée depuis l'horloge de l'ordinateur.

- **Arguments :** Ce sont les valeurs qu'une fonction doit utiliser. Ils se trouvent toujours entre les parenthèses. Lorsqu'une fonction comprend plusieurs arguments, ces derniers sont séparés par des points-virgules. Exemple : `SOMME(C1;C2;D3;D4)` totalise le contenu des cellules C1, C2, D3 et D4.

Notez qu'il existe des fonctions sans argument. `MAINTENANT()`, `AUJOURDHUI()`, `PI()` et quelques autres n'ont pas d'argument, mais la paire de parenthèse doit être néanmoins être conservée.

- **Formule :** C'est la fonction, ou un ensemble de fonctions, ayant reçu des arguments. Une formule peut contenir des valeurs, des références à des cellules, des opérateurs logiques, du texte, etc.

- **Chaîne de caractères :** C'est du texte, par opposition aux nombres. La cellule est généralement au format texte. Le Chapitre 10 est entièrement consacré aux fonctions de textes.

Les autres termes propres à Excel seront abordés au moment opportun. Rappelons que dans Excel, une fonction ou une formule commence toujours par le signe = (mais si le classeur Excel doit être compatible avec le tableur Lotus 1-2-3, le signe égal devra être remplacé par le signe +).

Arrondir un nombre

1. Cliquez dans la cellule devant afficher le nombre arrondi

2. Ou alors, élaborez une fonction imbriquée comme expliqué au Chapitre 6.

3. Saisissez la fonction suivante :

```
=ARRONDI(
```

4. Cliquez sur la cellule contenant le nombre réel. Dans l'exemple de la Figure 7.1, la formule devient :

```
=ARRONDI(B14
```

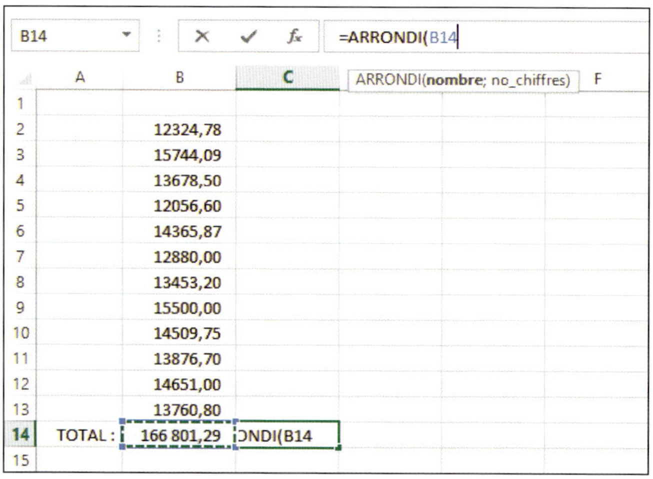

	A	B	C
1			
2		12324,78	
3		15744,09	
4		13678,50	
5		12056,60	
6		14365,87	
7		12880,00	
8		13453,20	
9		15500,00	
10		14509,75	
11		13876,70	
12		14651,00	
13		13760,80	
14	TOTAL :	166 801,29	ɔNDI(B14
15			

Figure 7.1 : La fonction ARRONDI en cours de saisie.

5. Comme le révèle l'info-bulle sous la barre de formule, dans la Figure 7.1, la fonction ARRONDI possède deux arguments

   - Le nombre à arrondir ;

   - Le nombre de décimales. Si cet argument est omis, Excel arrondi le chiffre à l'entier le plus proche.

6. Si vous voulez simplement arrondir le nombre à l'entier inférieur ou supérieur le plus proche, passez à l'étape 6.

7. Pour arrondir le résultat à un certain nombre de décimales, une seule par exemple, tapez sur la touche ; (point-virgule), puis indiquez le nombre de décimales. La formule devient :

```
=ARRONDI(B14;1
```

8. Tapez la parenthèse fermante afin de clore la fonction :

```
=ARRONDI(B14;1)
```

9. Appuyez sur la touche Entrée.

10. Comme le montre la Figure 7.2, la valeur a été arrondie à une seule décimale.

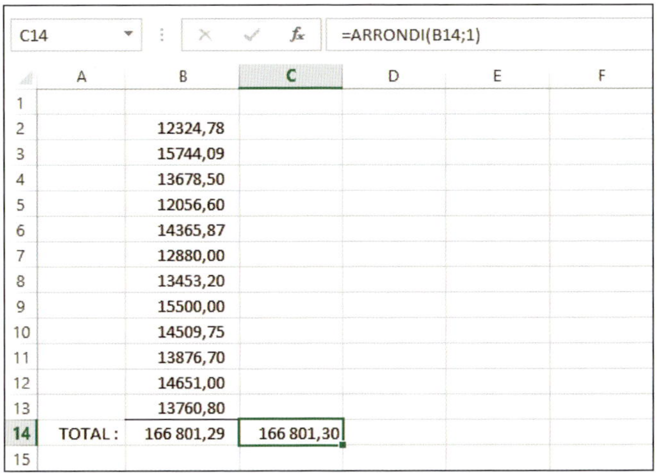

C14 =ARRONDI(B14;1)

	A	B	C	D	E	F
1						
2		12324,78				
3		15744,09				
4		13678,50				
5		12056,60				
6		14365,87				
7		12880,00				
8		13453,20				
9		15500,00				
10		14509,75				
11		13876,70				
12		14651,00				
13		13760,80				
14	TOTAL :	166 801,29	166 801,30			
15						

Figure 7.2 : Un arrondi à une seule décimale.

ATTENTION

Ne confondez pas l'affichage des décimale, obtenu avec le bouton Réduire les décimales (dans le groupe Nombre du ruban Accueil) et la suppression des décimales à l'aide de la fonction ARRONDI. Dans le premier cas, les décimales continuent à être prises en compte dans les calculs bien qu'elles ne soient plus visibles, dans le second cas, des décimales ont disparu, ce qui modifie le résultat du calcul.

TRUC

Excel contient plusieurs fonctions d'arrondi. Outre ARRONDI que nous venons de voir, vous pouvez utiliser :

- ARRONDI.INF : Arrondi un nombre en tendant vers zéro.
- ARRONDI.SUP : Arrondi un nombre en s'éloignant de zéro.
- ARRONDI.AU.MULTIPLE : Arrondi un nombre par palier

Reportez à l'aide d'Excel sur ces variantes pour les détails et les exemples.

Calculer un pourcentage

Il existe différentes méthodes de calcul du pourcentage selon le résultat recherché. La Figure 7.3 montre la formule permettant de déterminer le pourcentage d'augmentation ou de diminution d'un nombre par rapport à un autre.

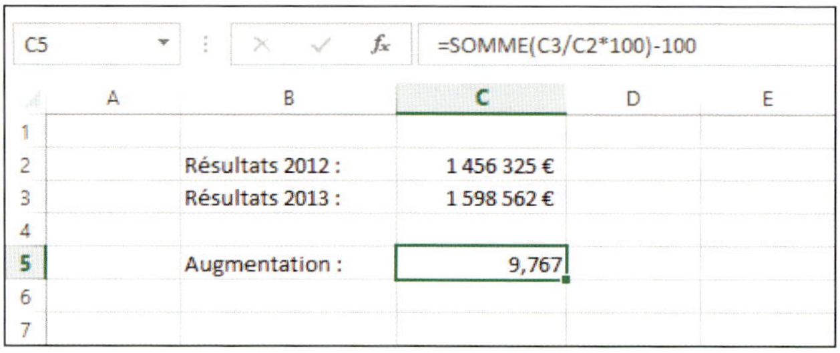

Figure 7.3 : Un arrondi à une seule décimale.

Voici comment procéder :

1. Saisissez la fonction SOMME :

```
=SOMME(
```

2. Saisissez la formule suivante :

```
=SOMME(nombre2/nombre1*100)-100
```

3. Le résultat est le pourcentage d'augmentation ou de diminution entre `nombre1` et `nombre2`.

4. Pour que le résultat soit plus explicite, il faut le mettre en forme afin que le signe % soit affiché. Deux options sont envisageables :

   - Une mise en forme personnalisée, comme expliqué au Chapitre 2. Pour préserver la présentation avec trois décimales, saisissez cette mise en forme dans la boîte de dialogue Format de cellule : `#0,000» %»` (Figure 7.4).

   - % Appliquer la mise en forme Pourcentage depuis le groupe Nombre du ruban Accueil, soit depuis la catégorie pourcentage de la boîte de dialogue Format de cellule.

NOTE TECHNIQUE

Dans Excel, les pourcentages sont des centièmes. C'est pourquoi la mise en forme Pourcentage multiplie le contenu de la cellule par 100. Dans la Figure 7.5, la formule tient compte de cette spécificité.

a) Comme l'un et l'autre multiplient la valeur de la cellule par 100, la formule doit dans ce cas être modifiée :

```
=SOMME((nombre2/nombre1*100)-100)/100
```

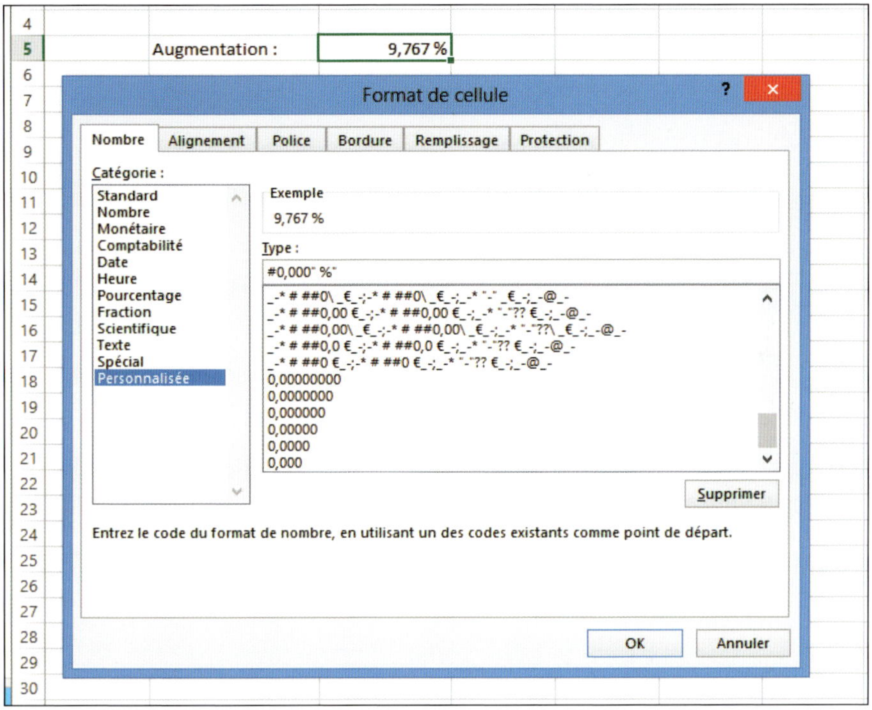

Figure 7.4 : La mise en forme personnalisée du pourcentage.

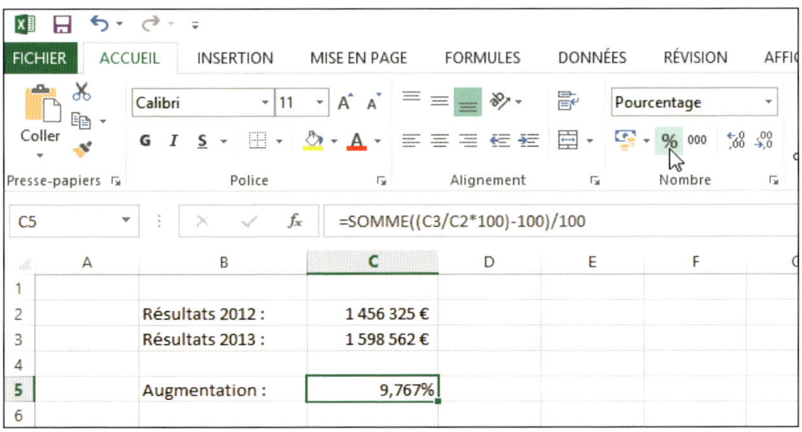

Figure 7.5 : Pour appliquer la mise en forme Pourcentage, la valeur doit représenter un pourcentage. Ici, la cellule C5 contenait la valeur 0,967.

Générer un nombre aléatoire avec ALEA

1. Cliquez dans la cellule devant contenir un nombre aléatoire.

2. Saisissez =ALEA() puis tapez sur la touche Entrée.

3. Excel génère un nombre aléatoire (Figure 7.6). Notez deux points importants :

   - Le nombre aléatoire est compris entre 0 et 1, mais il n'est jamais ni 0, ni 1.

   - Le nombre aléatoire est de nouveau généré chaque fois qu'une cellule est modifiée dans la feuille de calcul, ou chaque fois que le recalcul de la feuille est effectué en appuyant sur la touche F9.

4. La fonction ALEA ne possède pas d'argument.

5. Un nombre aléatoire ne présente que peu d'intérêt. Il serait plus utile s'il s'agissait d'un nombre entier. Voici comment le produire :

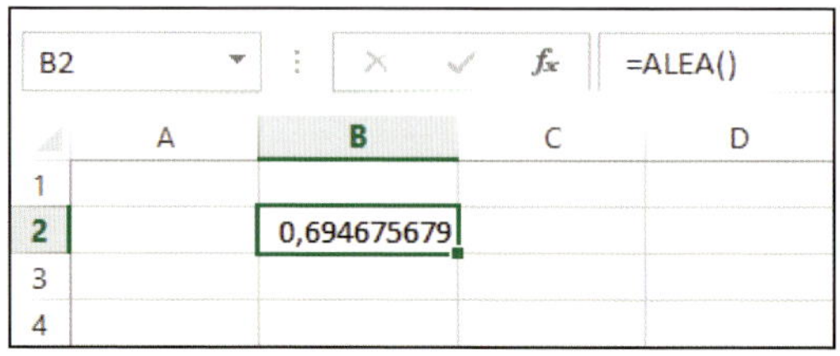

Figure 7.6 : Un nombre aléatoire généré par la fonction ALEA.

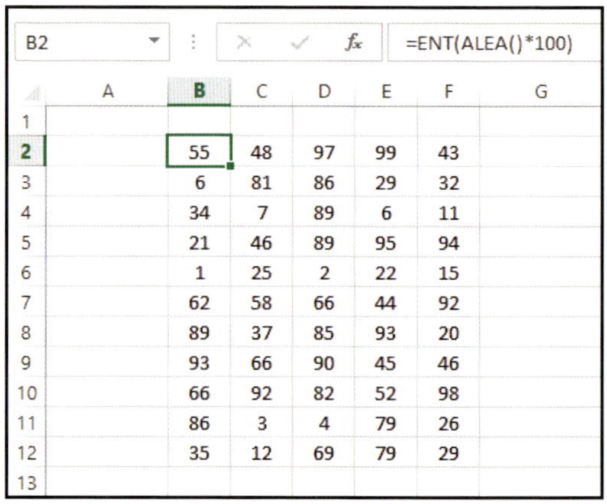

B2 =ENT(ALEA()*100)

	A	B	C	D	E	F	G
1							
2		55	48	97	99	43	
3		6	81	86	29	32	
4		34	7	89	6	11	
5		21	46	89	95	94	
6		1	25	2	22	15	
7		62	58	66	44	92	
8		89	37	85	93	20	
9		93	66	90	45	46	
10		66	92	82	52	98	
11		86	3	4	79	26	
12		35	12	69	79	29	
13							

Figure 7.7 : Une matrice de nombres entiers aléatoires.

6. Imbriquez la fonction ALEA dans la fonction ENT :

```
=ENT(ALEA()*100)
```

7. La Figure 7.7 montre une matrice de cellules contenant des nombres aléatoires. La formule est identique dans chaque cellule.

TRUC

Il est possible de limiter la plage de nombres aléatoire en utilisant la fonction ALEA.ENTRE.BORNES. Par exemple, pour que la matrice de la Figure 7.7 ne contienne que des nombres entiers entre 25 et 75, vous utiliserez la formule suivante :

```
=ALEA.ENTRE.BORNES(25;75)
```

Remarquez que cette fonction produit spontanément des chiffres entiers. Il n'est plus nécessaire de l'imbriquer dans la fonction ENT, ni de multiplier le résultat par 100, comme avec ALEA.

Totaliser sélectivement avec SOMME.SI

1. La Figure 7.8 contient le chiffre d'affaire réalisé par les filiales d'une entreprise dans les zones Est, Nord, Ouest et Sud. Nous voulons connaître le total de la région Nord.

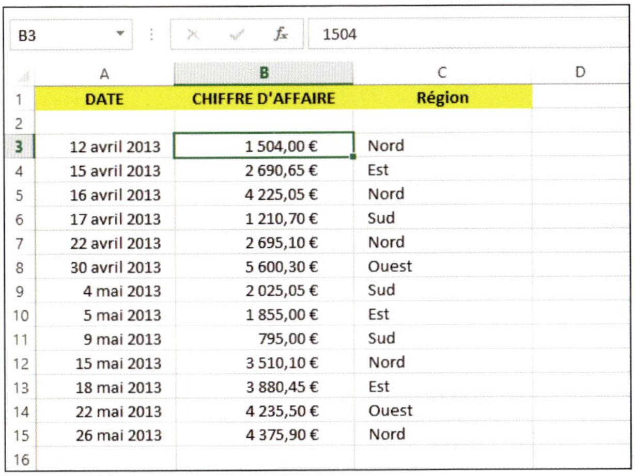

B3 | 1504

	A	B	C	D
1	DATE	CHIFFRE D'AFFAIRE	Région	
2				
3	12 avril 2013	1 504,00 €	Nord	
4	15 avril 2013	2 690,65 €	Est	
5	16 avril 2013	4 225,05 €	Nord	
6	17 avril 2013	1 210,70 €	Sud	
7	22 avril 2013	2 695,10 €	Nord	
8	30 avril 2013	5 600,30 €	Ouest	
9	4 mai 2013	2 025,05 €	Sud	
10	5 mai 2013	1 855,00 €	Est	
11	9 mai 2013	795,00 €	Sud	
12	15 mai 2013	3 510,10 €	Nord	
13	18 mai 2013	3 880,45 €	Est	
14	22 mai 2013	4 235,50 €	Ouest	
15	26 mai 2013	4 375,90 €	Nord	
16				

Figure 7.8 : À combien s'élève le total de la région Nord ?

2. Cliquez dans la cellule devant contenir le résultat.

3. Saisissez le début de formule suivant :

```
=SOMME.SI(
```

4. Cliquez dans la première cellule de la plage contenant les noms des zones (la cellule C3 dans notre exemple) puis tirez vers le bas jusqu'à la dernière cellule de la plage (C15).

5. Appuyez sur la touche ; (point-virgule).

6. Saisissez le critère entre guillemets :

```
=SOMME.SI(C3:C15;»Nord»
```

7. Comme nous voulons les résultats de la région Nord, nous saisissons « `Nord` ». Dans Excel, le texte – autrement dit, les chaînes de caractères – doivent toujours être entre guillemets.

8. Appuyez sur la touche ; (point-virgule).

9. Cliquez dans la première cellule de la plage contenant les valeurs (la cellule B3 dans notre exemple) puis tirez vers le bas jusqu'à la dernière cellule de la plage (C15).

10. Appuyez sur la touche **)** pour clore la formule.

11. Appuyez sur la touche Entrée.

12. Le total des chiffres d'affaire réalisés par la zone Nord est affiché dans la cellule, comme le montre la Figure 7.9.

C17 =SOMME.SI(C3:C15;"Nord";B3:B15)

	A	B	C	D
1	DATE	CHIFFRE D'AFFAIRE	Région	
2				
3	12 avril 2013	1 504,00 €	Nord	
4	15 avril 2013	2 690,65 €	Est	
5	16 avril 2013	4 225,05 €	Nord	
6	17 avril 2013	1 210,70 €	Sud	
7	22 avril 2013	2 695,10 €	Nord	
8	30 avril 2013	5 600,30 €	Ouest	
9	4 mai 2013	2 025,05 €	Sud	
10	5 mai 2013	1 855,00 €	Est	
11	9 mai 2013	795,00 €	Sud	
12	15 mai 2013	3 510,10 €	Nord	
13	18 mai 2013	3 880,45 €	Est	
14	22 mai 2013	4 235,50 €	Ouest	
15	26 mai 2013	4 375,90 €	Nord	
16				
17	Chiffre d'affaire de la région Nord :		16 310,15 €	
18				

Figure 7.9 : Excel n'a totalisé que les chiffres de la région Nord.

Effectuer un calcul matriciel

1. Saisissez la formule à traiter sous forme matricielle (Figure 7.10).

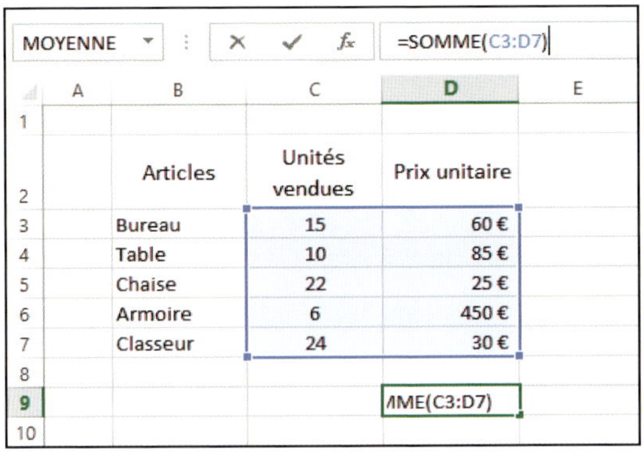

Figure 7.10 : Saisissez une formule mais ne la validez pas comme d'habitude.

2. Un exemple est fourni dans la prochaine fiche. Pour le moment, nous nous en tenons à la procédure fondamentale de tout calcul matriciel.

> **ATTENTION**
> La formule écrite, ne cliquez pas sur la coche de validation et n'appuyez pas sur la touche Entrée.

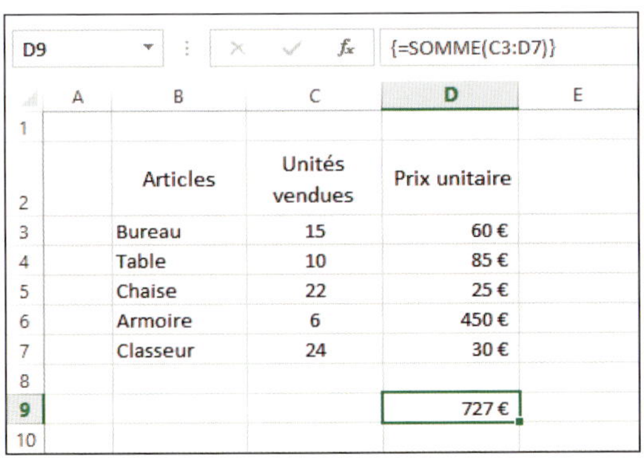

Figure 7.11 : Les accolades indiquent qu'Excel a converti cette formule en formule matricielle.

3. Appuyez sur les touches Ctrl+Maj+Entrée.

4. Excel place la formule entre accolades, comme dans la Figure 7.11. Dans la barre de formule, la fonction SOMME se présente ainsi :

```
{=SOMME(C7:D7)}
```

ATTENTION

Ajouter des accolades manuellement, avec les touches du clavier, ne convertit par une formule en formule matricielle. Il faut impérativement utiliser la combinaison de touches Ctrl+Maj+Entrée.

TRUC

Si par mégarde vous avez validé comme d'habitude, cliquez de nouveau dans la barre de formule et utilisez la combinaison de touches Ctrl+Maj+Entrée.

Calculer un coût moyen par kilomètre

1. La Figure 7.12 montre le kilométrage parcouru par une flotte de douze camions, et le prix du carburant consommé. Nous voulons connaître le prix moyen du kilomètre parcouru.

B2 — 3800

	A	B	C	D
1	CAMION	KILOMETRAGE	CARBURANT	
2	Alain	3 800	304,00 €	
3	Bernard	2 487	223,83 €	
4	Claude	4 020	345,72 €	
5	Didier	3 355	251,63 €	
6	Edmond	3 661	256,27 €	
7	François	4 050	319,95 €	
8	Gilles	3 742	303,10 €	
9	Hervé	3 410	255,75 €	
10	Isidore	2 880	259,20 €	
11	Joël	3 100	248,00 €	
12	Kévin	2 844	284,40 €	
13	Louis	3 854	346,86 €	
14				

Figure 7.12 : Le kilométrage des camions et le coût du carburant.

2. Cliquez dans la cellule devant contenir le coût moyen par kilomètre.

3. Saisissez la formule suivante, mais sans la valider :

```
=MOYENNE(C2:C13/B2:B13)
```

4. Cette formule divise la plage C2:C13 par la plage B2:B13).

5. Appuyez sur les touches Ctrl+Maj+Entrée.

6. Excel ajoute automatiquement des accolades de part et d'autre de la formule et renvoie le coût moyen du carburant par kilomètre (Figure 7.13).

C15 — {=MOYENNE(C2:C13/B2:B13)}

	A	B	C	D
1	CAMION	KILOMETRAGE	CARBURANT	
2	Alain	3 800	304,00 €	
3	Bernard	2 487	223,83 €	
4	Claude	4 020	345,72 €	
5	Didier	3 355	251,63 €	
6	Edmond	3 661	256,27 €	
7	François	4 050	319,95 €	
8	Gilles	3 742	303,10 €	
9	Hervé	3 410	255,75 €	
10	Isidore	2 880	259,20 €	
11	Joël	3 100	248,00 €	
12	Kévin	2 844	284,40 €	
13	Louis	3 854	346,86 €	
14				
15		Coût moyen par kilomètre :	0,083 €	
16				

Figure 7.13 : La formule matricielle a calculé une moyenne d'après deux plages de valeurs.

Transposer des données

1. Dans le tableau de la Figure 7.14, les mois se trouvent dans une colonne au lieu d'être sur une ligne. Les valeurs devront bien sûr être transposées de la même manière.

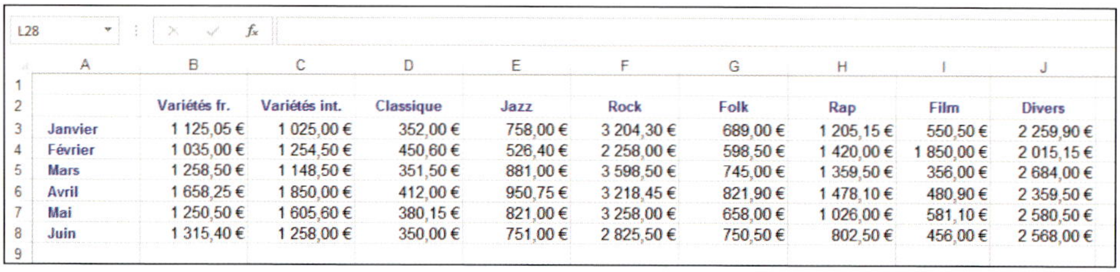

	Variétés fr.	Variétés int.	Classique	Jazz	Rock	Folk	Rap	Film	Divers
Janvier	1 125,05 €	1 025,00 €	352,00 €	758,00 €	3 204,30 €	689,00 €	1 205,15 €	550,50 €	2 259,90 €
Février	1 035,00 €	1 254,50 €	450,60 €	526,40 €	2 258,00 €	598,50 €	1 420,00 €	1 850,00 €	2 015,15 €
Mars	1 258,50 €	1 148,50 €	351,50 €	881,00 €	3 598,50 €	745,00 €	1 359,50 €	356,00 €	2 684,00 €
Avril	1 658,25 €	1 850,00 €	412,00 €	950,75 €	3 218,45 €	821,90 €	1 478,10 €	480,90 €	2 359,50 €
Mai	1 250,50 €	1 605,60 €	380,15 €	821,00 €	3 258,00 €	658,00 €	1 026,00 €	581,10 €	2 580,50 €
Juin	1 315,40 €	1 258,00 €	350,00 €	751,00 €	2 825,50 €	750,50 €	802,50 €	456,00 €	2 568,00 €

Figure 7.14 : Il serait préférable de placer les mois sur une ligne.

2. Cliquez dans une cellule de trouvant dans le coin supérieur gauche de la future plage de données transposées puis, bouton de la souris enfoncée, tirez une plage dont le nombre de lignes est égal au nombre de colonnes du tableau à transposer, et le nombre de colonnes égal au nombre de lignes.

3. Comme le tableau d'origine compte 10 colonnes et 7 lignes, le tableau transposé comptera 7 colonnes et 10 lignes, comme le montre la Figure 7.15.

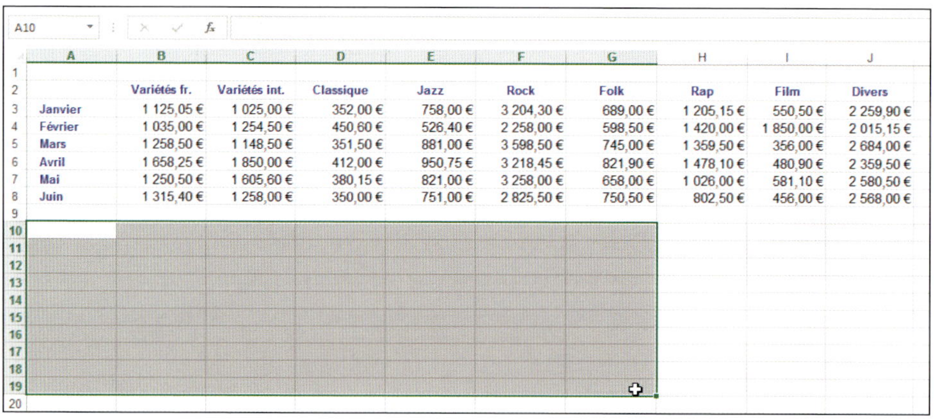

	Variétés fr.	Variétés int.	Classique	Jazz	Rock	Folk	Rap	Film	Divers
Janvier	1 125,05 €	1 025,00 €	352,00 €	758,00 €	3 204,30 €	689,00 €	1 205,15 €	550,50 €	2 259,90 €
Février	1 035,00 €	1 254,50 €	450,60 €	526,40 €	2 258,00 €	598,50 €	1 420,00 €	1 850,00 €	2 015,15 €
Mars	1 258,50 €	1 148,50 €	351,50 €	881,00 €	3 598,50 €	745,00 €	1 359,50 €	356,00 €	2 684,00 €
Avril	1 658,25 €	1 850,00 €	412,00 €	950,75 €	3 218,45 €	821,90 €	1 478,10 €	480,90 €	2 359,50 €
Mai	1 250,50 €	1 605,60 €	380,15 €	821,00 €	3 258,00 €	658,00 €	1 026,00 €	581,10 €	2 580,50 €
Juin	1 315,40 €	1 258,00 €	350,00 €	751,00 €	2 825,50 €	750,50 €	802,50 €	456,00 €	2 568,00 €

Figure 7.15 : Sélectionnez les cellules qui recevront les cellules transposées.

4. Cliquez dans la barre de formule et saisissez la fonction TRANSPOSE :

```
=TRANSPOSE(
```

5. Cliquez dans la cellule se trouvant dans le coin supérieur gauche de la plage de cellules à transposer puis, bouton de la souris enfoncé, tirez jusqu'au coin opposé afin de sélectionner les données originales (Figure 7.16).

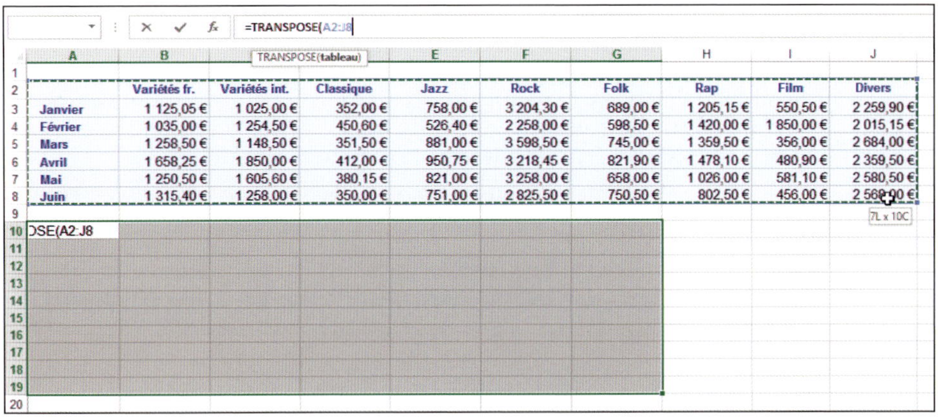

	Variétés fr.	Variétés int.	Classique	Jazz	Rock	Folk	Rap	Film	Divers
Janvier	1 125,05 €	1 025,00 €	352,00 €	758,00 €	3 204,30 €	689,00 €	1 205,15 €	550,50 €	2 259,90 €
Février	1 035,00 €	1 254,50 €	450,60 €	526,40 €	2 258,00 €	598,50 €	1 420,00 €	1 850,00 €	2 015,15 €
Mars	1 258,50 €	1 148,50 €	351,50 €	881,00 €	3 598,50 €	745,00 €	1 359,50 €	356,00 €	2 684,00 €
Avril	1 658,25 €	1 850,00 €	412,00 €	950,75 €	3 218,45 €	821,90 €	1 478,10 €	480,90 €	2 359,50 €
Mai	1 250,50 €	1 605,60 €	380,15 €	821,00 €	3 258,00 €	658,00 €	1 026,00 €	581,10 €	2 580,50 €
Juin	1 315,40 €	1 258,00 €	350,00 €	751,00 €	2 825,50 €	750,50 €	802,50 €	456,00 €	2 56[illegible] €

Figure 7.16 : Ce tableau sera copié et transposé à 90 degrés.

ATTENTION

Appuyez sur la touche) pour clore la formule mais surtout, ne la validez pas. TRANSPOSE est en effet une fonction matricielle.

6. Appuyez sur les touches Ctrl+Maj+Entrée.
7. Excel transpose les données. La Figure 7.17 montre les données originales (lignes 2 à 8) et les données transposées (lignes 10 à 19). Cette opération appelle cependant quelques remarques :

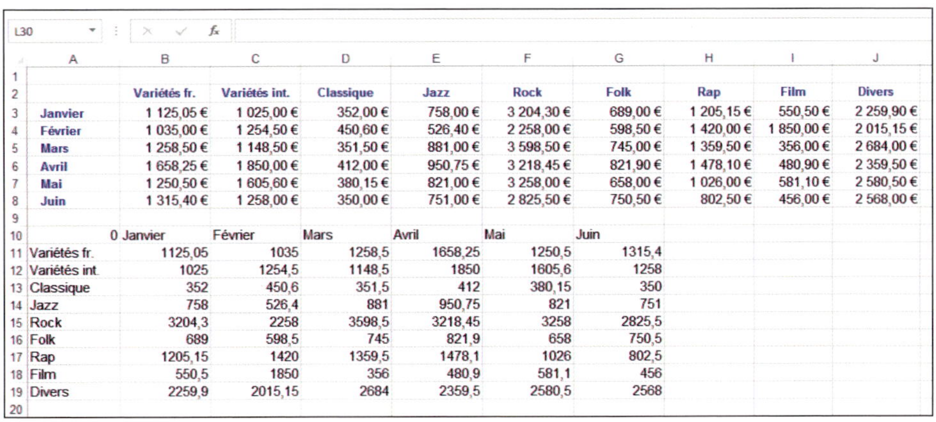

	Variétés fr.	Variétés int.	Classique	Jazz	Rock	Folk	Rap	Film	Divers
Janvier	1 125,05 €	1 025,00 €	352,00 €	758,00 €	3 204,30 €	689,00 €	1 205,15 €	550,50 €	2 259,90 €
Février	1 035,00 €	1 254,50 €	450,60 €	526,40 €	2 258,00 €	598,50 €	1 420,00 €	1 850,00 €	2 015,15 €
Mars	1 258,50 €	1 148,50 €	351,50 €	881,00 €	3 598,50 €	745,00 €	1 359,50 €	356,00 €	2 684,00 €
Avril	1 658,25 €	1 850,00 €	412,00 €	950,75 €	3 218,45 €	821,90 €	1 478,10 €	480,90 €	2 359,50 €
Mai	1 250,50 €	1 605,60 €	380,15 €	821,00 €	3 258,00 €	658,00 €	1 026,00 €	581,10 €	2 580,50 €
Juin	1 315,40 €	1 258,00 €	350,00 €	751,00 €	2 825,50 €	750,50 €	802,50 €	456,00 €	2 568,00 €

0	Janvier	Février	Mars	Avril	Mai	Juin
Variétés fr.	1125,05	1035	1258,5	1658,25	1250,5	1315,4
Variétés int.	1025	1254,5	1148,5	1850	1605,6	1258
Classique	352	450,6	351,5	412	380,15	350
Jazz	758	526,4	881	950,75	821	751
Rock	3204,3	2258	3598,5	3218,45	3258	2825,5
Folk	689	598,5	745	821,9	658	750,5
Rap	1205,15	1420	1359,5	1478,1	1026	802,5
Film	550,5	1850	356	480,9	581,1	456
Divers	2259,9	2015,15	2684	2359,5	2580,5	2568

Figure 7.17 : Les lignes 2 à 8 ont été transposées dans les lignes 10 à 19.

- La mise en forme des cellules n'est pas recopiée.
- Les cellules originales vides contiennent à présent la valeur 0.

- Les valeurs du tableau transposé ne peuvent pas être modifiées. Les modifications doivent être effectuées dans les cellules du tableau d'origine.
- Si le tableau d'origine est supprimé, toutes les cellules du tableau transposé contiennent la valeur d'erreur #REF! Chaque cellule contient en effet une fonction TRANSPOSE pointant vers la cellule d'origine.

TRUC

Pour ne pas afficher les deux tableaux dans la feuille de calcul, sélectionnez les lignes du tableau d'origine, puis cliquez du bouton droit dans un en-tête de ligne de la sélection. Dans le menu, choisissez Masquer. Ainsi, seul le tableau transposé sera visible.

Convertir des unités de mesure

1. Cliquez dans la cellule devant recevoir le résultat de la conversion (Figure 7.18).

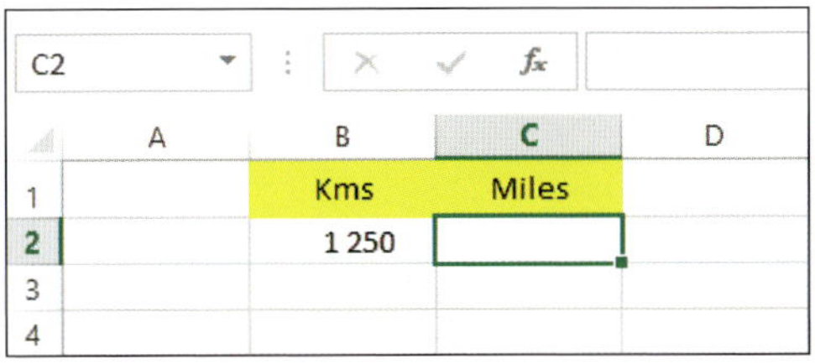

Figure 7.18 : Combien de miles représente ce kilométrage ?

2. Pour cet exemple, nous convertirons des kilomètres en miles terrestres.
3. Saisissez la fonction CONVERT :

```
=CONVERT(
```

4. Cliquez sur la cellule contenant le nombre à convertir.
5. C'est le premier argument de la formule.
6. Appuyez sur la touche ; (point-virgule).
7. Dès que le séparateur d'arguments a été placé, Excel affiche une longue liste d'unités de mesures. Hélas, ni le mètre ni le kilomètre ne figurent dans cette liste. Le code du kilomètre est « km ».
8. Saisissez le code de l'unité source : « **km** » puis le point-virgule :

```
=CONVERT(B2:»km»;
```

9. Saisissez le code de l'unité cible : « **mi** ».
10. Comme le mille terrestre figure dans le menu qui vient de réapparaît, trouvez-le puis double-cliquez dessus (Figure 7.19).
11. Appuyez sur la touche) pour clore la formule.
12. Appuyez sur la touche Entrée.
13. La cellule active contient la conversion des kilomètres en milles terrestres (Figure 7.20).

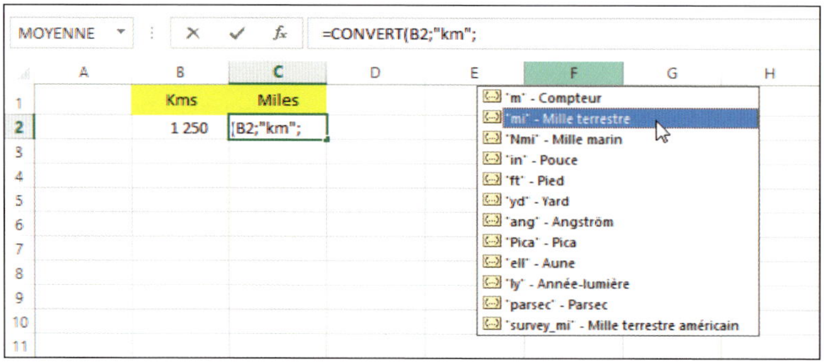

Figure 7.19 : Excel affiche des unités de mesure, mais pas toutes

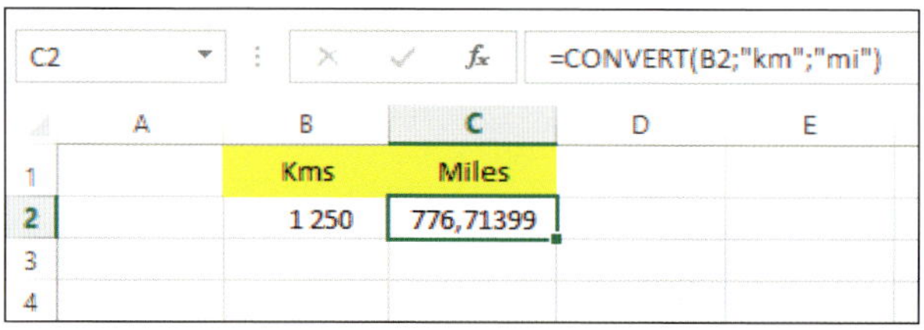

Figure 7.20 : Le convertisseur de kilomètres en milles est terminé.

TRUC

La fonction CONVERT traduit une grande quantité d'unités de mesures dans des domaines aussi variés que les surfaces, les volumes – curieusement appelés « domaines » – les distances, les poids, la pression, la force, l'énergie, la puissance, le magnétisme, la température, etc.

8

Les fonctions financières

Excel est un outil précieux pour la comptabilité d'une entreprise ou d'un travailleur indépendant. Excel permet en effet de calculer des taux d'intérêt ou des mensualités d'emprunts bancaires, et aussi l'amortissement du matériel.

L'essentiel de ce chapitre est consacré à ces opérations bancaires. Nous commencerons par une fonction qui n'est pas financière, mais qui est sans doute l'une des plus importantes d'Excel : la fonction SI. Grâce à elle, vous pourrez afficher un résultat différent selon la valeur d'un paramètre. Elle permet aussi, comme nous le verrons, d'afficher en toutes lettres si un résultat est un déficit ou un bénéfice, une augmentation ou une diminution, etc.

Notez dès à présent quand dans de nombreuses formules financières, les capitaux et les rentrées doivent être des nombres positifs tandis que les sorties (remboursements, débours…) doivent être en négatif. Ce point sera rappelé dans les fiches.

Afficher le bénéfice ou le déficit avec SI

1. Affichez les deux valeurs à comparer (Figure 8.1).

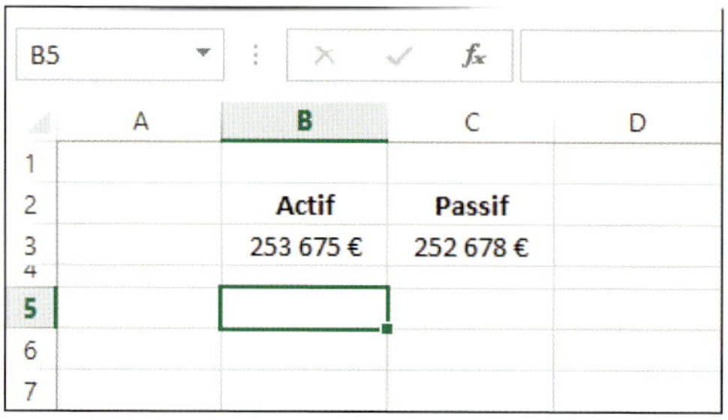

Figure 8.1 : Les deux chiffres à comparer.

2. Sur la Figure 8,1, il est difficile de savoir du premier coup d'œil s'il s'agit d'un bénéfice ou d'un déficit. Une solution consiste à afficher le bénéfice dans la colonne Actif, et un déficit dans la colonne Passif.

3. Cliquez dans une cellule sous la colonne Actif.

4. Cliquez par exemple dans la cellule B5.

5. Saisissez le début de formule suivant :

```
=SI(
```

6. Comme le montre l'info-bulle dans la Figure 8.2, la fonction SI reçoit trois arguments : le test à effectuer, l'élément à utiliser si le test est vérifié, l'élément à utiliser si le test ne l'est pas.

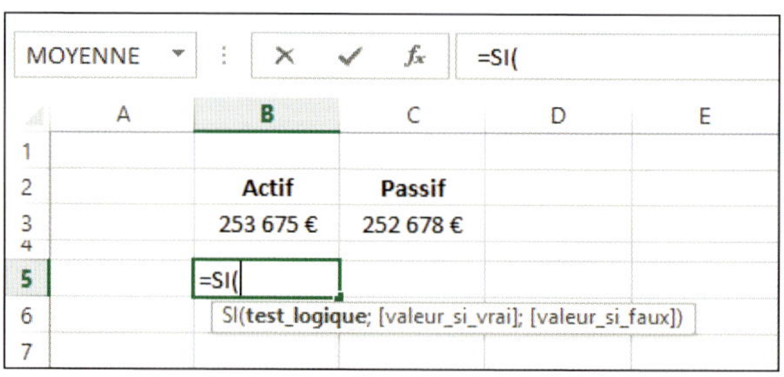

Figure 8.2 : La fonction SI exige trois arguments : le test et les actions à effectuer selon le résultat du test.

7. Saisissez le test. Pour notre exemple, le test vérifie si la valeur dans la cellule B3 (l'actif) est supérieure à la valeur dans la cellule C3 (le passif) :

```
=SI(B3>=C3
```

8. Appuyez sur la touche ; (point-virgule).

9. Nous pouvons saisir le deuxième argument, c'est-à-dire l'action à effectuer si la valeur dans la cellule B3 est effectivement supérieure à celle dans la cellule C3. Nous plaçons donc une fonction SOMME :

```
=SI(B3>=C3;SOMME(B3-C3)
```

10. Si B3 est supérieur ou égal à C3, Excel affichera le résultat de B3-C3.

11. Appuyez sur la touche ; (point-virgule).

12. Le troisième argument doit indiquer à Excel ce qu'il doit faire si la valeur dans la cellule B3 n'est pas supérieure ou égale à celle dans la cellule C3 :

```
=SI(B3>=C3;SOMME(B3-C3);»»
```

13. Les deux guillemets sans rien entre indiquent à Excel qu'il doit afficher une chaîne de caractère vide, c'est-à-dire rien du tout. Rappelons que dans une formule, du texte doit toujours être placé entre guillemets.

ATTENTION

Les deux guillemets sans rien entre sont indispensables pour indiquer à Excel qu'il ne doit rien afficher. Si vous mettez 0, la valeur 0 est affichée dans la cellule, ce qui n'est pas souhaitable. Si vous ne mettez rien, l'argument est omis. Comme il est obligatoire, Excel refuse de valider la formule est affiche un message d'erreur.

14. Appuyez sur la touche) pour terminer la formule :

```
=SI(B3>=C3;SOMME(B3-C3);»»)
```

15. Appuyez sur la touche Entrée.

16. Comme la valeur dans la cellule B3 est supérieure à celle dans la cellule C3, Excel calcule B3-C3 et affiche le résultat (Figure 8.3).

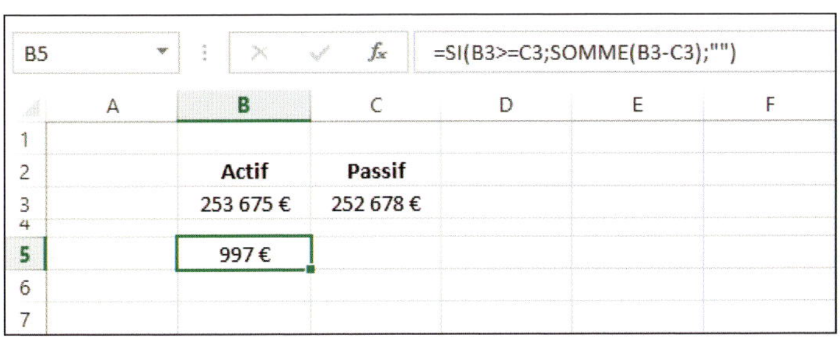

Figure 8.3 : Comme le test a été vérifié, Excel affiche le résultat de B3-C3.

17. Il nous faut maintenant placer une autre formule dans la colonne du passif, à côté de celle que nous venons de créer.

18. Recopiez la formule de la cellule B5 dans la cellule C5.

19. En toute logique, le résultat est le même.

> **ATTENTION**
> Les références de cellule étant relatives, la recopie automatique fait que la cellule B3 devient C3 et la cellule C3 devient D3. Corrigez-les au besoin.

20. Cliquez dans la barre de formule puis remplacez l'opérateur logique >= (supérieur ou égal à) par l'opérateur logique < (inférieur à).

```
=SI(B3<C3;SOMME(B3-C3);»»)
```

21. Appuyez sur la touche Entrée.

22. Si le passif est supérieur à l'actif, la formule dans la cellule B5 n'affiche rien (ou plus exactement, elle affiche une chaîne de caractères vide) tandis que la cellule C5 affiche le montant du déficit, comme le montre la Figure 8.4.

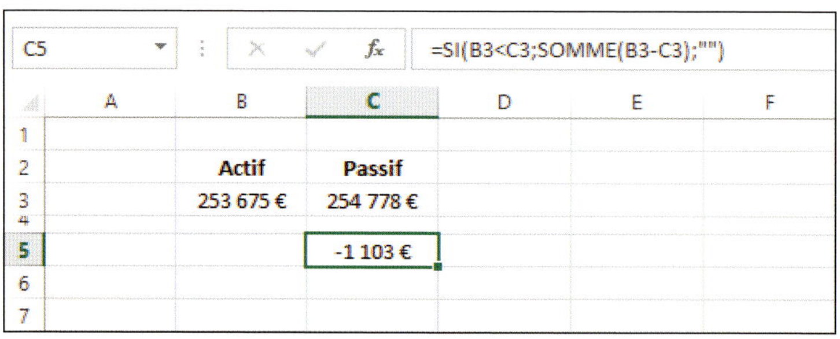

Figure 8.4 : Cette fois, le passif est supérieur à l'actif.

> **TRUC**
> Un test avec la fonction SI peut aussi servir à modifier le texte affiché dans une cellule. Par exemple, dans la Figure 8.5, deux fonctions SI imbriquées testent le résultat dans la cellule B5 :

```
=SI(B5>0;»Bénéfice»;SI(B5=0;»Equilibre»;»Déficit»))
```

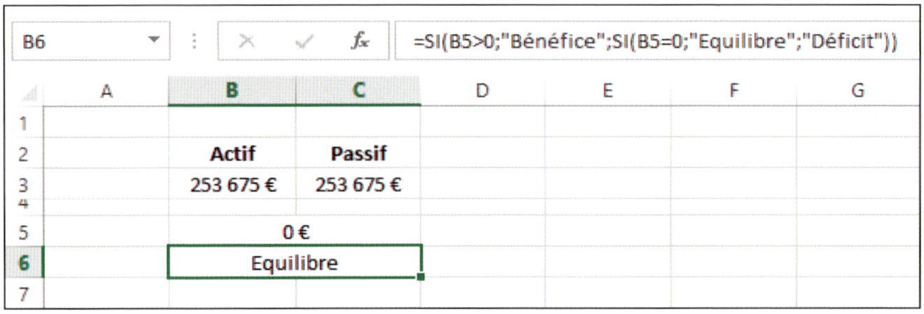

Figure 8.5 : Un test à trois réponses : bénéfice, équilibre ou déficit.

Voici comment il faut lire cette formule : Si B5 est supérieur à zéro, afficher Bénéfice, sinon, si B5=0, afficher Equilibre, sinon (sous-entendu, si B5 n'est ni supérieur à zéro ni égal à zéro) afficher Déficit.

NOTE TECHNIQUE

La seconde fonction SI est le troisième argument de la première fonction SI. Elle n'est utilisée que si le test B5>0 n'est pas concluant.

Utiliser SI pour changer les titres et les légendes dans une feuille de calcul est un excellent moyen – parfois spectaculaire – pour améliorer la lisibilité des résultats.

Calculer un taux d'intérêt avec TAUX

1. Préparez une feuille de calcul contenant les arguments qui seront utilisés par la formule. Dans la Figure 8.6, ils sont au nombre de trois, répartis dans les cellules B1, B2 et B3. Pour faciliter la lecture de la feuille de calcul, commencez par saisir ces libellés dans les cellules à gauche des arguments :

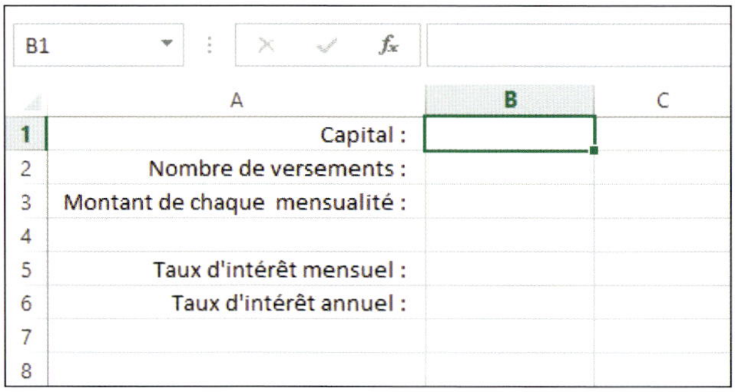

Figure 8.6 : Préparation de la feuille de calcul d'un taux d'intérêt.

- **Capital :** La somme empruntée ou prêtée.
- **Nombre de versements :** Le nombre total de versements – ou périodes – pour rembourser l'emprunt. Par exemple, pour un emprunt sur 5 ans à remboursements mensuels, ce nombre sera 60.
- **Montant de la mensualité :** Le montant de chaque remboursement mensuel. Il doit être impérativement être entré sous la forme d'un nombre négatif.

2. Cliquez sur la cellule devant afficher le taux d'intérêt recherché.
3. Dans notre exemple, il s'agit de la cellule à droite de « Taux d'intérêt mensuel ». Excel calcule en effet le taux pour la périodicité spécifiée, qui est ici mensuelle.
4. Saisissez le début de formule suivant :

```
=TAUX(
```

5. Pour la suite des opérations, nous nous basons sur les libellés visibles dans les différentes figures.
6. Cliquez sur la cellule en regard de `Nombre de versements` (B2).
7. Appuyez sur la touche ; (point-virgule).
8. Cliquez sur la cellule en regard de `Montant de chaque mensualité` (B3).
9. Appuyez sur la touche ; (point-virgule).

10. Cliquez sur la cellule en regard de `Capital` (B1).

11. Appuyez sur la touche **)** pour clore la formule.

12. Appuyez sur la touche Entrée.

13. La formule se présente maintenant ainsi :

```
=TAUX(B2;B3;B1)
```

NOTE TECHNIQUE

Comme le montre la Figure 8.7, Excel met automatiquement le résultat en forme en ajoutant le signe % après le taux.

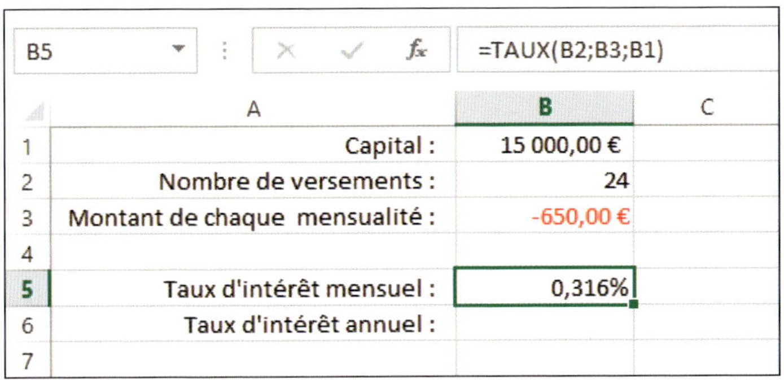

Figure 8.7 : Excel vient de calculer le taux d'intérêt par périodes.

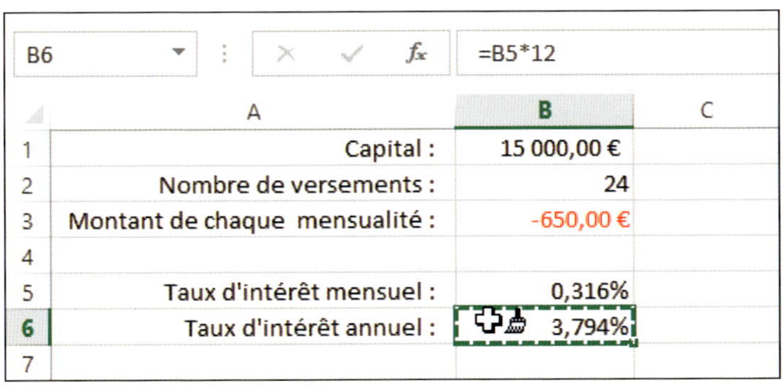

Figure 8.8 : Une mise en forme appropriée facilite la lecture.

14. Pour connaître le taux de remboursement annuel, il suffit de multiplier le taux de remboursement mensuel par 12. Dans notre exemple, placez la formule suivante dans la cellule B6 :

```
=B5*12
```

15. Pour une meilleure lisibilité, copiez la mise en forme du taux d'intérêt mensuel sur le taux d'intérêt annuel (Figure 8.8) à l'aide de l'outil Reproduire la mise en forme. Il se trouve dans le groupe Presse-papiers du ruban Accueil.

TRUC

Le taux d'intérêt périodique peut parfois être si faible qu'Excel affiche 0 dans la cellule. C'est pourquoi il est préférable de l'afficher sur plusieurs décimales. Pour ce faire, cliquez dans la cellule du taux puis, dans le groupe Nombre du ruban Accueil, cliquez autant de fois que nécessaire sur le bouton Ajouter une décimale.

ATTENTION

La fonction TAUX ne tient évidemment pas compte, pour les emprunts, des charges supplémentaires que peuvent notamment représenter les assurances, dans le montant des mensualités.

Calculer le montant d'une mensualité avec VPM

1. Préparez une feuille de calcul contenant les arguments qui seront utilisés par la formule. Dans la Figure 8.9, ils sont au nombre de trois, répartis dans les cellules B1, B2 et B3. Saisissez ensuite ces valeurs dans les cellules appropriées :

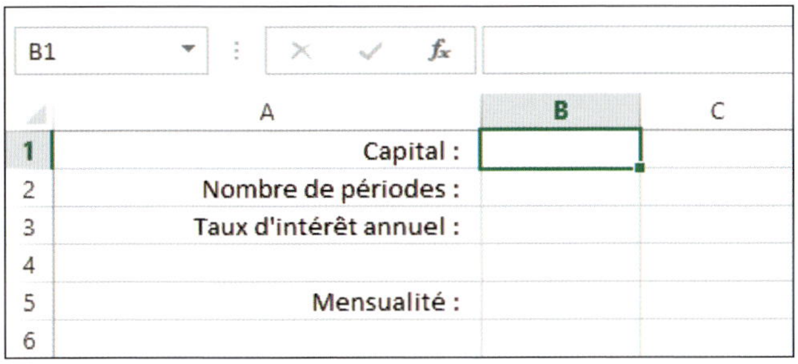

Figure 8.9 : Préparation de la feuille de calcul du montant d'une mensualité.

- **Capital :** La somme empruntée ou prêtée.
- 

Taux d'intérêt annuel : Vous devrez le saisir sous la forme de centièmes. Par exemple, si le taux d'intérêt est de 3,84 %, vous devrez saisir 0,0384 dans la cellule. Cliquez ensuite sur le bouton Pourcentage, dans le groupe Nombre du ruban Accueil, pour convertir 0,0384 au format 3,84 %.
- **Nombre de périodes :** Si le remboursement est mensuel, comme présumé dans cet exemple, vous indiquerez ici le nombre de mois.

2. Cliquez sur la cellule devant afficher le montant de la mensualité.

3. Saisissez le début de formule suivant :

```
=VPM(
```

4. Pour la suite des opérations, nous nous basons sur les libellés visibles dans les différentes figures.

5. Cliquez sur la cellule en regard de `Taux d'intérêt annuel` (B3), appuyez sur la touche / puis saisissez **12** :

```
=VPM(B3/12
```

6. Comme VPM se base sur le taux d'intérêt d'une période – le mois, en l'occurrence –, nous devons diviser le taux d'intérêt annuel par 12.

7. Appuyez sur la touche ; (point-virgule).

8. Cliquez sur la cellule en regard de `Nombre de périodes` (B2).

9. Appuyez sur la touche ; (point-virgule).

10. Cliquez sur la cellule en regard de `Capital` (B1).

11. Appuyez sur la touche `)` pour clore la formule.

12. Appuyez sur la touche Entrée.

13. La formule se présente maintenant ainsi :

```
=VPM(B3/12;B2;B1)
```

NOTE TECHNIQUE

Comme le montre la Figure 8.10, Excel met automatiquement le résultat en forme avec un format monétaire. Le résultat est une valeur négative car la mensualité est une sortie d'argent.

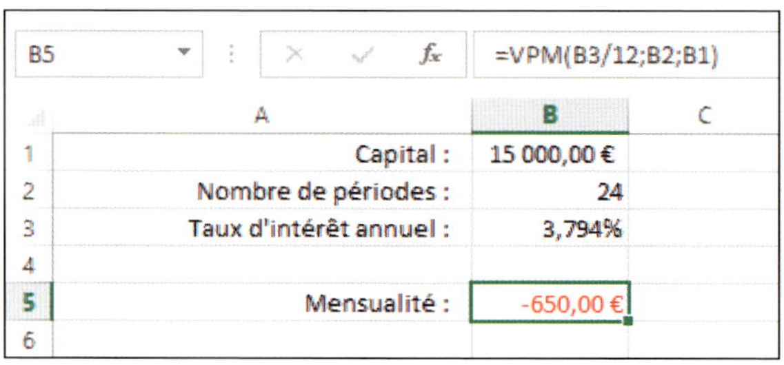
B5 | =VPM(B3/12;B2;B1)

	A	B	C
1	Capital :	15 000,00 €	
2	Nombre de périodes :	24	
3	Taux d'intérêt annuel :	3,794%	
4			
5	Mensualité :	-650,00 €	
6			

Figure 8.10 : Excel vient de calculer la mensualité d'un emprunt.

14. (Facultatif). Si vous préférez que la mensualité soit affichée par un chiffre positif, modifiez la formule en ajoutant la fonction ABS :

```
=ABS(VPM(B3/12;B2;B1))
```

15. La fonction ABS convertit une valeur en valeur absolue. À présent, dans la cellule B5, le résultat est affiché ainsi : `650,00 €` (en noir et sans signe).

Calculer le nombre de versements avec NPM

1. Préparez une feuille de calcul contenant les arguments qui seront utilisés par la formule. Dans la Figure 8.11, ils sont au nombre de trois, répartis dans les cellules B1, B2 et B3. Saisissez ensuite ces valeurs dans les cellules appropriées :

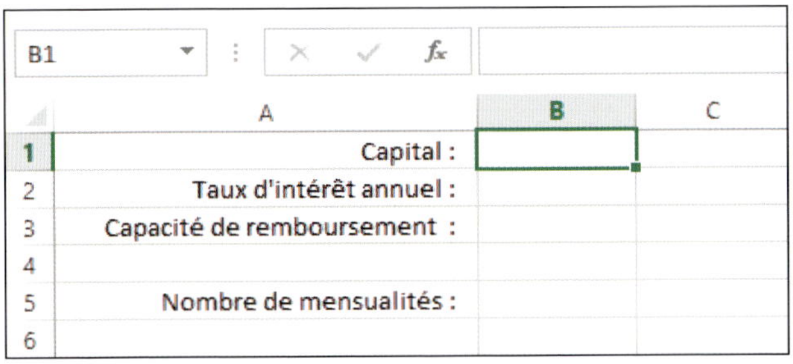

Figure 8.11 : Préparation de la feuille de calcul du montant d'une mensualité.

- **Capital :** La somme empruntée ou prêtée.
- % **Taux d'intérêt annuel :** Vous devrez le saisir sous la forme de centièmes. Par exemple, si le taux d'intérêt est de 3,84 %, vous devrez saisir 0,0384 dans la cellule. Cliquez ensuite sur le bouton Pourcentage, dans le groupe Nombre du ruban Accueil, pour convertir 0,0384 au format 3,84 %.
- **Capacité de remboursement :** Le montant des mensualités que vous pouvez budgétiser. Comme il s'agit d'une sortie d'argent, ce chiffre doit impérativement être un nombre négatif.

2. Cliquez sur la cellule devant afficher le nombre de mensualités.

3. Saisissez le début de formule suivant :

```
=NPM(
```

4. Pour la suite des opérations, nous nous basons sur les libellés visibles dans les différentes figures.

5. Cliquez sur la cellule en regard de `Taux d'intérêt annuel` (B2), appuyez sur la touche / puis saisissez **12** :

```
=NPM(B2/12
```

6. Comme NPM se base sur le taux d'intérêt d'une période – le mois, en l'occurrence –, nous devons diviser le taux d'intérêt annuel par 12.

7. Appuyez sur la touche ; (point-virgule).

8. Cliquez sur la cellule en regard de `Capacité de remboursement` (B1).

9. Appuyez sur la touche ; (point-virgule).

10. Cliquez sur la cellule en regard de `Capital` (B1).

11. Appuyez sur la touche **)** pour clore la formule.

12. Appuyez sur la touche Entrée.

13. La formule se présente maintenant ainsi (Figure 8.12) :

```
=NPM(B2/12;B3;B1)
```

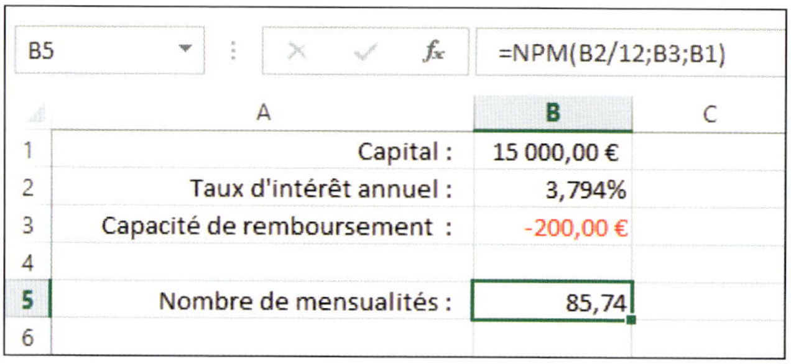

B5 =NPM(B2/12;B3;B1)

	A	B	C
1	Capital :	15 000,00 €	
2	Taux d'intérêt annuel :	3,794%	
3	Capacité de remboursement :	-200,00 €	
4			
5	Nombre de mensualités :	85,74	
6			

Figure 8.12 : Le calcul du nombre de versements d'un emprunt.

14. (Facultatif). Le résultat du calcul n'est pas forcément un entier. Pour arrondir le chiffre – 85,74 mensualités dans notre exemple –, vous avez le choix entre la fonction ENT ou la fonction ARRONDI et ses variantes. Pour arrondir systématiquement le résultat à l'entier supérieur, modifiez la formule de la manière suivante :

```
=ARRONDI.SUP(NPM(B2/12;B3;B1);0)
```

15. Supprimez ensuite les décimale en cliquant sur le bouton Réduire les décimales, dans le groupe Nombre du ruban Accueil. Dans la cellule B5, le résultat est maintenant : 86.

TRUC

Notez qu'il existe une seconde manière de déterminer le nombre de versement. Cette méthode, qui utilise la fonction PDUREE, ne se fonde pas sur la capacité de remboursement, mais sur la valeur future de l'emprunt, c'est-à-dire le capital augmenté de ses intérêts à terme.

Déterminer un capital avec VA

1. Préparez une feuille de calcul contenant les arguments qui seront utilisés par la formule. Dans la Figure 8.13, ils sont au nombre de trois, répartis dans les cellules B1, B2 et B3. Saisissez ensuite ces valeurs dans les cellules appropriées :

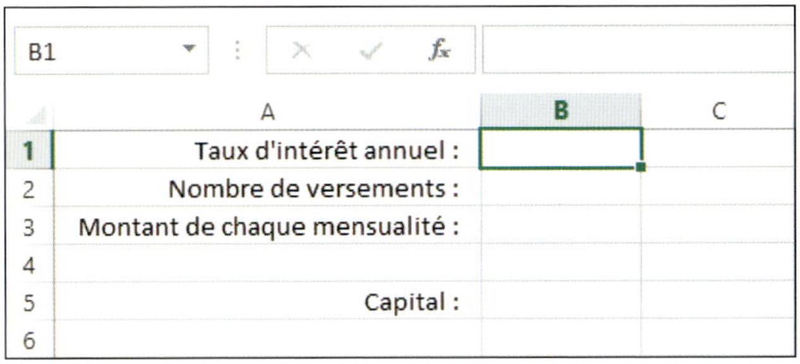

Figure 8.13 : Préparation de la feuille de calcul pour déterminer un capital.

- % **Taux d'intérêt annuel :** Vous devrez le saisir sous la forme de centièmes. Par exemple, si le taux d'intérêt est de 3,84 %, vous devrez saisir 0,0384 dans la cellule. Cliquez ensuite sur le bouton Pourcentage, dans le groupe Nombre du ruban Accueil, pour convertir 0,0384 au format 3,84 %.
- **Nombre de versements :** Si le remboursement est mensuel, comme présumé dans cet exemple, vous indiquerez ici le nombre de mois.
- **Le montant de chaque mensualité :** Comme il s'agit d'une sortie d'argent, ce chiffre doit être un nombre négatif.

2. Cliquez sur la cellule devant afficher le capital emprunté.
3. Saisissez le début de formule suivant :

```
=VA(
```

4. Pour la suite des opérations, nous nous basons sur les libellés visibles dans les différentes figures.
5. Cliquez sur la cellule en regard de `Taux d'intérêt annuel` (B1), appuyez sur la touche / puis saisissez 12 :

```
=VA(B1/12
```

6. Comme VA se base sur le taux d'intérêt d'une période – le mois, en l'occurrence –, nous devons diviser le taux d'intérêt annuel par 12.
7. Appuyez sur la touche ; (point-virgule).
8. Cliquez sur la cellule en regard de `Nombre de versements` (B2).

9. Appuyez sur la touche ; (point-virgule).

10. Cliquez sur la cellule en regard de `Montant de chaque mensualité` (B3).

11. Appuyez sur la touche `)` pour clore la formule.

12. Appuyez sur la touche Entrée.

13. La formule se présente maintenant ainsi (Figure 8.14) :

```
=VA(B1/12;B2;B3)
```

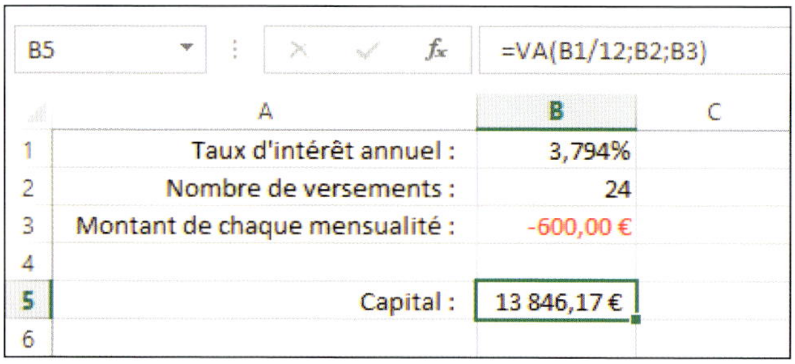

Figure 8.14 : Le calcul du nombre de versements d'un emprunt.

Calculer un amortissement linéaire avec AMORLIN

1. Préparez une feuille de calcul contenant les arguments qui seront utilisés par la formule. Dans la Figure 8.15, ils sont au nombre de trois, répartis dans les cellules B1, B2 et B3. Saisissez ensuite ces valeurs dans les cellules appropriées :

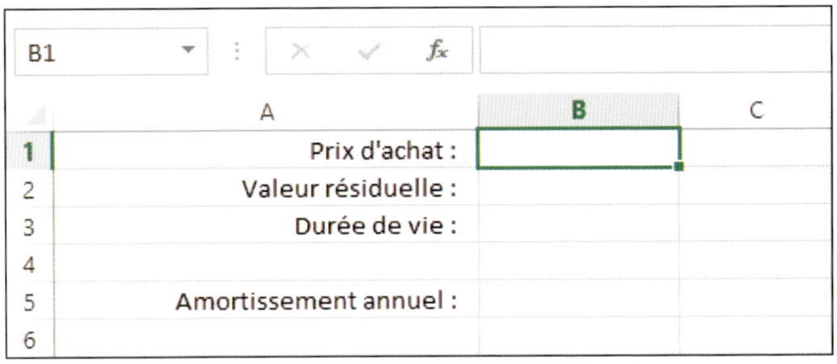

Figure 8.15 : Préparation de la feuille de calcul d'un amortissement linéaire.

- **Prix d'achat :** C'est la valeur initiale du bien à amortir.
- **Valeur résiduelle :** C'est la valeur du bien après son amortissement.
- **Durée de vie :** C'est la durée de l'amortissement, en nombre d'années.

2. Cliquez sur la cellule devant afficher l'amortissement annuel.
3. Saisissez le début de formule suivant :

```
=AMORLIN(
```

4. Pour la suite des opérations, nous nous basons sur les libellés visibles dans les différentes figures.
5. Cliquez sur la cellule en regard de `Prix d'achat` (B1).
6. Appuyez sur la touche ; (point-virgule).
7. Cliquez sur la cellule en regard de `Valeur résiduelle` (B2).
8. Appuyez sur la touche ; (point-virgule).
9. Cliquez sur la cellule en regard de `Durée de vie` (B3).
10. Appuyez sur la touche `)` pour clore la formule.
11. Appuyez sur la touche Entrée.

12. La formule se présente maintenant ainsi (Figure 8.16) :

```
=AMORLIN(B1;B2;B3)
```

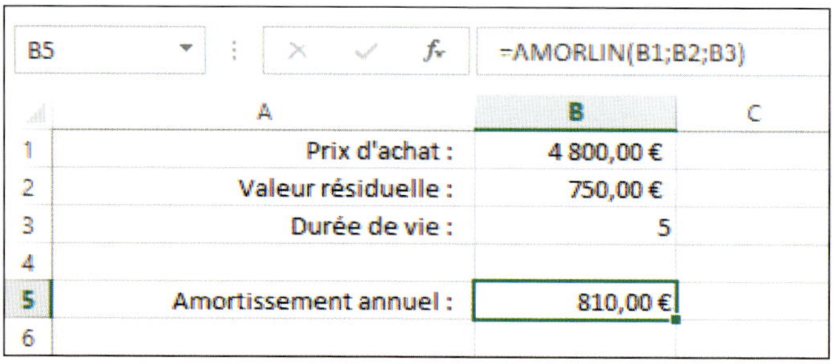

Figure 8.16 : Le calcul d'un amortissement linéaire.

La valeur de l'amortissement calculé par AMORLIN est identique pour chacune des années de la durée de vie. Ceci suppose que le bien a été mis en service le 1er janvier, ce qui est très rarement le cas. Nous verrons dans une prochaine fiche – après la suivante – comment amortir un bien acquis en cours d'année.

Calculer un amortissement dégressif à double taux avec DDB

1. Préparez une feuille de calcul contenant les arguments qui seront utilisés par la formule. Dans la Figure 8.17, ils sont répartis dans les cellules B1, B2 et B3, ainsi que dans le tableau des années (plage A6:A10). Saisissez ensuite les valeurs à traiter dans les cellules appropriées :

   - **Prix d'achat :** C'est la valeur initiale du bien à amortir.
   - **Valeur résiduelle :** C'est la valeur du bien après son amortissement.
   - **Durée de vie :** C'est la durée de l'amortissement, en nombre d'années.

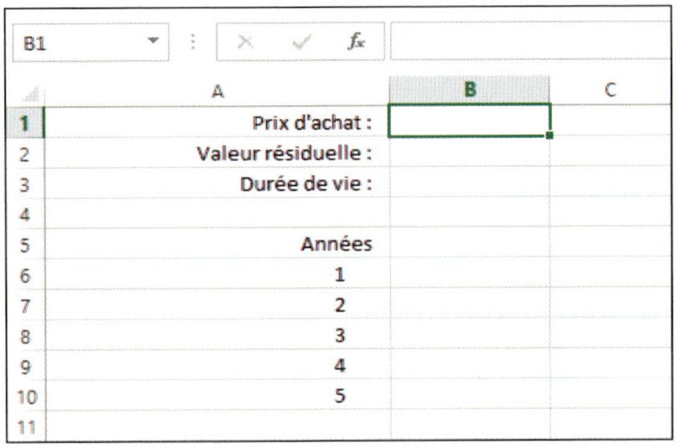

Figure 8.17 : Préparation de la feuille de calcul d'un amortissement dégressif double.

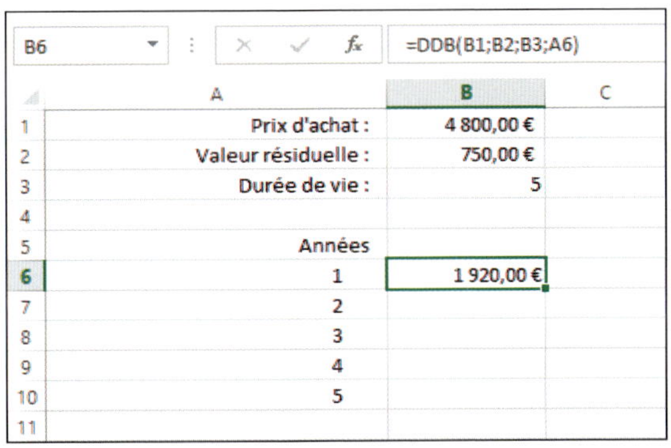

Figure 8.18 : Excel a calculé l'amortissement dégressif à double taux de la première année.

2. Préparez également un tableau pour les années de l'amortissement.
3. Cliquez dans la cellule devant afficher l'amortissement de la première année.
4. Saisissez le début de formule suivant :

```
=DDB(
```

5. Pour la suite des opérations, nous nous basons sur les libellés visibles dans les différentes figures.
6. Cliquez sur la cellule en regard de `Prix d'achat` (B1).
7. Appuyez sur la touche ; (point-virgule).

8. Cliquez sur la cellule en regard de `Valeur résiduelle` (B2).

9. Appuyez sur la touche ; (point-virgule).

10. Cliquez sur la cellule en regard de `Durée de vie` (B3).

11. Appuyez sur la touche ; (point-virgule).

12. Cliquez sur la première cellule du tableau Années (A6).

13. Appuyez sur la touche `)` pour clore la formule.

14. Appuyez sur la touche Entrée.

15. La formule se présente maintenant ainsi (Figure 8.18) :

```
=DDB(B1;B2;B3;A6)
```

16. Pour calculer l'amortissement dégressif à double taux des autres années, une petite modification de la formule est nécessaire. Pour le moment, toutes les références de cellules sont relatives. Or, comme nous l'avons vu au Chapitre 6, la recopie automatique de cellules relatives peut générer de redoutables erreurs.

17. Nous devons donc rendre absolues les références aux cellules B1, B2 et B3. Comme la formule de la cellule B6 sera copiée dans la même colonne, nous pouvons nous contenter de ne bloquer que les lignes. Pour ce faire, placez le signe $ avant chaque numéro de ligne des références B1, B2 et B3 :

```
=DDB(B$1;B$2;B$3;A6)
```

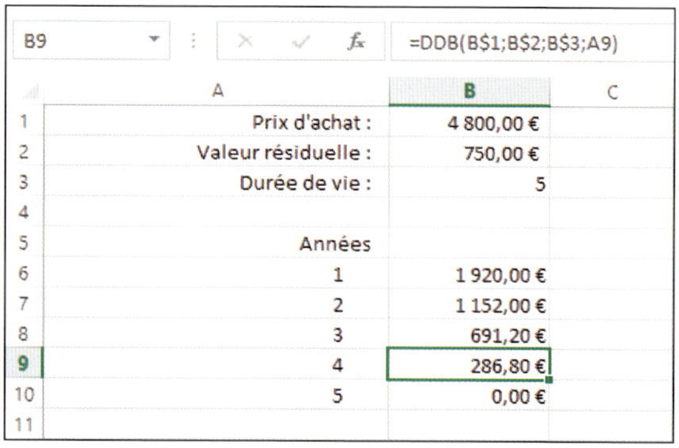

B9 =DDB(B$1;B$2;B$3;A9)

	A	B	C
1	Prix d'achat :	4 800,00 €	
2	Valeur résiduelle :	750,00 €	
3	Durée de vie :	5	
4			
5	Années		
6	1	1 920,00 €	
7	2	1 152,00 €	
8	3	691,20 €	
9	4	286,80 €	
10	5	0,00 €	
11			

Figure 8.19 : Le tableau de l'amortissement dégressif à double taux est terminé.

18. Cliquez sur la poignée de recopie de la cellule A6 puis, bouton de la souris enfoncée, tirez-la jusqu'à la cellule B10.

19. Les formules sont recopiées. Grâce aux références absolues, les trois premiers arguments continuent de pointer sur les données dans les trois premières lignes. Comme le dernier argument est resté relatif, il pointe à chaque ligne vers l'année correspondante, comme le montre la Figure 8.19.

ATTENTION

Ne touchez pas à la référence de cellule A6 car, contrairement aux autres, elle doit pouvoir glisser d'une ligne à une autre.

Calculer un amortissement en cours d'année avec DB

1. Préparez une feuille de calcul contenant les arguments qui seront utilisés par la formule. Dans la Figure 8.17, ils sont répartis dans les cellules B1, B2, B3, B4 et A5, ainsi que dans le tableau des années (plage A6:A10).

> **NOTE TECHNIQUE**
>
> Dans la formule DB, la détermination du mois est un peu particulière. Il faut en effet saisir le nombre de mois depuis la date d'achat jusqu'à décembre. De ce fait, lorsque vous entrez 3 comme dernier argument, ce n'est pas le mois de mars dont il est question, mais le mois d'octobre. Le chiffre 3 représente en effet les trois derniers mois de l'année. Pour éviter toute erreur de saisie, une formule très simple, dans la cellule A5 convertit le numéro du mois (9, pour septembre, dans la Figure 8.20) en nombre de mois à amortir (4 mois, soit septembre, octobre, novembre et décembre).

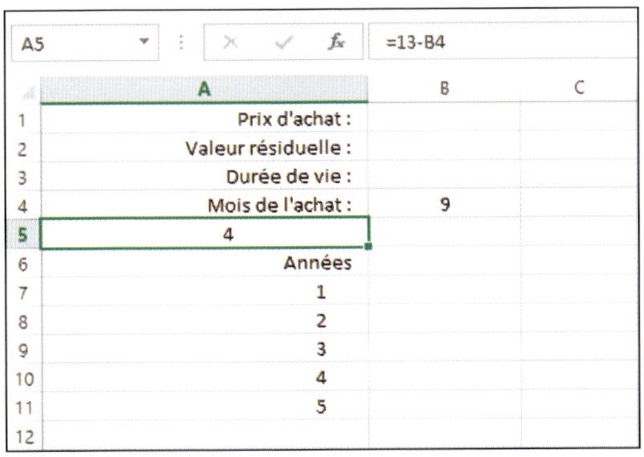

A5 | =13-B4

	A	B	C
1	Prix d'achat :		
2	Valeur résiduelle :		
3	Durée de vie :		
4	Mois de l'achat :	9	
5	4		
6	Années		
7	1		
8	2		
9	3		
10	4		
11	5		
12			

Figure 8.20 : Dans la cellule A5, une formule convertit le numéro du mois, dans la cellule B9, en nombre de mois jusqu'à décembre inclus.

2. Saisissez les valeurs à traiter dans les cellules appropriées :

   - **Prix d'achat :** C'est la valeur initiale du bien à amortir.
   - **Valeur résiduelle :** C'est la valeur du bien après son amortissement.
   - **Durée de vie :** C'est la durée de l'amortissement, en nombre d'années.
   - **Mois de l'achat :** Saisissez le numéro du mois de l'achat. Par exemple : 9 pour septembre.

3. Préparez également un tableau pour les années de l'amortissement.

4. Cliquez dans la cellule devant afficher l'amortissement de la première année.

5. Saisissez le début de formule suivant :

```
=DB(
```

6. Pour la suite des opérations, nous nous basons sur les libellés visibles dans les différentes figures.

7. Cliquez sur la cellule en regard de `Prix d'achat` (B1).

8. Appuyez sur la touche ; (point-virgule).

9. Cliquez sur la cellule en regard de `Valeur résiduelle` (B2).

10. Appuyez sur la touche ; (point-virgule).

11. Cliquez sur la cellule en regard de `Durée de vie` (B2).

12. Appuyez sur la touche ; (point-virgule).

13. Cliquez sur la première cellule du tableau Années (A7).

14. Appuyez sur la touche ; (point-virgule).

15. Cliquez sur la cellule contenant le reliquat de mois (A5).

16. Appuyez sur la touche `)` pour clore la formule.

17. Appuyez sur la touche Entrée.

18. La formule se présente maintenant ainsi (Figure 8.21) :

```
=DB(B1;B2;B3;A7;A5)
```

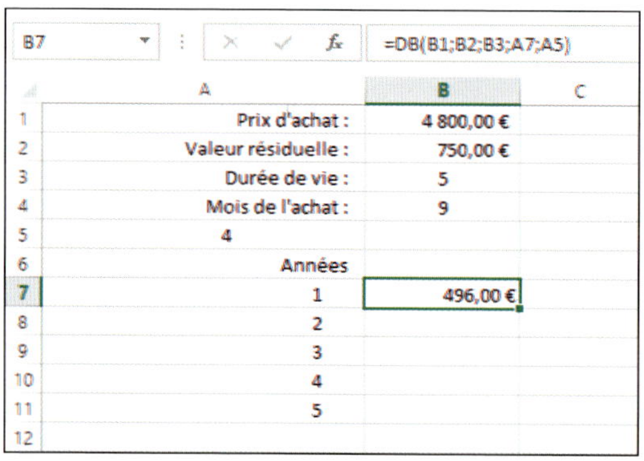

Figure 8.21 : Excel a calculé l'amortissement pour la première année, au prorata des mois depuis septembre.

19. Pour calculer l'amortissement des autres années, une modification de la formule est nécessaire car toutes les références de cellules sont relatives. Or, comme nous l'avons vu au Chapitre 6, la recopie automatique de cellules relatives peut produire des erreurs.

20. Nous devons donc rendre absolues les références aux cellules B1, B2, B3 et A7. Comme la formule de la cellule B7 sera copiée dans la même colonne, nous pouvons nous contenter de ne bloquer que les lignes. Pour ce faire, placez le signe $ avant chaque numéro de ligne des références B1, B2, B3 et A5 :

```
=DB(B$1;B$2;B$3;A7;A$5)
```

ATTENTION

Ne touchez pas à la référence de cellule A7 – l'avant-dernier argument – car, contrairement aux autres, elle doit pouvoir glisser d'une ligne à une autre.

21. Cliquez sur la poignée de recopie de la cellule A6 puis, bouton de la souris enfoncée, tirez-la jusqu'à la cellule B10.

22. Les formules sont correctement recopiées, comme le montre la Figure 8.22. Un calcul Amortissement total a été ajouté en bas du tableau (dans la cellule B13, la formule est =SOMME(B7:B11).

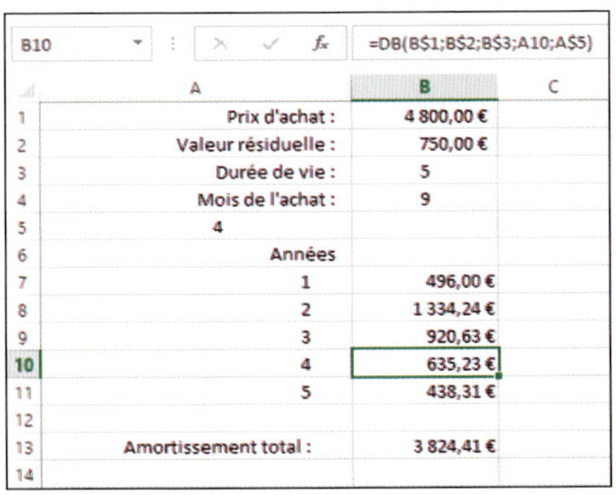

B10 | =DB(B$1;B$2;B$3;A10;A$5)

	A	B	C
1	Prix d'achat :	4 800,00 €	
2	Valeur résiduelle :	750,00 €	
3	Durée de vie :	5	
4	Mois de l'achat :	9	
5	4		
6	Années		
7	1	496,00 €	
8	2	1 334,24 €	
9	3	920,63 €	
10	4	635,23 €	
11	5	438,31 €	
12			
13	Amortissement total :	3 824,41 €	
14			

Figure 8.22 : Le tableau de l'amortissement terminé. L'amortissement de la première année est faible car il ne porte que sur quatre mois.

9

Dates et heures

Beaucoup d'utilisateur ne se servent des fonctions de temps d'Excel que pour afficher la date dans une cellule d'une feuille de calcul destinée à être imprimée. Or, Excel sait faire beaucoup mieux. Il sait en effet totaliser des heures et des jours ou encore calculer la différence entre deux dates. Il est même possible de créer un calendrier perpétuel utilisable pour planifier un projet, par exemple.

Pour gérer le temps, Excel se base sur deux éléments. Le premier est l'horloge interne de l'ordinateur, qui apparaît notamment à droite dans la barre des tâches de Windows. Elle est toujours à l'heure lorsque l'ordinateur est connecté à Internet car elle alors commandée par un serveur distant qui lui indique la date et l'heure. Elle tient compte, de ce fait, de l'heure d'été et de l'heure d'hiver.

Le deuxième élément sur lequel se fonde Excel est le numéro de série. Il s'agit d'un chiffre de 1 jusqu'à 2 958 465. Le premier de ces chiffres correspond au 1er janvier 1900, le second au 31 décembre 9999. Pour la gestion des heures, Excel se fonde sur la partie décimale du numéro de série. C'est ainsi que 0,5 correspond à 12 heures et 0,75 à 18 heures.

TRUC

Reportez-vous à la fiche « Saisir une date », au Chapitre 1, pour savoir comment Excel affiche une date ou une heure.

Calculer une échéance future

1. Saisissez une date dans une cellule.
2. Dans la Figure 9.1, cette date se trouve dans la cellule B2. Saisissez-la par exemple sous la forme **3/7** pour le 3 juillet de l'année courante, puis utilisez les mises en forme du menu présent dans le groupe Nombre du ruban Accueil.
3. Saisissez le nombre de jours de l'échéance après la date ci-dessus.
4. Dans la Figure 9.1, cette valeur se trouve dans la cellule B3, juste sous la date de facturation.

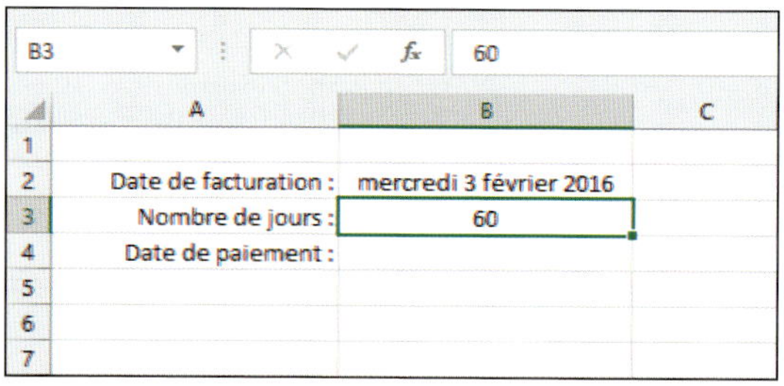

Figure 9.1 : Saisissez une date puis le nombre de jours de l'échéance.

> Remarquez la mise en forme de la cellule B3 : le mot « jours » est accolé au chiffre alors que dans la barre de formule, seul le nombre est affiché. Nous avons utilisé pour cela une mise en forme personnalisée, comme expliqué dans la fiche « Mêler un nombre et du texte », au chapitre 2. Il suffit de taper le chiffre pour que le texte apparaisse automatiquement.

5. Cliquez dans la cellule devant recevoir la date de l'échéance.
6. Saisissez la formule de l'addition. Pour notre exemple, la formule est :

```
=B2+B3
```

7. Appuyez ensuite sur la touche Entrée.
8. La date de l'échéance est aussitôt affichée, comme le montre la Figure 9.2.

> Pensez à élargir suffisamment la colonne recevant la date afin qu'elle puisse être affiché. Autrement, Excel n'affiche que des dièses, comme dans la Figure 9.3.

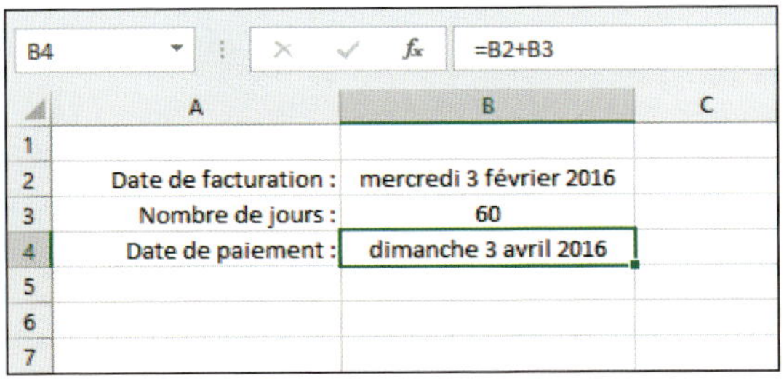

Figure 9.2 : Excel vient de calculer une échéance à 60 jours.

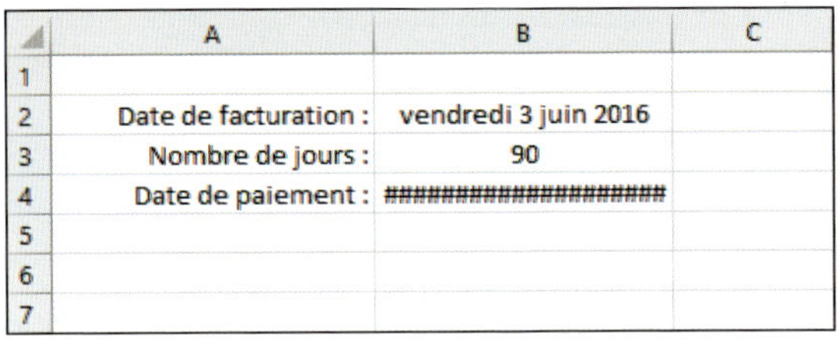

Figure 9.3 : Dans la ligne 4, la date est trop longue pour être affichée. Excel remplace le contenu de la cellule par des dièses.

Calculer une échéance en jours ouvrés

1. Saisissez une date dans une cellule.
2. Dans la Figure 9.4, cette date se trouve dans la cellule B2. Saisissez-la par exemple sous la forme **3/7** pour le 3 juillet de l'année courante, puis utilisez les mises en forme du menu présent dans le groupe Nombre du ruban Accueil.

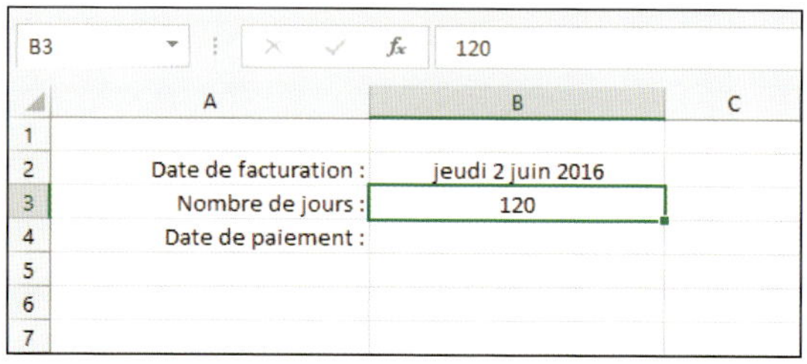

Figure 9.4 : Saisissez une date puis le nombre de jours de l'échéance.

3. Saisissez le nombre de jours de l'échéance après la date ci-dessus.
4. Dans la Figure 9.4, cette valeur se trouve dans la cellule B3, juste sous la date de facturation.

TRUC

Remarquez la mise en forme de la cellule B3 : le mot « jours ouvrés » est accolé au chiffre alors que dans la barre de formule, seul le nombre est affiché. Nous avons utilisé pour cela une mise en forme personnalisée, comme expliqué dans la fiche « Mêler un nombre et du texte », au chapitre 2. Il suffit de taper le chiffre pour que le texte apparaisse automatiquement.

5. Cliquez dans la cellule devant recevoir la date de l'échéance.
6. La fonction SERIE.JOUR.OUVRE nous permettra de calculer la date de l'échéance. Pour notre exemple, la formule est :

```
=SERIE.JOUR.OUVRE(B2;B3)
```

7. Appuyez ensuite sur la touche Entrée.
8. Excel affiche la date de l'échéance à 60 jours ouvrés (Figure 9.5).

TRUC

La fonction SERIE.JOUR.OUVRE peut recevoir un troisième argument facultatif appelé « jours fériés ». Si plusieurs jours sont fériés, ou s'il faut tenir compte d'une période de vacances, saisissez la ou les dates fériées dans une plage de cellules. Par exemple, dans la Figure 9.6, Excel a tenu compte d'une série de dates de jours fériés listés dans la plage de cellule A8:A12.

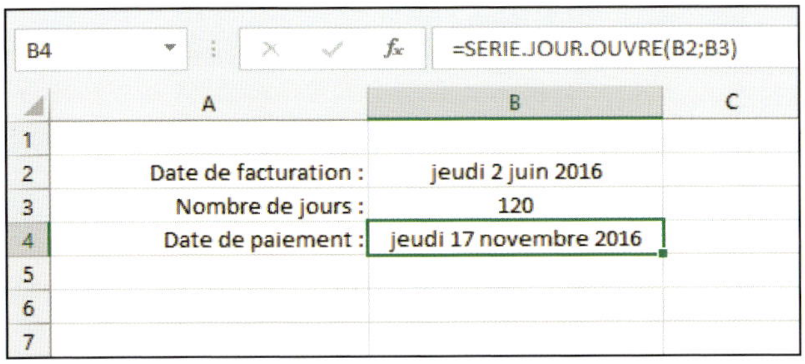

Figure 9.5 : Une échéance à 120 jours ouvrés.

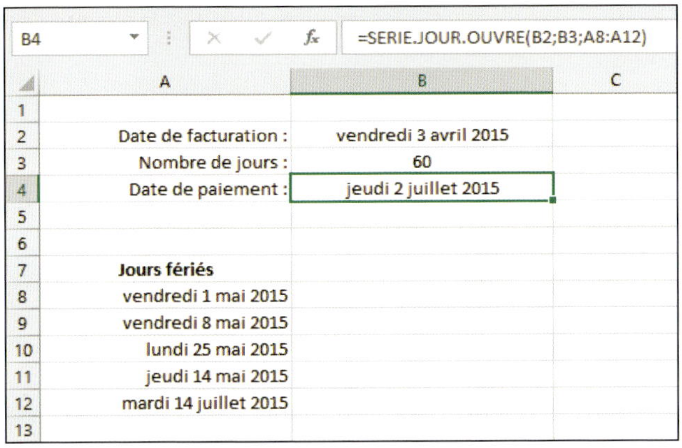

Figure 9.6 : Une échéance à 60 jours ouvrés tenant compte des jours fériés.

TRUC

Pour calculer le nombre de jours ouvrés entre deux dates, utilisez la fonction NB.JOURS.OUVRES. Excel propose aussi une variante, la fonction NB.JOURS.OUVRES.INTL, qui permet de définir les jours de week-end (par exemple, le dimanche et le lundi, au lieu du samedi et du dimanche). Reportez-vous à l'aide sur cette fonction pour en savoir plus.

Totaliser des heures

1. Créez un tableau comme celui de la Figure 9.7.

TRUC

> Dans la colonne A, des paires de cellules superposées ont été fusionnées avec la commande Fusionner et centrer. Il est ainsi possible se saisir, pour une même journée, les horaires du matin et les horaires de l'après-midi.

D20 | =C20-B20

	A	B	C	D	E
1	Totalisateur d'heures				
2		De	à	Nb heures	
3	03/07/2013	08:00	12:00	04:00	
4		13:30	18:30	05:00	
5	04/07/2013	08:30	12:30	04:00	
6		14:15	17:30	03:15	
7	05/07/2013	08:10	12:30	04:20	
8		13:45	18:45	05:00	
9	08/07/2013	08:00	12:00	04:00	
10		13:30	18:30	05:00	
11	09/07/2013	08:30	12:30	04:00	
12		14:15	17:30	03:15	
13	10/07/2013	08:10	12:30	04:20	
14		13:45	18:45	05:00	
15	11/07/2013	08:00	12:00	04:00	
16		13:30	18:30	05:00	
17	12/07/2013	08:30	12:30	04:00	
18		14:15	17:30	03:15	
19	15/07/2013	08:10	12:30	04:20	
20		13:45	18:45	05:00	
21					
22					

Figure 9.7 : Un tableau contenant des durées de travail.

2. Pour que ce tableau contienne des heures et non de simples nombres, utilisez le séparateur deux-points (:). Par exemple, pour saisir 8 heures, tapez **8:0** (inutile d'ajouter un second zéro). Excel se chargera de la mise en forme : `08:00`.

ATTENTION

> À chaque ligne dans la colonne D, le nombre d'heure ne doit pas dépasser 23:59.

3. La colonne D contient des formules aussi simples que `=C20-B20`. Là encore, Excel applique spontanément la mise en forme de l'heure.

4. Comme dans la cellule D9, à la Figure 9.8, effectuez le total des heures avec la fonction SOMME :

```
=SOMME(D3:D8)
```

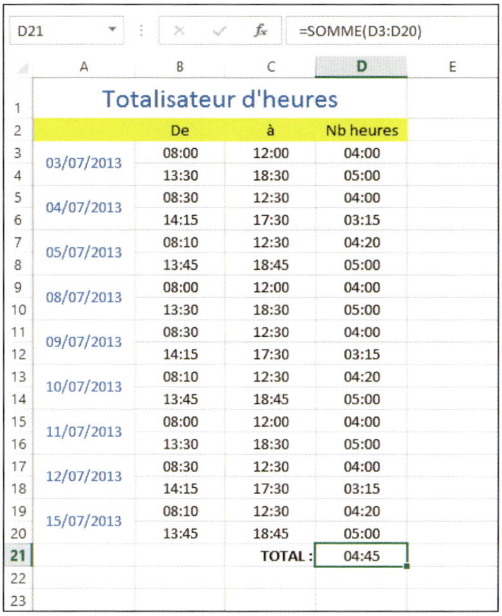

D21 =SOMME(D3:D20)

Totalisateur d'heures

	De	à	Nb heures
03/07/2013	08:00	12:00	04:00
	13:30	18:30	05:00
04/07/2013	08:30	12:30	04:00
	14:15	17:30	03:15
05/07/2013	08:10	12:30	04:20
	13:45	18:45	05:00
08/07/2013	08:00	12:00	04:00
	13:30	18:30	05:00
09/07/2013	08:30	12:30	04:00
	14:15	17:30	03:15
10/07/2013	08:10	12:30	04:20
	13:45	18:45	05:00
11/07/2013	08:00	12:00	04:00
	13:30	18:30	05:00
12/07/2013	08:30	12:30	04:00
	14:15	17:30	03:15
15/07/2013	08:10	12:30	04:20
	13:45	18:45	05:00
		TOTAL :	04:45

Figure 9.8 : La totalisation des heures est manifestement erronée.

ATTENTION

Le résultat de la formule, 04:45 heures, est manifestement erroné. Effacez-la immédiatement.

5. Pour totaliser les durées de travail, nous devons scinder les heures et les minutes.

6. Dans la cellule E3 (voir Figure 9.9), saisissez la formule suivante :

```
=HEURE(D3)
```

7. La fonction HEURE ne renvoie que la partie « heure » de la cellule D3 contenant le nombre d'heures de travail.

8. Dans la cellule F3 (voir Figure 9.9), saisissez la formule suivante :

```
=MINUTE(D3)
```

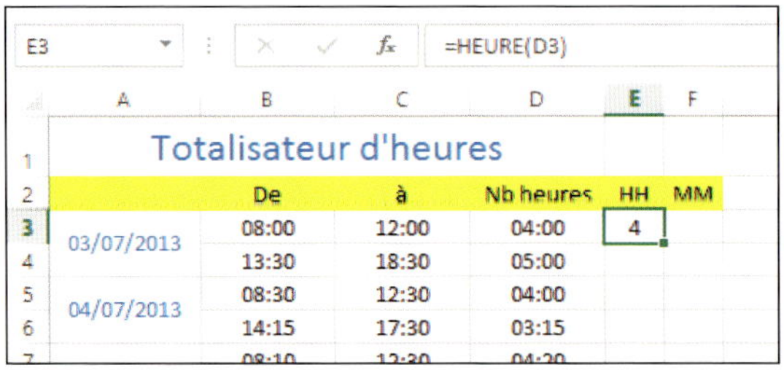

E3 =HEURE(D3)

	A	B	C	D	E	F
1	Totalisateur d'heures					
2		De	à	Nb heures	HH	MM
3	03/07/2013	08:00	12:00	04:00	4	
4		13:30	18:30	05:00		
5	04/07/2013	08:30	12:30	04:00		
6		14:15	17:30	03:15		

Figure 9.9 : La fonction HEURE ne renvoie que la partie « heure ».

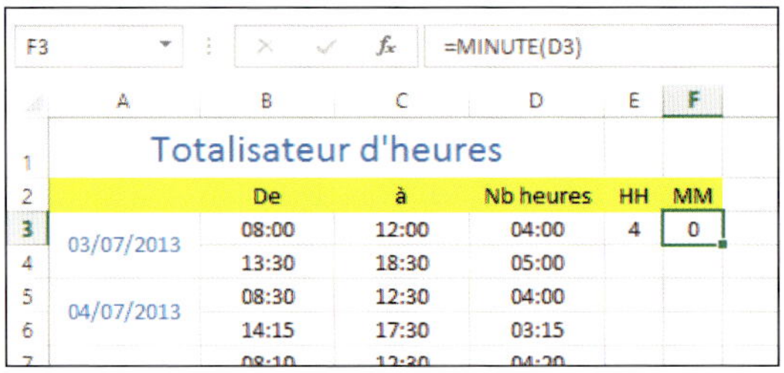

F3 =MINUTE(D3)

	A	B	C	D	E	F
1	Totalisateur d'heures					
2		De	à	Nb heures	HH	MM
3	03/07/2013	08:00	12:00	04:00	4	0
4		13:30	18:30	05:00		
5	04/07/2013	08:30	12:30	04:00		
6		14:15	17:30	03:15		

Figure 9.10 : La fonction MINUTE ne renvoie que la partie « minute ».

9. La fonction MINUTE ne renvoie que la partie « minute » de la cellule D3 contenant le nombre d'heures de travail.

10. Cliquez dans la cellule E3 puis, touche Maj enfoncée, sur la cellule F3.

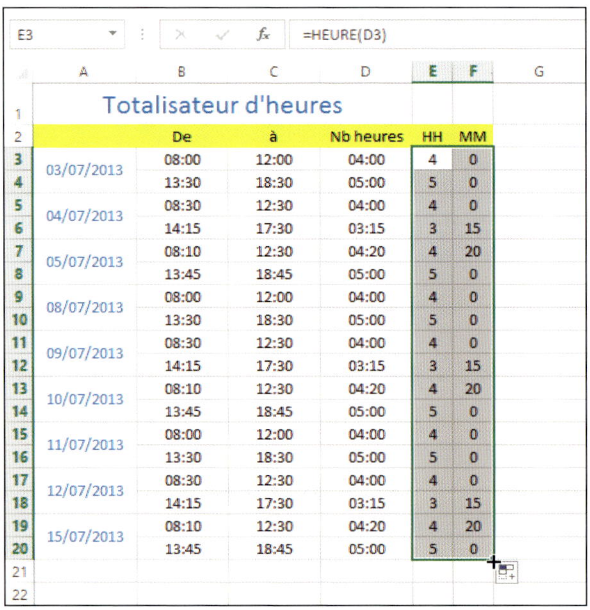

E3 =HEURE(D3)

	A	B	C	D	E	F	G
1	Totalisateur d'heures						
2		De	à	Nb heures	HH	MM	
3	03/07/2013	08:00	12:00	04:00	4	0	
4		13:30	18:30	05:00	5	0	
5	04/07/2013	08:30	12:30	04:00	4	0	
6		14:15	17:30	03:15	3	15	
7	05/07/2013	08:10	12:30	04:20	4	20	
8		13:45	18:45	05:00	5	0	
9	08/07/2013	08:00	12:00	04:00	4	0	
10		13:30	18:30	05:00	5	0	
11	09/07/2013	08:30	12:30	04:00	4	0	
12		14:15	17:30	03:15	3	15	
13	10/07/2013	08:10	12:30	04:20	4	20	
14		13:45	18:45	05:00	5	0	
15	11/07/2013	08:00	12:00	04:00	4	0	
16		13:30	18:30	05:00	5	0	
17	12/07/2013	08:30	12:30	04:00	4	0	
18		14:15	17:30	03:15	3	15	
19	15/07/2013	08:10	12:30	04:20	4	20	
20		13:45	18:45	05:00	5	0	
21							
22							

Figure 9.11 : Recopiez les fonctions HEURE et MINUTE vers le bas.

11. Les deux cellules sont sélectionnées.

12. Cliquez sur la poignée de recopie en bas à droite du cadre de sélection puis tirez vers la bas afin de recopier les formules en regard des heures, comme le montre la Figure 9.11.

13. Saisissez la somme des heures. Pour notre exemple, la formule dans la cellule E21 est :

```
=SOMME(E3:E20)
```

14. Recopiez la formule vers la droite, en tirant la poignée de recopie, pour obtenir la somme des minutes.

15. La Figure 9.12 montre le résultat : 75 heures et 105 minutes. Ce n'est pas encore un résultat exploitable.

17	12/07/2013	08:30	12:30	04:00	4	0
18		14:15	17:30	03:15	3	15
19	15/07/2013	08:10	12:30	04:20	4	20
20		13:45	18:45	05:00	5	0
21					75	105
22						

Figure 9.12 : Il va falloir convertir les minutes en heures.

16. Dans la cellule E22 de notre exemple, saisissez la formule suivante :

```
=SOMME(ENT(E21+(F21/60)))
```

17. Cette formule renvoie un entier représentant le nombre d'heures total, y compris celui représenté par les minutes. Dans notre exemple, 105 minutes correspondent à 1 heure et 45 minutes.

18. Dans la cellule F22, saisissez cette formule :

```
=MOD(F21;60)
```

19. La fonction MOD renvoie le modulo de la cellule F21 avec un diviseur de 60 (numération pour les minutes).

20. La Figure 9.13 montre le résultat de la totalisation : 76 heures et 45 minutes.

Afin de démontrer étape par étape comment utiliser les fonctions HEURE, MINUTE, ENT et MOD, et par commodité, le calcul final a été décomposé sur deux lignes. Il en va de même des deux colonnes réservées aux heures et aux minutes. Il est cependant possible de se dispenser de la ligne et des colonnes supplémentaires en imbriquant les fonctions, à moins de les concaténer pour afficher le résultat en clair – 76 heures et 45 minutes –, comme nous le verrons au prochain chapitre, dans la fiche « Assembler des valeurs ».

TRUC

En plus des fonctions HEURE et MINUTE que nous venons d'utiliser, Excel possède des fonctions SECONDE, JOUR, MOIS et ANNEE permettant de prélever chacune des ces informations sur l'horloge intégrée de l'ordinateur.

F22 =MOD(F21;60)

	A	B	C	D	E	F	G
1	Totalisateur d'heures						
2		De	à	Nb heures	HH	MM	
3	03/07/2013	08:00	12:00	04:00	4	0	
4		13:30	18:30	05:00	5	0	
5	04/07/2013	08:30	12:30	04:00	4	0	
6		14:15	17:30	03:15	3	15	
7	05/07/2013	08:10	12:30	04:20	4	20	
8		13:45	18:45	05:00	5	0	
9	08/07/2013	08:00	12:00	04:00	4	0	
10		13:30	18:30	05:00	5	0	
11	09/07/2013	08:30	12:30	04:00	4	0	
12		14:15	17:30	03:15	3	15	
13	10/07/2013	08:10	12:30	04:20	4	20	
14		13:45	18:45	05:00	5	0	
15	11/07/2013	08:00	12:00	04:00	4	0	
16		13:30	18:30	05:00	5	0	
17	12/07/2013	08:30	12:30	04:00	4	0	
18		14:15	17:30	03:15	3	15	
19	15/07/2013	08:10	12:30	04:20	4	20	
20		13:45	18:45	05:00	5	0	
21					75	105	
22				TOTAL :	76	45	
23							
24							

Figure 9.13 : Le totalisateur d'heures est terminé.

Afficher la date du jour

1. Cliquez dans la cellule dans laquelle vous désirez afficher la date d'aujourd'hui.
2. Saisissez la fonction suivante :

```
=AUJOURDHUI()
```

3. Excel affiche la date du jour, comme le montre la Figure 9.14.

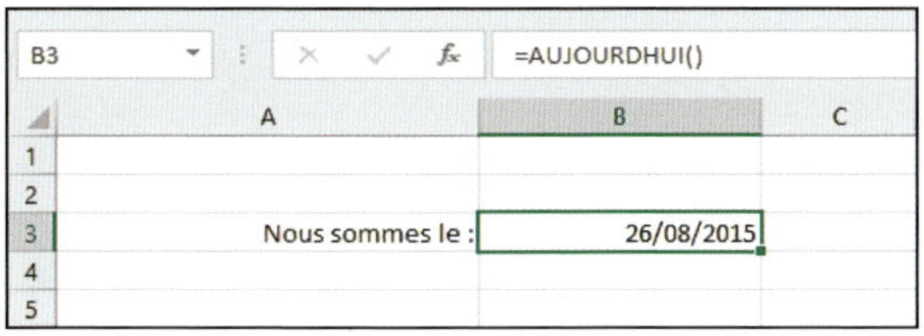

Figure 9.14 : Excel affiche la date d'aujourd'hui.

NOTE TECHNIQUE

La fonction AUJOURDHUI ne possède aucun argument, mais les parenthèses doivent néanmoins être utilisées. Notez aussi qu'à chaque ouverture du classeur Excel, la date est mise à jour. La cellule indique toujours le jour d'aujourd'hui.

TRUC

Excel possède une autre fonction, MAINTENANT, qui ressemble beaucoup à la fonction AUJOURDHUI. La différence est que MAINTENANT affiche non seulement la date, mais aussi l'heure et la minute du moment où la fonction a été validée (voir Figure 9.15). Pour mettre la cellule à jour, recalculez la formule – ainsi que toutes celles de la feuille de calcul – en appuyant sur la touche F9.

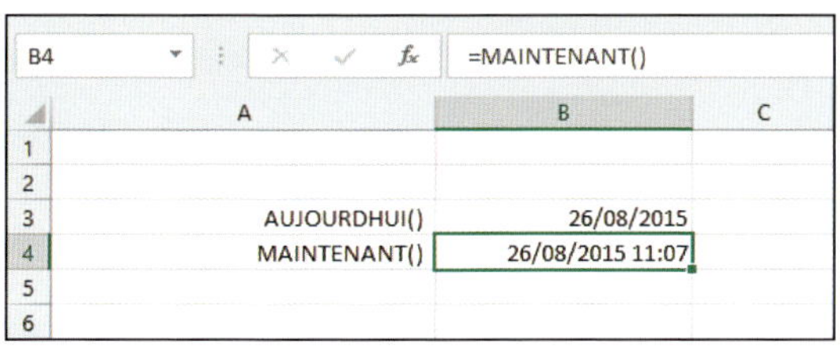

Figure 9.15 : L'affichage du temps avec la fonction AUJOURDHUI (en haut) et MAINTENANT (en bas).

Afficher le numéro de la semaine

1. Saisissez la formule suivante dans la cellule dans laquelle vous désirez afficher le numéro de la semaine au jour d'aujourd'hui :

```
=NO.SEMAINE(AUJOURDHUI())
```

2. Appuyez sur la touche Entrée.

3. La Figure 9.16 montre le résultat de cette fonction imbriquée.

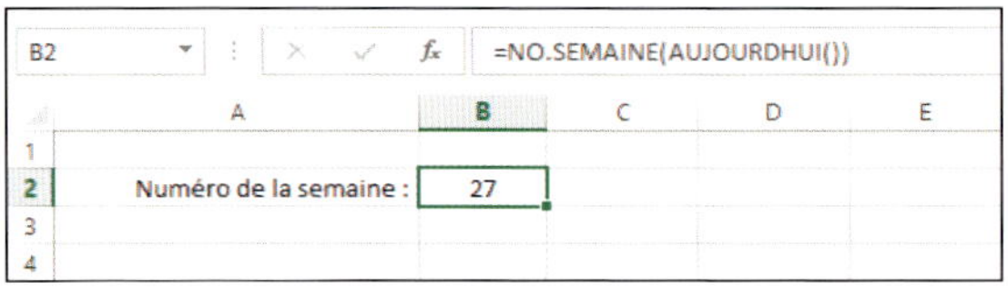

Figure 9.16 : Cette formule affiche en permanence le numéro de l'actuelle semaine.

TRUC

La fonction NO.SEMAINE possède un argument facultatif indiquant le jour à prendre en compte pour le début d'une semaine. Reportez-vous à l'aide sur cette fonction pour en savoir plus.

10

La gestion des textes

Excel possède de nombreuses fonctions de texte. Cela n'en fait pas un traitement de texte, loin de là. Elles servent essentiellement à traiter des données textuelles, lorsqu'une feuille de calcul est utilisée comme base de données. Elles sont aussi utiles pour des documents de texte de petite taille, comme des bons de commande, des factures ou des listes.

Rappelons qu'Excel détecte si une saisie est un nombre ou si elle est du texte. Il aligne les nombres contre le bord droit de la cellule et les textes contre le bord gauche. Comme nous le verrons dans la première fiche de ce chapitre, tous les chiffres ne sont pas des nombres. Un numéro de téléphone, un numéro de rue, sont certes représentés par des chiffres, mais ils ne sont pas utilisés pour le calcul.

Excel est particulièrement doué pour différencier des chiffres non calculables et des nombres. Par exemple, lorsque vous saisissez 12 000, en utilisant la touche Espace pour séparer les milliers, il reconnaît qu'il s'agit d'un nombre et l'aligne à droite dans la cellule. En revanche, lorsque vous saisissez un numéro de téléphone, en utilisant plusieurs espaces pour séparer les paires de chiffres, il reconnaît qu'il s'agit d'un numéro et le traite comme du texte, en le calant contre le bord gauche.

Mettre un nombre au format Texte

1. Dans le tableau que montre la Figure 10.1, les références à saisir sont formées de deux chiffres séparés par un tiret, comme 05-12.

2. Si vous saisissez **05-12**, Excel identifie cette formulation comme une date et affiche `05-déc`. De même, si vous voulez entrer un texte comme = **zéro**, dans une cellule, Excel croira que zéro est un nom de plage à cause du signe égal qui le précède. Or, comme ce nom de plage n'existe pas, Excel affichera la valeur d'erreur `#NOM?` dans la cellule. Dans ces deux cas et dans beaucoup d'autres, le format Texte s'impose.

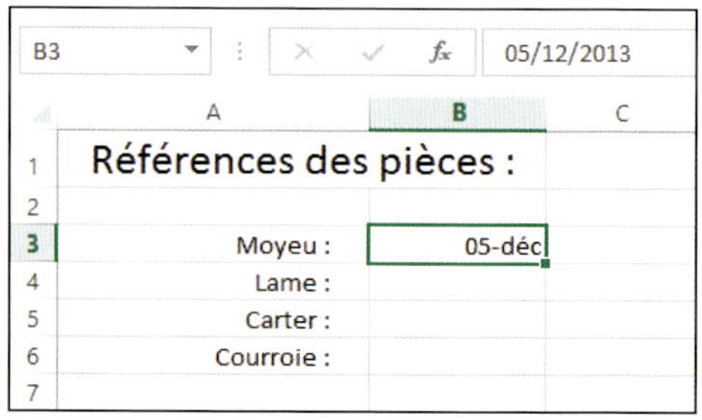

Figure 10.1 : Excel a converti la saisie 05-12 en date.

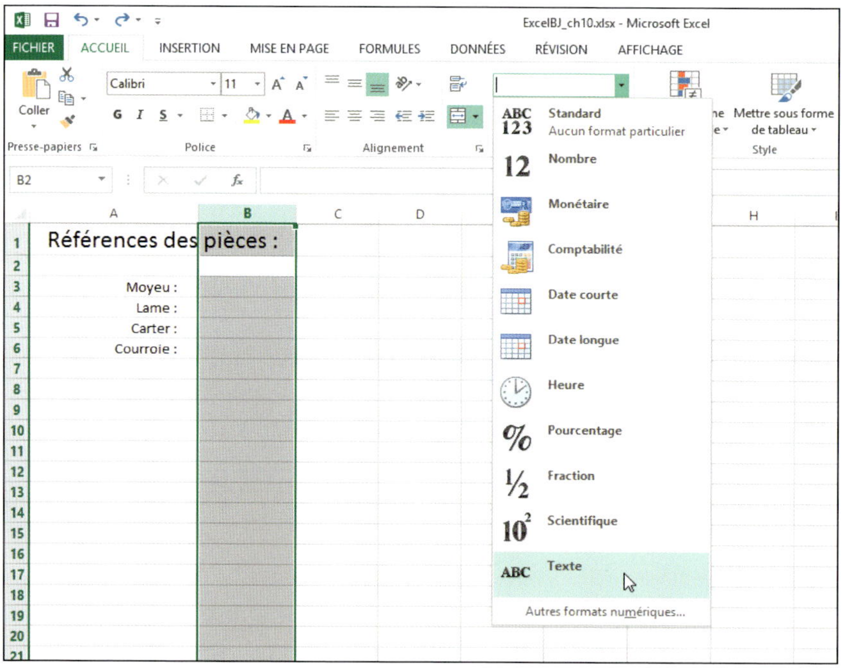

Figure 10.2 : Choisissez la mise en forme Texte.

3. Cliquez sur l'en-tête de la colonne qui devra contenir les références des pièces détachées, afin de la sélectionner.

4. Ou ne sélectionnez que la cellule, ou la plage de cellules, à modifier.

ATTENTION

Effacez le contenu de la cellule qui est devenu une date car, lorsque cette cellule sera convertie en texte, elle contiendra le numéro de série (41613, pour notre exemple) et non la saisie que nous avons effectuée.

5. Dans le groupe Nombre du ruban Accueil, cliquez sur le bouton à droite du menu puis, dans la liste, cliquez sur le format Texte.

6. Saisissez à présent les références, comme le montre la Figure 10.3.

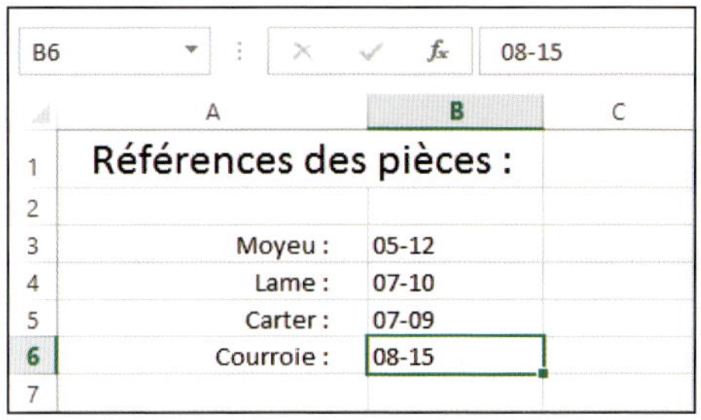

Figure 10.3 : Excel affiche désormais le texte tel qu'il a été saisi.

Ω Lors d'une saisie comme celle de l'exemple, il peut arriver qu'en dépit du format Texte, Excel persiste à détecter une date. Il affiche alors une icône d'erreur et place un triangle vert dans le coin supérieur gauche de la cellule. Dans ce cas, cliquez sur cette icône et, dans le menu, choisissez l'option Ignorer l'erreur (voir Figure 10.4).

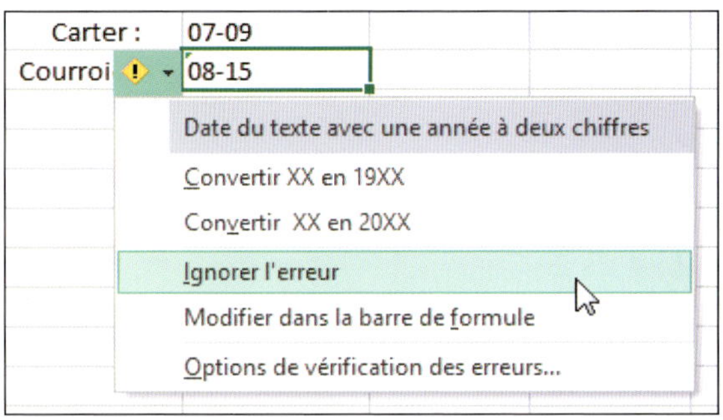

Figure 10.4 : Si Excel insiste, choisissez l'option Ignorer l'erreur.

TRUC

Si vous ne devez utiliser le format Texte que dans une seule cellule, il est plus rapide de commencer la saisie par une apostrophe. Par exemple, au lieu de taper 05-12, comme dans notre exemple, saisissez **'05-12** et le tour est joué. L'apostrophe ne sera pas affichée.

Extraire une partie d'un texte

1. Dans la Figure 10.5, la référence des pièces détachées est composée d'un code de fabricant de trois lettres suivit des cinq caractères du code de la pièce. Dans la colonne C, vous devrez ne faire apparaître que le code du fabricant.

2. Cliquez dans la cellule à droite de la première référence.

3. Dans notre exemple, la première référence se trouve dans la cellule B3. Nous cliquons donc dans la cellule C3.

4. Saisissez la formule suivante :

```
=GAUCHE(B3;3)
```

5. Cette formule utilisant la fonction GAUCHE indique que dans la cellule B3, il faut extraire les 3 premiers caractères.

6. Appuyez sur la touche Entrée.

7. Les trois caractères sont affichés dans la cellule active.

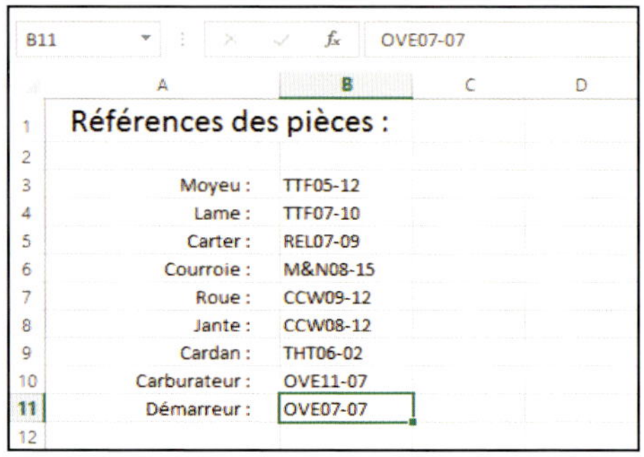

B11 | OVE07-07

	A	B	C	D
1	Références des pièces :			
2				
3	Moyeu :	TTF05-12		
4	Lame :	TTF07-10		
5	Carter :	REL07-09		
6	Courroie :	M&N08-15		
7	Roue :	CCW09-12		
8	Jante :	CCW08-12		
9	Cardan :	THT06-02		
10	Carburateur :	OVE11-07		
11	Démarreur :	OVE07-07		
12				

Figure 10.5 : Des pièces et leurs références.

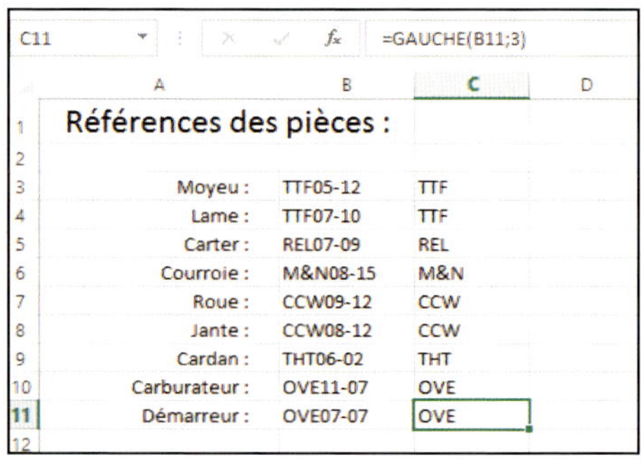

C11 | =GAUCHE(B11;3)

	A	B	C	D
1	Références des pièces :			
2				
3	Moyeu :	TTF05-12	TTF	
4	Lame :	TTF07-10	TTF	
5	Carter :	REL07-09	REL	
6	Courroie :	M&N08-15	M&N	
7	Roue :	CCW09-12	CCW	
8	Jante :	CCW08-12	CCW	
9	Cardan :	THT06-02	THT	
10	Carburateur :	OVE11-07	OVE	
11	Démarreur :	OVE07-07	OVE	
12				

Figure 10.6 : Les trois premiers caractères des codes de la colonne B ont été extraits.

8. Tirez la poignée de recopie de la cellule active vers le bas afin de répéter la formule, comme le montre la Figure 10.6.

NOTE TECHNIQUE

Il est aussi possible d'extraire des caractères à partir de la droite. Vous utiliserez dans ce cas la fonction DROITE. Ses arguments sont les mêmes que pour GAUCHE : le premier est un texte, ou comme dans notre exemple, une référence de cellule contenant du texte. Le second argument est le nombre de caractères à extraire.

Excel propose aussi une fonction permettant d'extraire des caractères à l'intérieur d'un texte. Il s'agit de STXT, qui nécessite trois arguments : le texte ou la référence de cellule contenant le texte, le numéro du caractère à partir duquel l'extraction doit avoir lieu, et le nombre de caractères à extraire.

Compter le nombre de caractères

1. Dans la Figure 10.7, le code de chaque pièce est toujours formé de huit caractères. Nous utiliserons la fonction NBCAR pour les compter.

2. Cliquez dans la cellule à droite de la première référence.

3. Dans notre exemple, la première référence se trouve dans la cellule B3. Nous cliquons donc dans la cellule C3.

4. Saisissez la formule suivante :

   `=NBCAR(B3)`

5. Appuyez sur la touche Entrée.

6. La Figure 10.8 révèle qu'un code ne compte que sept caractères, et que d'autres en ont neuf. Leur saisie est assurément erronée.

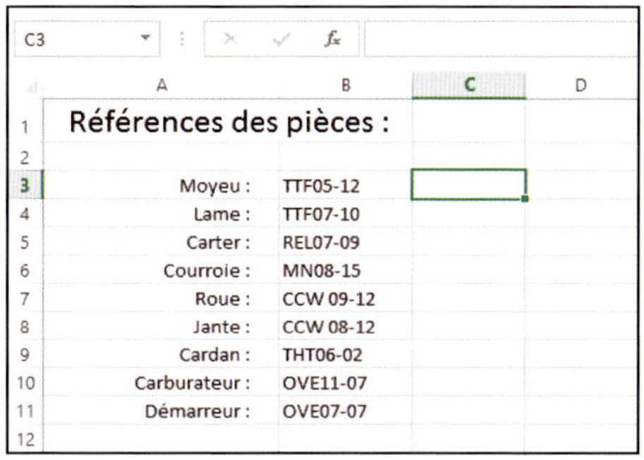

C3

	A	B	C	D
1	Références des pièces :			
2				
3	Moyeu :	TTF05-12		
4	Lame :	TTF07-10		
5	Carter :	REL07-09		
6	Courroie :	MN08-15		
7	Roue :	CCW 09-12		
8	Jante :	CCW 08-12		
9	Cardan :	THT06-02		
10	Carburateur :	OVE11-07		
11	Démarreur :	OVE07-07		
12				

Figure 10.7 : Chaque code est formé de 8 caractères.

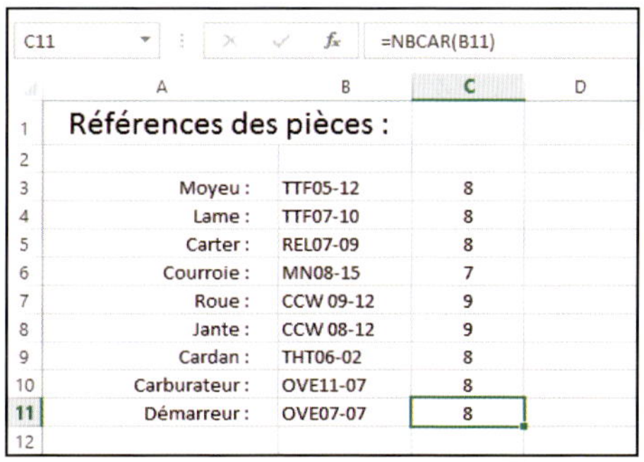

C11 =NBCAR(B11)

	A	B	C	D
1	Références des pièces :			
2				
3	Moyeu :	TTF05-12	8	
4	Lame :	TTF07-10	8	
5	Carter :	REL07-09	8	
6	Courroie :	MN08-15	7	
7	Roue :	CCW 09-12	9	
8	Jante :	CCW 08-12	9	
9	Cardan :	THT06-02	8	
10	Carburateur :	OVE11-07	8	
11	Démarreur :	OVE07-07	8	
12				

Figure 10.8 : La fonction NBCAR compte le nombre de caractères.

Cette formule se lit de la manière suivante : Si le nombre de caractères dans la cellule B3 est différent de 8, afficher un point d'exclamation, sinon afficher une chaîne de caractères vide.

TRUC

Pour signaler une erreur, la fonction NBCAR est encore plus commode lorsqu'elle est imbriquée dans une fonction SI, comme dans la Figure 10.9. La formule suivante affiche un point d'exclamation lorsque le nombre de caractères est erroné :

`=SI(NBCAR(B3<>8;»!»;»»)`

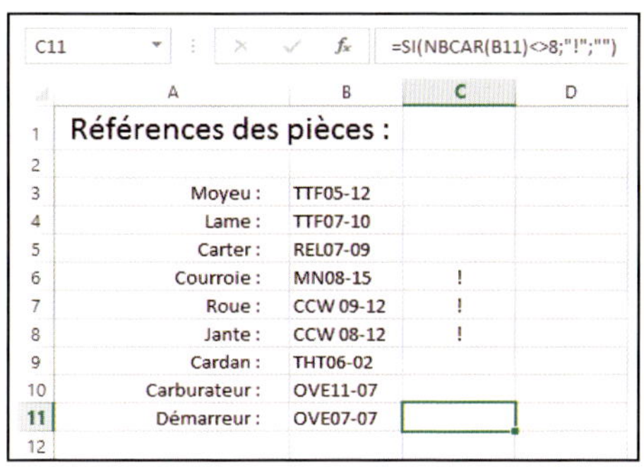

C11 =SI(NBCAR(B11)<>8;"!";"")

	A	B	C	D
1	Références des pièces :			
2				
3	Moyeu :	TTF05-12		
4	Lame :	TTF07-10		
5	Carter :	REL07-09		
6	Courroie :	MN08-15	!	
7	Roue :	CCW 09-12	!	
8	Jante :	CCW 08-12	!	
9	Cardan :	THT06-02		
10	Carburateur :	OVE11-07		
11	Démarreur :	OVE07-07		
12				

Figure 10.9 : Un test de conformité rapide.

Assembler des valeurs

1. Reprenons le totalisateur d'heures créé dans le chapitre précédent (Figure 10.10). Il serait plus élégant et plus pratique de montrer le total des heures et des minutes sous la forme `76 h 45 mn` en haut de la colonne des nombres d'heure.

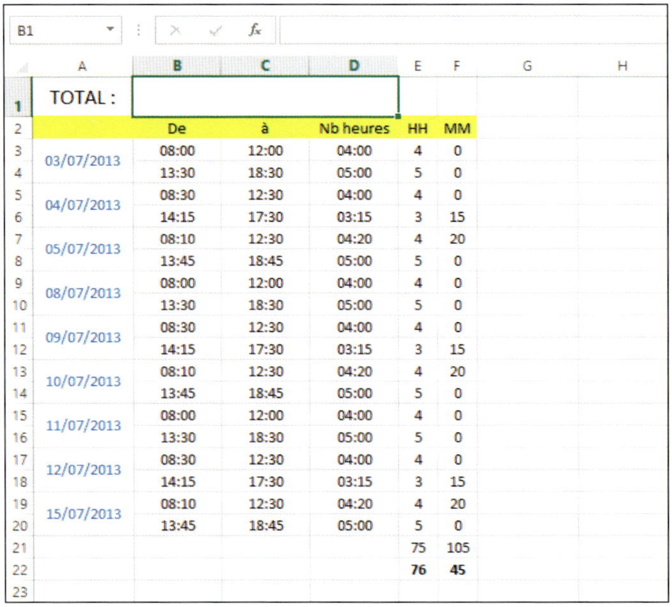

	A	B	C	D	E	F
1	TOTAL :					
2		De	à	Nb heures	HH	MM
3	03/07/2013	08:00	12:00	04:00	4	0
4		13:30	18:30	05:00	5	0
5	04/07/2013	08:30	12:30	04:00	4	0
6		14:15	17:30	03:15	3	15
7	05/07/2013	08:10	12:30	04:20	4	20
8		13:45	18:45	05:00	5	0
9	08/07/2013	08:00	12:00	04:00	4	0
10		13:30	18:30	05:00	5	0
11	09/07/2013	08:30	12:30	04:00	4	0
12		14:15	17:30	03:15	3	15
13	10/07/2013	08:10	12:30	04:20	4	20
14		13:45	18:45	05:00	5	0
15	11/07/2013	08:00	12:00	04:00	4	0
16		13:30	18:30	05:00	5	0
17	12/07/2013	08:30	12:30	04:00	4	0
18		14:15	17:30	03:15	3	15
19	15/07/2013	08:10	12:30	04:20	4	20
20		13:45	18:45	05:00	5	0
21					75	105
22					**76**	**45**
23						

Figure 10.10 : Nous afficherons le total des heures dans la cellule B1.

2. Cliquez dans la cellule devant contenir la durée totale.

   Dans cet exemple, il s'agit de la cellule B1, que nous avons fusionnée avec les deux cellules à droite pour soigner la présentation.

3. Commencez par saisir la fonction CONCATENER :

```
=CONCATENER(
```

4. Cliquez dans la cellule contenant les heures.

5. La cellule E22 dans notre exemple.

6. Saisissez un point-virgule (;) puis un guillemet («) puis un espace puis le mot **heures et** puis un espace, un guillemet et un point-virgule. La formule se présente ainsi :

```
=CONCATENER(E22;» heures et «;
```

7. Nous venons d'assembler la valeur dans la cellule E22 et la chaîne de caractères « heures ».

8. Cliquez dans la cellule contenant les minutes.

9. La cellule F22 dans notre exemple.

10. Saisissez un point-virgule (;) puis un guillemet («) puis un espace puis le mot **minutes** et un guillemet et un point-virgule. La formule se présente ainsi :

```
=CONCATENER(E22;» heures et «;F22;» minutes»
```

11. Nous venons d'assembler la valeur dans la cellule F22 et la chaîne de caractères « heures ».

12. Tapez sur la touche **)** pour terminer la formule et appuyez sur la touche Entrée :

```
=CONCATENER(E22;» heures et «;F22;» minutes»)
```

13. La cellule fusionnée D1 affiche maintenant le résultat « en clair », comme le montre la Figure 10.11.

B1 | =CONCATENER(E22;" heures et ";F22;" minutes")

	A	B	C	D	E	F	G	H
1	TOTAL :	76 heures et 45 minutes						
2		De	à	Nb heures	HH	MM		
3	03/07/2013	08:00	12:00	04:00	4	0		
4		13:30	18:30	05:00	5	0		
5	04/07/2013	08:30	12:30	04:00	4	0		
6		14:15	17:30	03:15	3	15		
7	05/07/2013	08:10	12:30	04:20	4	20		
8		13:45	18:45	05:00	5	0		
9	08/07/2013	08:00	12:00	04:00	4	0		
10		13:30	18:30	05:00	5	0		
11	09/07/2013	08:30	12:30	04:00	4	0		
12		14:15	17:30	03:15	3	15		
13	10/07/2013	08:10	12:30	04:20	4	20		
14		13:45	18:45	05:00	5	0		
15	11/07/2013	08:00	12:00	04:00	4	0		
16		13:30	18:30	05:00	5	0		
17	12/07/2013	08:30	12:30	04:00	4	0		
18		14:15	17:30	03:15	3	15		
19	15/07/2013	08:10	12:30	04:20	4	20		
20		13:45	18:45	05:00	5	0		
21					75	105		
22					**76**	**45**		
23								

Figure 10.11 : Le compte des heures est affiché « en clair » en haut des horaires.

14. (Facultatif) Cliquez sur l'en-tête de la colonne E puis, touche Maj enfoncée, cliquez sur l'en-tête de la colonne F.

15. Les deux colonnes sont sélectionnées.

16. Cliquez du bouton droit sur l'un des en-têtes sélectionnés – peu importe lequel – et, dans le menu, cliquez sur l'option Masquer.

17. Débarrassées de ses cellules « techniques », la feuille de calcul est beaucoup plus nette, comme le montre la Figure 10.12.

M28 *fx*

	A	B	C	D	G
1	TOTAL :	76 heures et 45 minutes			
2		De	à	Nb heures	
3	03/07/2013	08:00	12:00	04:00	
4		13:30	18:30	05:00	
5	04/07/2013	08:30	12:30	04:00	
6		14:15	17:30	03:15	
7	05/07/2013	08:10	12:30	04:20	
8		13:45	18:45	05:00	
9	08/07/2013	08:00	12:00	04:00	
10		13:30	18:30	05:00	
11	09/07/2013	08:30	12:30	04:00	
12		14:15	17:30	03:15	
13	10/07/2013	08:10	12:30	04:20	
14		13:45	18:45	05:00	
15	11/07/2013	08:00	12:00	04:00	
16		13:30	18:30	05:00	
17	12/07/2013	08:30	12:30	04:00	
18		14:15	17:30	03:15	
19	15/07/2013	08:10	12:30	04:20	
20		13:45	18:45	05:00	
21					
22					

Figure 10.12 : Un totalisateur d'heures efficace et bien présenté.

NOTE TECHNIQUE

L'opération consistant à assembler plusieurs valeurs et chaînes de caractères pour n'en former qu'une seule est appelée « concaténation », en jargon informatique.

NOTE TECHNIQUE

Pour faire réapparaître une ou plusieurs colonnes masquée, sélectionnez les deux colonnes visibles au milieu desquelles elles se trouvent, cliquez du bouton droit sur l'un des en-têtes sélectionnés puis, dans le menu, choisissez Afficher.

Remplacer des valeurs

1. Dans la feuille de calcul que montre la Figure 10.13, il faut insérer la chaîne de caractère `-réf.` entre le code du fabricant (les trois première lettres) et la référence de la pièce détachée (les cinq derniers caractères). De ce fait, le texte TTF05-12 devra devenir TTF-réf.05-12.

2. Nous utiliserons pour cette opération deux fonctions imbriquées : REMPLACER et DROITE.

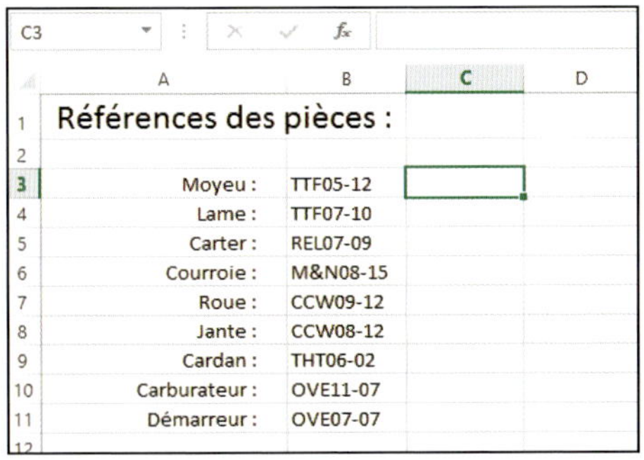

Figure 10.13 : Il va falloir ajouter des caractères à l'intérieur de chaque référence.

3. Cliquez dans la cellule dans laquelle le résultat doit apparaître.

4. Dans notre exemple

5. Saisissez la formule suivante :

```
=REMPLACER(B3;4;5;»-réf.»)
```

6. Le premier argument contient la référence de la cellule contenant le texte à modifier. Le deuxième argument indique à partir de quel caractère il faut remplacer le texte (à partir du quatrième caractère), le troisième argument indique la longueur du texte à remplacer (cinq caractères) et le quatrième argument contient le texte de remplacement.

TRUC

Notez que le texte de remplacement peut être plus long que le texte à remplacer.

7. Appuyez sur la touche Entrée.

8. Comme le montre la Figure 10.14, la fonction REMPLACER a bel et bien remplacé des caractères, mais le texte est incomplet. La cellule ne contient que `TTF-réf.` au lieu de `TTF-réf.05-12`.

9. Nous devons ajouter le restant du texte grâce à une concaténation. Cette fois, nous n'utiliserons pas la fonction CONCATENER, mais l'esperluette (&).

10. Complétez la formule de la manière suivante :

```
=REMPLACER(B3;4;5;»-réf.»)&DROITE(B3;5)
```

11. Cette fois, la formule est opérationnelle. Dans la Figure 10.14, elle a été recopiée vers le bas.

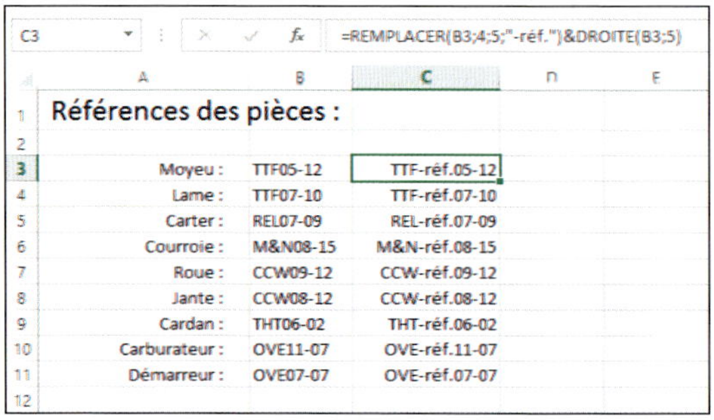

C3 =REMPLACER(B3;4;5;"-réf.")&DROITE(B3;5)

	A	B	C
1	Références des pièces :		
2			
3	Moyeu :	TTF05-12	TTF-réf.05-12
4	Lame :	TTF07-10	TTF-réf.07-10
5	Carter :	REL07-09	REL-réf.07-09
6	Courroie :	M&N08-15	M&N-réf.08-15
7	Roue :	CCW09-12	CCW-réf.09-12
8	Jante :	CCW08-12	CCW-réf.08-12
9	Cardan :	THT06-02	THT-réf.06-02
10	Carburateur :	OVE11-07	OVE-réf.11-07
11	Démarreur :	OVE07-07	OVE-réf.07-07
12			

Figure 10.14 : Dans la colonne C, des caractères ont été ajoutés dans le texte.

TRUC

La feuille de calcul contient à présent deux colonnes de texte. L'une contient l'ancienne version du texte, l'autre la nouvelle. Comment se débarrasser de l'ancien texte ? Si vous supprimez la colonne B, la colonne C ne contiendra plus que des valeurs d'erreur #REF ! car dans les formules, les références sont orphelines.

Pour supprimer les anciens textes, procédez comme suit :

a) Sélectionnez la plage de cellules contenant les formules.

b) Appuyez sur les touches Ctrl+X afin de couper la plage de cellule.

c) Cliquez du bouton droit dans la première cellule de l'ancien texte puis, dans le menu, choisissez Collage spécial.

d) Dans la boîte de dialogue Collage spécial, cliquez sur le bouton Valeurs, puis cliquez sur OK.

Comme le montre la Figure 10.15, le nouveau texte s'est substitué à l'ancien. Remarquez la disparition des formules dans la barre de formule. Les cellules ne contiennent à présent que du texte.

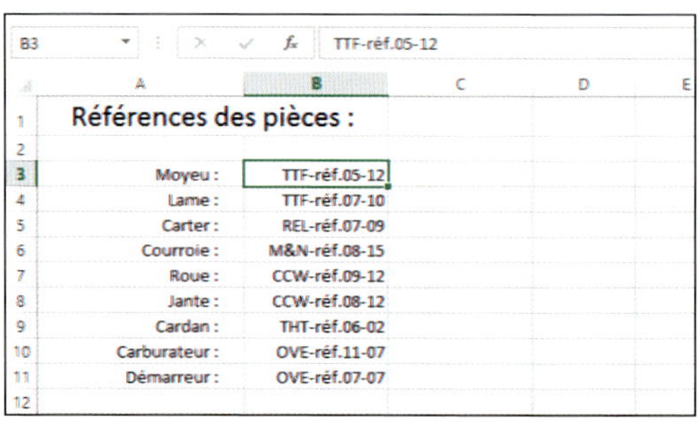

B3 TTF-réf.05-12

	A	B
1	Références des pièces :	
2		
3	Moyeu :	TTF-réf.05-12
4	Lame :	TTF-réf.07-10
5	Carter :	REL-réf.07-09
6	Courroie :	M&N-réf.08-15
7	Roue :	CCW-réf.09-12
8	Jante :	CCW-réf.08-12
9	Cardan :	THT-réf.06-02
10	Carburateur :	OVE-réf.11-07
11	Démarreur :	OVE-réf.07-07
12		

Figure 10.15 : Un collage spécial a remplacé les formules par leurs propres résultats.

Séparer des prénoms et des noms

1. La feuille de calcul de la Figure 10.16 contient une liste de prénoms et de noms.

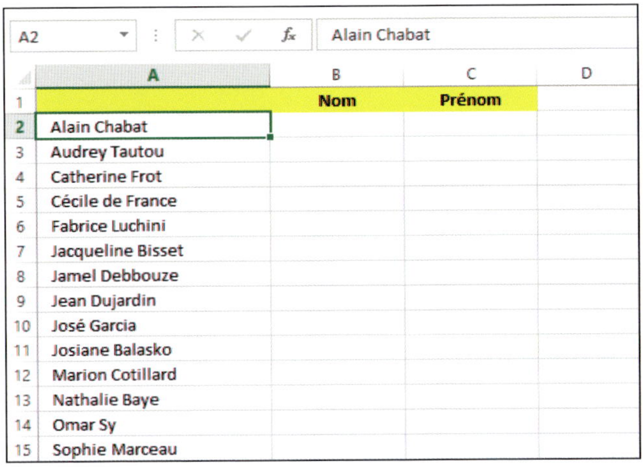

Figure 10.16 : Une liste de prénoms et de noms à séparer.

2. Pour extraire le nom dans cette liste classée par prénoms et noms, nous procéderons à une recherche du signe Espace à partir de la droite. Nous utiliserons trois fonctions imbriquées : RECHERCHE, qui recherchera le signe Espace, NBCAR, qui comptera le nombre de caractères de l'ensemble prénom-nom, et DROITE, qui extraira le nombre de caractères correspondant au nom.

3. Cliquez dans la cellule devant ne recevoir que le nom.

4. Dans notre exemple, c'est la cellule B2.

5. Saisissez la formule suivante :

```
=DROITE(A2;NBCAR(A2)-CHERCHE(« «;A2))
```

6. Appuyez sur la touche Entrée.

7. Le nom extrait depuis la cellule A2 est affiché dans la cellule B2.

8. À l'aide de la poignée de recopie, recopiez la formule dans toutes les lignes à traiter.

9. La Figure 10.17 montre la liste de noms ainsi obtenue.

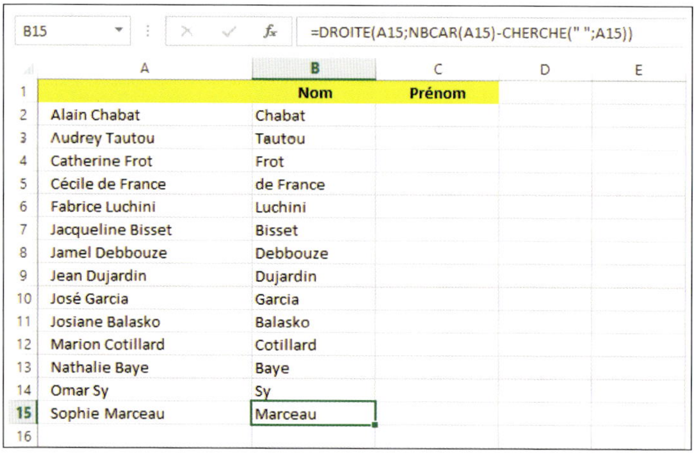

B15 | =DROITE(A15;NBCAR(A15)-CHERCHE(" ";A15))

	A	B	C	D	E
1		Nom	Prénom		
2	Alain Chabat	Chabat			
3	Audrey Tautou	Tautou			
4	Catherine Frot	Frot			
5	Cécile de France	de France			
6	Fabrice Luchini	Luchini			
7	Jacqueline Bisset	Bisset			
8	Jamel Debbouze	Debbouze			
9	Jean Dujardin	Dujardin			
10	José Garcia	Garcia			
11	Josiane Balasko	Balasko			
12	Marion Cotillard	Cotillard			
13	Nathalie Baye	Baye			
14	Omar Sy	Sy			
15	Sophie Marceau	Marceau			
16					

Figure 10.17 : Les noms ont été placés dans une colonne à part.

TRUC

Remarquez le cas particulier du nom à particule – Cécile de France –, à la ligne 5 : le nom qui a été extrait est « de France » car la fonction CHERCHE s'arrête au dernier espace trouvé dans la cellule.

Nous devons à présent extraire les prénoms. Procédez de la même manière que pour les noms, mais en utilisant les fonctions GAUCHE, NBCAR et SOMME dans la formule suivante (Figure 10.18) :

```
=GAUCHE(A2;SOMME(NBCAR(A2)-NBCAR(B2)))
```

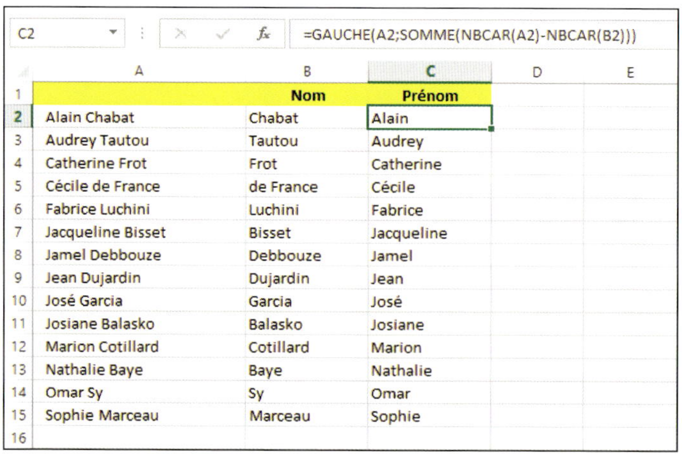

C2 | =GAUCHE(A2;SOMME(NBCAR(A2)-NBCAR(B2)))

	A	B	C	D	E
1		Nom	Prénom		
2	Alain Chabat	Chabat	Alain		
3	Audrey Tautou	Tautou	Audrey		
4	Catherine Frot	Frot	Catherine		
5	Cécile de France	de France	Cécile		
6	Fabrice Luchini	Luchini	Fabrice		
7	Jacqueline Bisset	Bisset	Jacqueline		
8	Jamel Debbouze	Debbouze	Jamel		
9	Jean Dujardin	Dujardin	Jean		
10	José Garcia	Garcia	José		
11	Josiane Balasko	Balasko	Josiane		
12	Marion Cotillard	Cotillard	Marion		
13	Nathalie Baye	Baye	Nathalie		
14	Omar Sy	Sy	Omar		
15	Sophie Marceau	Marceau	Sophie		
16					

Figure 10.18 : Les prénoms ont été extrait par comparaison de la longueur des chaînes de caractères nom-prénom et nom.

Après avoir soustrait le nombre de caractères du nom (B2) du nombre de caractères de l'ensemble prénom-nom (A2), cette formule extrait le prénom à partir de la gauche de l'ensemble prénom-nom.

ATTENTION

Si dans l'exemple vous supprimez la colonne A, ou si vous effacez son contenu, les cellules correspondantes dans les colonnes B et C afficheront la valeur d'erreur #VALEUR! car les formules sont privées de leurs sources. Pour rendre ces cellules indépendantes, procédez comme suit :

a) Sélectionnez la plage de cellules contenant les formules.

b) Appuyez sur les touches Ctrl+X afin de couper la plage de cellule.

c) Cliquez du bouton droit dans la première cellule de la même plage puis, dans le menu, choisissez Collage spécial.

d) Dans la boîte de dialogue Collage spécial, cliquez sur le bouton Valeurs, puis cliquez sur OK.

Les formules seront ainsi remplacées par les noms et les prénoms, et vous pourrez supprimer les données sources dans la colonne A.

Assembler des noms et des prénoms

1. La feuille de calcul de la Figure 10.19 contient une liste de noms et de prénoms.

	A	B	C	D
1	**Nom**	**Prénom**		
2	Chabat	Alain		
3	Tautou	Audrey		
4	Frot	Catherine		
5	de France	Cécile		
6	Luchini	Fabrice		
7	Bisset	Jacqueline		
8	Debbouze	Jamel		
9	Dujardin	Jean		
10	Garcia	José		
11	Balasko	Josiane		
12	Cotillard	Marion		
13	Baye	Nathalie		
14	Sy	Omar		
15	Marceau	Sophie		
16				

Figure 10.19 : La colonne C devra contenir le prénom suivi du nom.

2. Nous voulons ne conserver qu'une liste contenant les prénoms et les noms. Nous pourrions utiliser la fonction CONCATENER, comme précédemment dans la fiche « Assembler des valeurs », mais il existe une solution beaucoup plus simple.

3. Cliquez dans la cellule devant recevoir l'ensemble prénom-nom.

4. Dans notre exemple, c'est la cellule C2.

5. Tapez sur la touche = (égal) puis cliquez dans la cellule contenant le prénom.

6. Saisissez à présent ceci : **& » «&**

7. L'esperluette (&) est un caractère de concaténation. L'ensemble « « définit une chaîne de caractères ne contenant que le signes Espace. Il servira à séparer le prénom et le nom. La seconde esperluette sert à concaténer le nom.

8. Cliquez dans la cellule contenant le nom et appuyez sur la touche Entrée.

9. La formule complète (voir Figure 10.20) est :

```
=B2&» «&A2
```

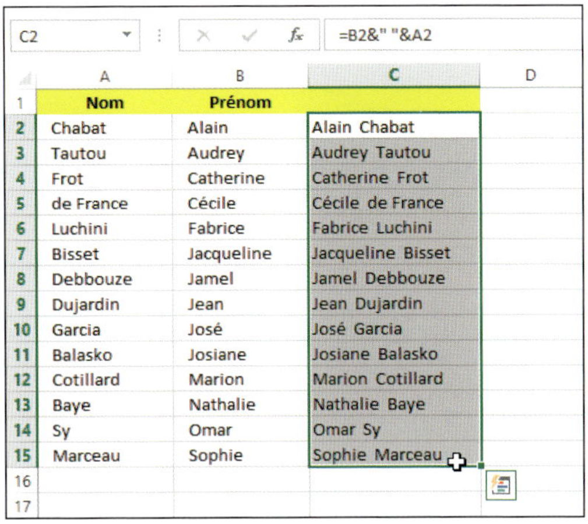

C2 =B2&" "&A2

	A	B	C	D
1	Nom	Prénom		
2	Chabat	Alain	Alain Chabat	
3	Tautou	Audrey	Audrey Tautou	
4	Frot	Catherine	Catherine Frot	
5	de France	Cécile	Cécile de France	
6	Luchini	Fabrice	Fabrice Luchini	
7	Bisset	Jacqueline	Jacqueline Bisset	
8	Debbouze	Jamel	Jamel Debbouze	
9	Dujardin	Jean	Jean Dujardin	
10	Garcia	José	José Garcia	
11	Balasko	Josiane	Josiane Balasko	
12	Cotillard	Marion	Marion Cotillard	
13	Baye	Nathalie	Nathalie Baye	
14	Sy	Omar	Omar Sy	
15	Marceau	Sophie	Sophie Marceau	
16				
17				

Figure 10.20 : La formule de la cellule C2 a été recopiée vers le bas.

ATTENTION

Si dans l'exemple vous supprimez les colonnes A et B, ou si vous effacez leur contenu, les cellules correspondantes dans la colonne C afficheront la valeur d'erreur #VALEUR! car les formules sont privées de leurs sources. Pour rendre ces cellules indépendantes, procédez comme suit :

a) Sélectionnez la plage de cellules contenant les formules.

b) Appuyez sur les touches Ctrl+X afin de couper la plage de cellule.

c) Cliquez du bouton droit dans la première cellule de la même plage puis, dans le menu, choisissez Collage spécial.

d) Dans la boîte de dialogue Collage spécial, cliquez sur le bouton Valeurs, puis cliquez sur OK.

Vous pouvez maintenant vous débarrasser de la liste de nom et de la liste de prénoms.

Créer un format de numéros de téléphone

1. Cliquez sur l'en-tête de la colonne devant contenir des numéros de téléphone afin de la sélectionner.

2. Nous supposons pour cet exercice que vous avez créé un répertoire téléphonique que vous devez régulièrement compléter ou mettre à jour.

3. Cliquez du bouton droit dans la colonne sélectionnée et, dans le menu, choisissez l'option Format de cellule.

   Ou alors, dans le ruban Accueil, cliquez sur le petit bouton en bas à droite du groupe Nombre.

4. La boîte de dialogue Format de cellule apparaît.

5. Dans la liste Catégorie, cliquez sur le bouton Spécial.

6. Dans la liste Type, cliquez sur Numéro de téléphone (Figure 10.21)

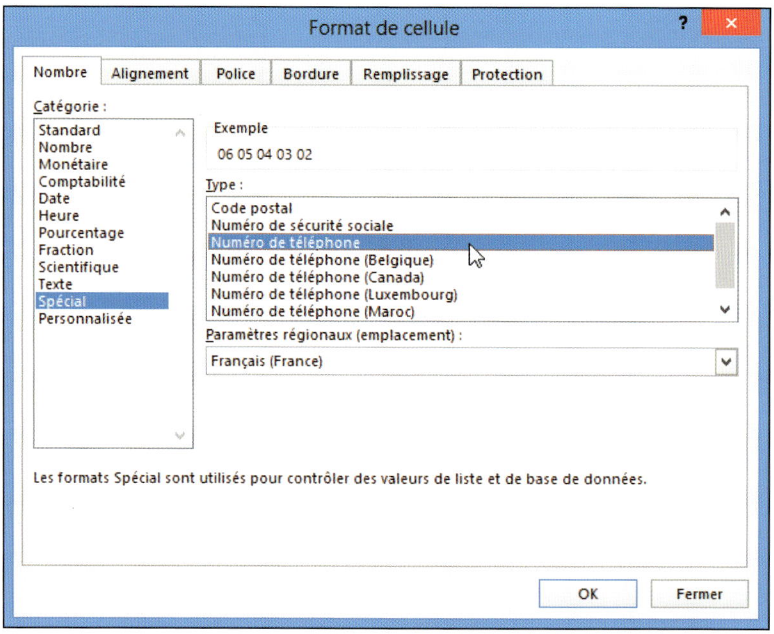

Figure 10.21 : Saisissez vos numéros sans vous soucier des séparateurs.

7. Comme le montre l'exemple, dans la boîte de dialogue Format de cellule, un numéro de téléphone saisi sous la forme 0605040302 est automatiquement mise en forme de la manière classique 06 05 04 03 02, avec des espaces comme séparateurs (et non des points, comme cela se voit souvent).

8. Cliquez sur le bouton OK.

9. Désormais, vous pouvez saisir les numéros de téléphone français « au kilomètre », sans la fastidieuse nécessité de tapez les séparateurs.

NOTE TECHNIQUE

Dans le groupe Nombre du ruban Accueil, une cellule contenant un numéro de téléphone est au format Spécial. Il s'agit en fait d'une variante du format Nombre. De ce fait, et aussi incongru que cela paraisse, un numéro de téléphone est utilisable dans un calcul.

TRUC

Le format Spécial comprend d'autres mises en forme utiles :

- Des formats pour quelques pays francophones : Belgique, Canada, Luxembourg, Maroc, Suisse. Pour choisir la mise en forme utilisée dans un autre pays, choisissez le pays dans la liste Paramètres régionaux (emplacement). Par exemple, pour mettre un numéro de téléphone en forme comme aux États-Unis, choisissez l'option Anglais (États-Unis) puis, dans la fenêtre Type, cliquez sur l'option Phone Number.
- Le numéro de sécurité sociale français. Si la clé est ajoutée, elle est automatiquement séparée du numéro par une barre (¦) comme le montre la Figure 10.22.
- Le code postal. Il est saisi à la manière d'un nombre. De ce fait, la formulation internationale `F-75012` génère une valeur d'erreur `#VALEUR!` (pour éviter cet inconvénient, mettez la cellule au format Texte avant de saisir le code postal international).

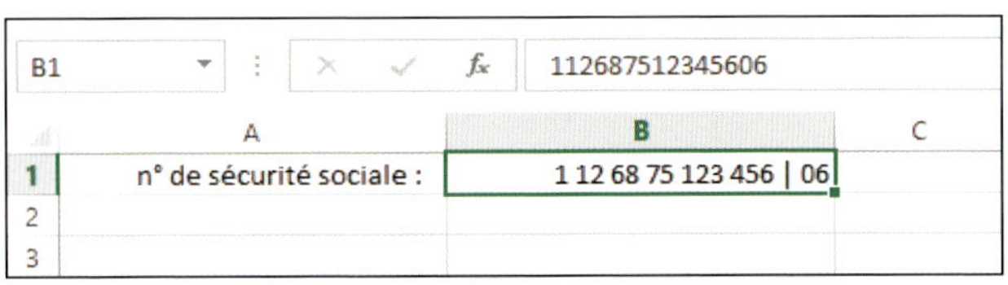

Figure 10.22 : Un numéro de sécurité sociale et sa clé.

Singulier/pluriel

1. La Figure 10.23 représente une partie d'un bordereau de remise de chèques.

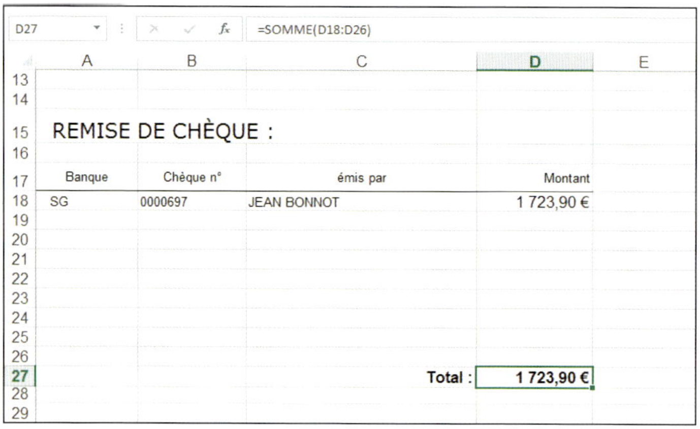

Figure 10.23 : Un bordereau de remise de chèques.

2. Un grand nombre de lignes supplémentaires peuvent être ajoutées. La plage dans la fonction SOMME sera automatiquement étendue.

3. Remarquez la mention `Remise de chèque`. Lorsque plusieurs chèques figurent dans la liste, la mention `Remise de chèques` est affichée, ce qui est plus élégant que d'ajouter un « s » entre parenthèses. Nous utilisons à cette fin deux fonctions imbriquées : NB qui détermine combien de cellules contiennent un nombre, et SI qui affiche une chaîne de caractère différente selon le résultat du test.

4. Dans la cellule devant afficher le message – la cellule B15 dans notre exemple –, saisissez la formule suivante :

```
=SI(NB(D18:D26)>1;»REMISE DE CHÈQUES :»;»REMISE DE CHÈQUE :»)
```

5. La formule se lit de la manière suivante : Si la quantité de cellules contenant un chiffre est supérieure à 1, afficher la version du texte au pluriel; sinon, afficher la version au singulier.

6. Testez la formule en ajoutant une seconde saisie, comme dans la Figure 10.24.

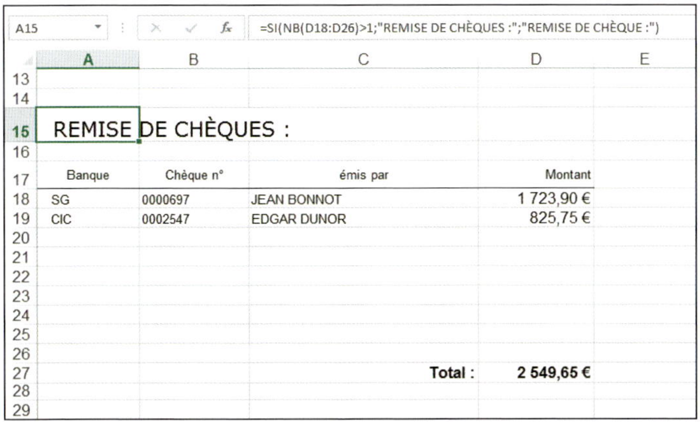

Figure 10.24 : Dès qu'un second nombre est saisi dans la colonne des montants, la fonction NB envoie la valeur 2 à la fonction SOMME qui affiche la version du texte au pluriel.

TRUC

Dans la colonne des numéros de chèque, remarquez les zéros qui précèdent chaque numéro. Pour les afficher, les cellules correspondantes ont été mises au format Texte.

Insérer une zone de texte

1. Cliquez sur l'onglet du ruban Insertion.

2. Cliquez sur le bouton Zone de texte (ou sur Texte > Zone de texte, si le bouton est de petite taille parce qu'Excel n'est pas affiché sur une largeur suffisante).

   Le pointeur se transforme en barre d'insertion.

3. Cliquez dans la feuille de calcul puis, bouton de la souris enfoncé, tirez le rectangle qui contiendra le texte (Figure 10.25). Notez qu'il n'est pas nécessaire que les bords de la zone de texte coïncident avec des bords de cellule.

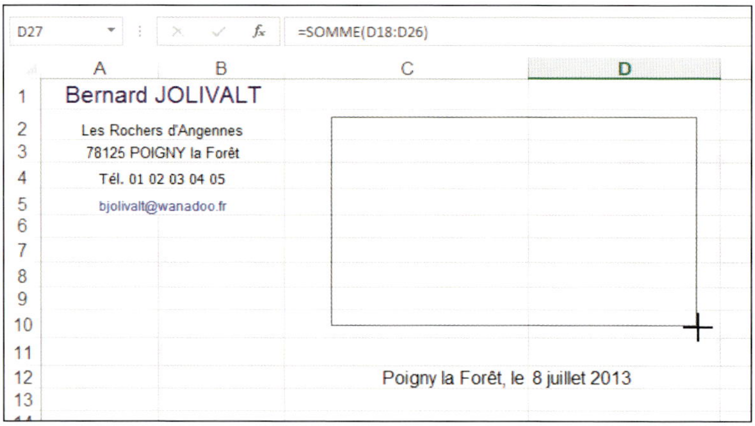

Figure 10.25 : Tracez la zone de texte.

4. Après avoir relâché le bouton de la souris, la zone de texte se présente sous la forme d'un quadrilatère doté de huit poignées de redimensionnement et d'une poignée de rotation, au-dessus du bord supérieur.

TRUC

La poignée de rotation permet d'incliner la zone de texte et simuler des étiquettes publicitaires ou des tampons – avec un texte « Urgent » ou « Confidentiel » –, apposés sur la feuille de calcul.

5. Saisissez du texte et mettez-le en forme.

6. Une zone de texte est comme un mini traitement de texte. Utilisez toutes les commandes de mise en forme que vous désirez. Cliquez du bouton droit dans le texte pour accéder aux commandes Police, Paragraphe, Puce, etc.

7. Au besoin, redimensionnez la zone de texte à l'aide des poignées (Figure 10.26), et/ou repositionnez-la en cliquant dedans et en la déplaçant, bouton de la souris enfoncé.

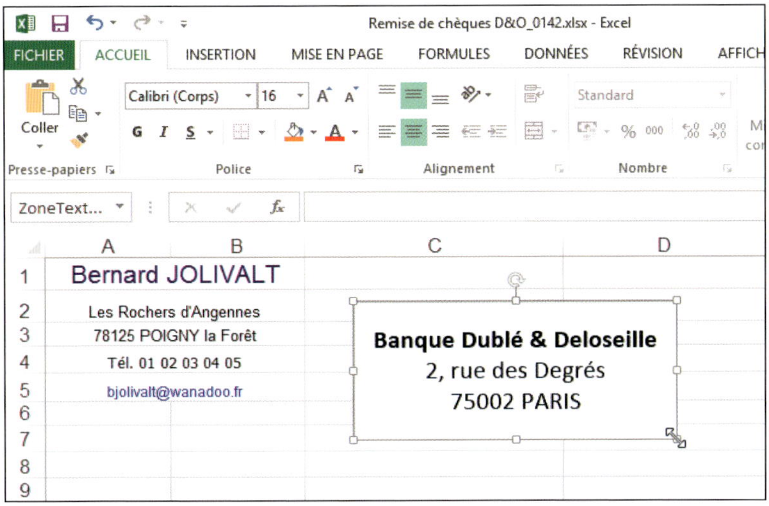

Figure 10.26 : Mettez le texte en forme, centrez-le horizontalement et verticalement, puis repositionnez-le.

8. Par défaut, Excel trace un mince filet noir autour de la zone de texte. Si vous désirez l'utiliser pour positionner une adresse par rapport à la fenêtre d'une enveloppe, comme ici, ce filet n'est pas souhaitable.

9. Cliquez du bouton droit sur la bordure de la zone de texte (le pointeur se change en flèche à quatre pointes) et dans le menu, choisissez Format de la forme.

10. Le volet Format de la forme apparaît à droite dans Excel.

11. Assurez-vous que l'onglet Remplissage et ligne soit sélectionné.

12. Dans la rubrique Ligne, cliquez sur le bouton d'option Aucun trait (Figure 10.27).

13. Cliquez hors de la zone de texte pour la voir dans son contexte (Figure 10.28).

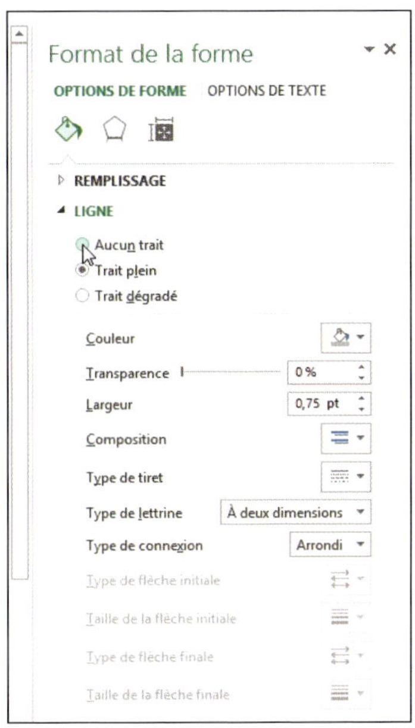

Figure 10.27 : Supprimez le filet noir autour de la zone de texte.

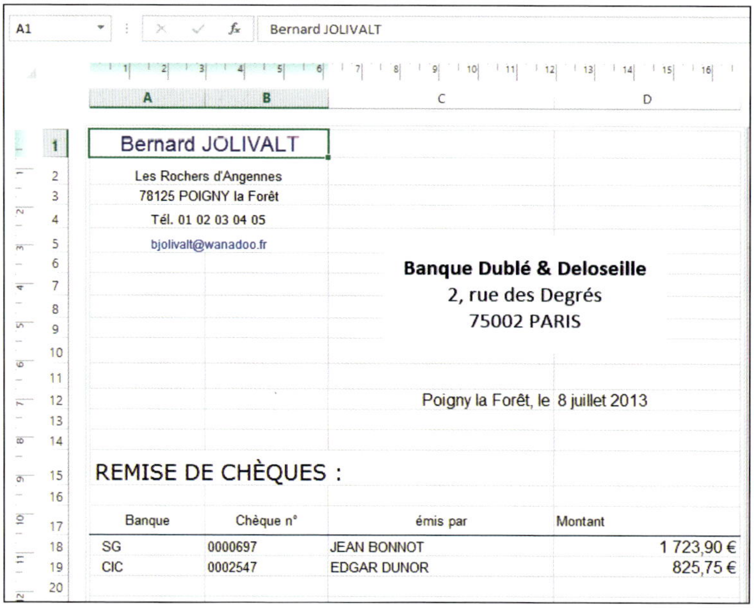

Figure 10.28 : Une adresse mise et forme et positionnée pour une enveloppe à fenêtre vient d'être créée. Remarquez l'affichage des règles.

TRUC

Vous faciliterez considérablement le positionnement d'une zone de texte en affichant les règles, comme dans la Figure 10.28. Pour cela, cliquez sur l'onglet Affichage puis, dans le groupe Modes d'affichage, cliquez sur l'icône Mise en page. Pour effacer les règles, cliquez sur l'icône Normal, dans le même groupe.

11

Les fonctions Internet

À l'instar des autres logiciels de la suite Office – notamment Word et PowerPoint – Excel est doté de fonctions Internet. Nous verrons comment des liens peuvent pointer vers des sites Internet ou vers une autre feuille de calcul ou un autre classeur.

Des classeurs Excel peuvent aussi être placés sur OneDrive, le « nuage » appartenant à Microsoft. Les données sont dans ce cas engrangées dans des ordinateurs distants, dans des lieux géographiquement indéfinis, d'où vous pouvez les télécharger quelque soit l'appareil utilisé : ordinateur, smartphone ou tablette numérique, à condition qu'Excel ou une application permettant d'ouvrir de fichiers Excel – extension du fichier. `xlsx` – soit installée.

Nous verrons qu'il est cependant possible d'enregistrer un fichier au même format que les pages des sites Web, permettant à quiconque de consulter un classeur ou une feuille de calcul à l'aide d'un navigateur Internet comme Internet Explorer, Safari, Chrome, Firefox, Opera ou n'importe quel autre.

Créer un lien vers un site Internet

1. Cliquez dans la cellule devant contenir le lien hypertexte.
2. Saisissez l'adresse Internet.
3. Vous pouvez la saisir sous sa forme complète, comme `http://www.site.com` ou sous sa forme abrégée : `www.site.com`.
4. Appuyez sur la touche Entrée.
5. Excel convertit aussitôt l'adresse en lien hypertexte, comme le montre la Figure 11.1. Cliquez dessus pour démarrer Internet Explorer et accéder au site.

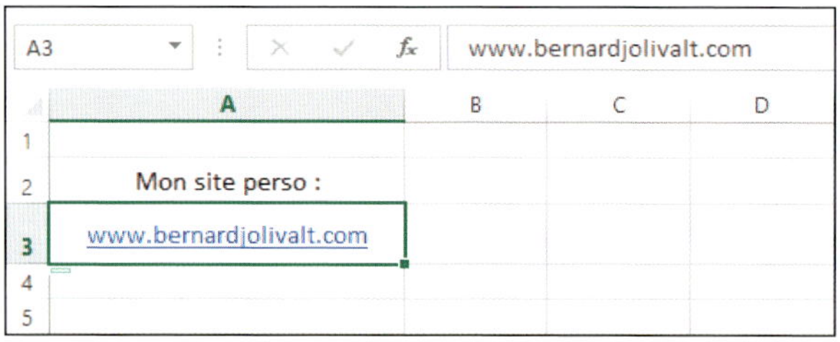

Figure 11.1 : Le texte d'un lien hypertexte est bleu et souligné.

Pour atteindre le site, amener le pointeur de la souris sur la cellule contenant le lien – le pointeur se transforme en main, comme le montre la Figure 11.2 – puis cliquez.

Figure 11.2 : La main révèle la présence d'un lien.

Un lien hypertexte peut être mis en forme. Mais si vous changez sa couleur et si vous effacez le soulignement, il ne sera plus reconnaissable. Seul le survol de la cellule par le pointeur de la souris, et la transformation de ce dernier en main, indiquera la présence du lien.

Affecter un lien vers un site Internet

1. Démarrez Internet Explorer puis accédez au site vers lequel le lien doit pointer.
2. Cliquez dans une cellule contenant du texte, ou saisissez ce texte.
3. Dans notre exemple, nous voulons placer l'adresse du site sur le nom de ce site : Excel pratique (Figure 11.3).

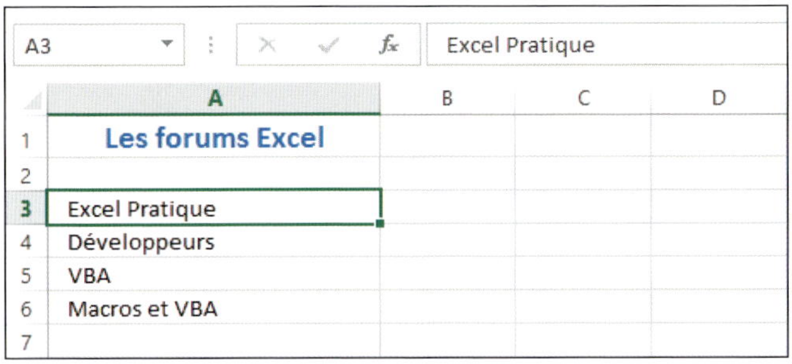

Figure 11.3 : Sélectionnez la cellule contenant le texte devant recevoir un lien.

4.  Cliquez sur l'onglet du ruban Insertion et, dans le groupe Lien, cliquez sur l'icône Lien hypertexte.
5. Excel ouvre la boîte de dialogue Insérer un lien hypertexte.
6. Dans Internet Explorer, cliquez sur l'onglet de la page Internet.
7. Cliquez maintenant sur la barre de titre de la boîte de dialogue Insérer un lien hypertexte.
8. L'adresse de la page Internet est automatiquement insérée dans le champ Adresse, tout en bas de la boîte de dialogue (Figure 11.4). Procéder ainsi est un moyen sûr et rapide de copier une adresse complexe sans aucun risque d'erreur.
9. Cliquez sur le bouton OK.
10. Le lien est créé (Figure 11.5). Cliquez dessus pour démarrer Internet Explorer et accéder au site.

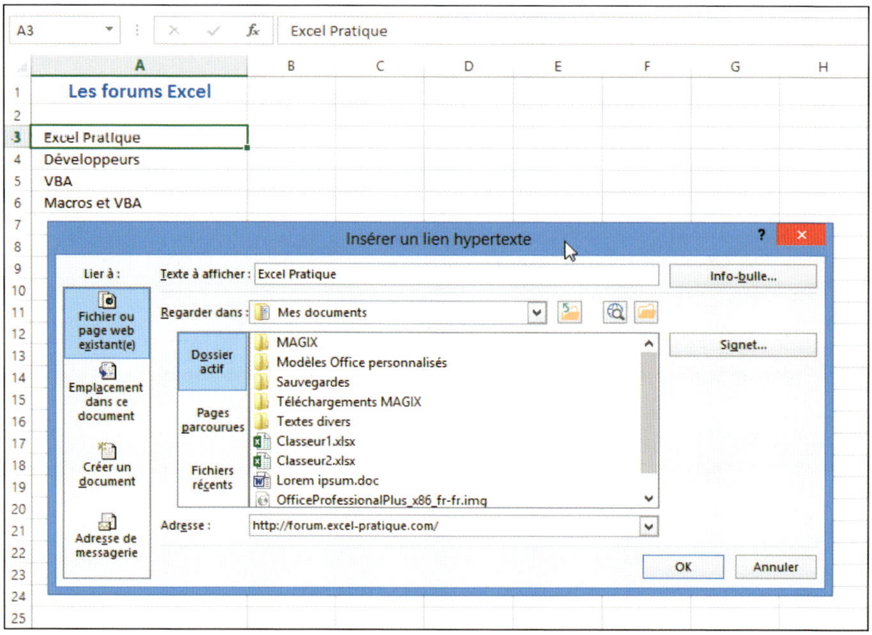

Figure 11.4 : L'adresse du site est automatiquement copiée dans le champ Adresse, en bas de la boîte de dialogue.

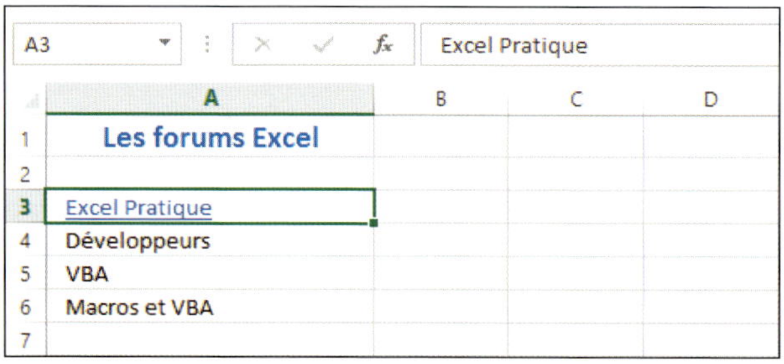

Figure 11.5 : Le texte a reçu un lien.

TRUC

Des liens peuvent être ajoutés à des objets comme des photographies ou des illustrations clipart.

Créer un lien vers une cellule

1. Cliquez dans la cellule devant contenir le lien vers une autre cellule.

2. Dans notre exemple, la cellule cible se trouve dans une autre feuille de calcul du même classeur. Pensez à noter l'emplacement de la cellule cible. Il s'agit ici de la cellule C1 de la feuille de calcul Bits.

3.  Cliquez sur l'onglet du ruban Insertion et, dans le groupe Lien, cliquez sur l'icône Lien hypertexte.

4. Dans la colonne Lier à, à gauche dans la boîte de dialogue Insérer un lien hypertexte, cliquez sur Emplacement dans ce document (Figure 11.6).

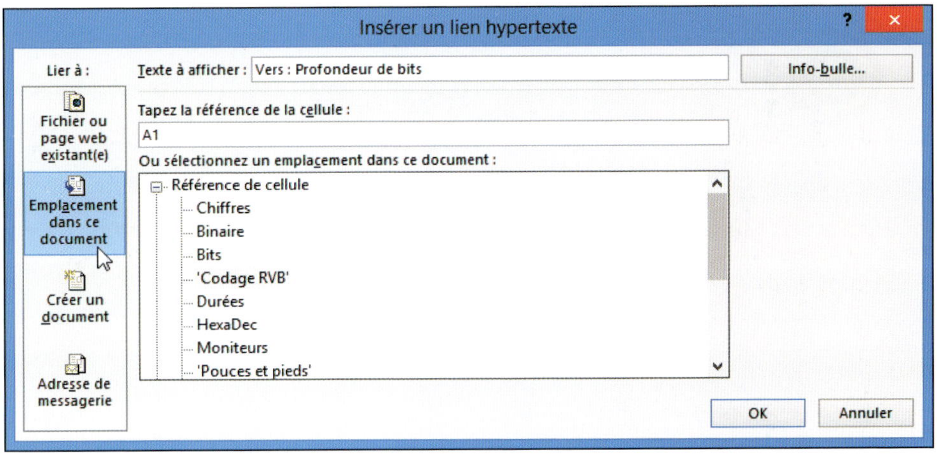

Figure 11.6 : Création d'un lien vers une autre feuille de calcul.

5. Dans la fenêtre principale, cliquez sur le nom de la feuille de calcul dans laquelle se trouve la cellule cible.

6. Dans le champ Tapez la référence de la cellule, saisissez la référence de la cellule cible.

7. Cliquez sur le bouton OK.

8. Le lien est créé. Immobilisez le pointeur de la souris pour vérifier l'adresse (Figure 11.7) ou mieux, cliquez sur le lien. La feuille de calcul en question apparaît et la cellule cible est sélectionnée.

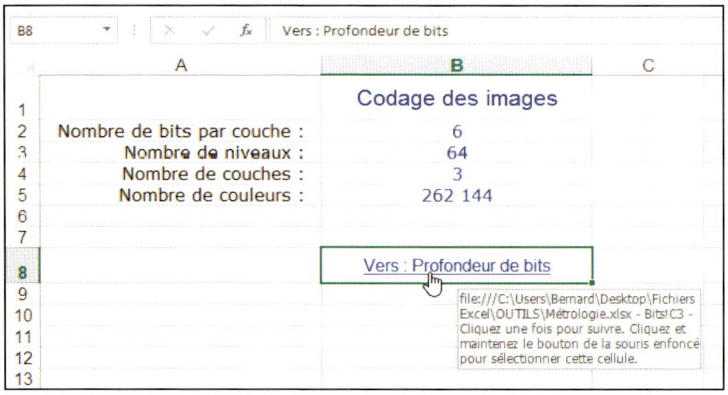

Figure 11.7 : Ce lien pointe vers une autre feuille de calcul.

TRUC

Excel est capable de créer un lien vers un autre classeur. Dans la boîte de dialogue Insérer un lien hypertexte, cliquez sur le bouton Fichier ou page web existant(e). Cliquez sur le bouton fléché à droite du champ Regarder dans, puis sélectionnez le dossier dans lequel se trouve le classeur (Figure 11.8). Cliquez ensuite sur le nom du classeur, dans la fenêtre principale, puis sur le bouton OK. Notez qu'il n'est pas possible de définir la feuille de calcul ni la cellule. Le classeur cible s'ouvre sur la feuille de calcul et la cellule active au moment de la dernière fermeture.

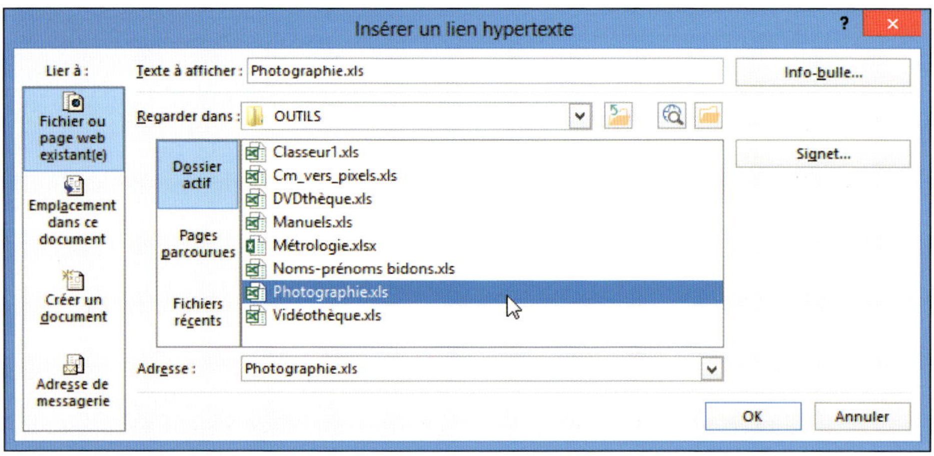

Figure 11.8 : Création d'un lien vers un classeur.

Créer un lien de messagerie

1. Cliquez dans la cellule contenant le nom d'une personne ou d'une société
2. Un lien de messagerie sert classiquement à envoyer un courrier en cliquant sur un nom. Cette manipulation ouvrira un nouveau message dans lequel l'adresse du destinataire est déjà inscrite.
3.  Cliquez sur l'onglet du ruban Insertion et, dans le groupe Lien, cliquez sur l'icône Lien hypertexte.
4. Cliquez sur le bouton Adresse de messagerie, en bas à gauche de la boîte de dialogue.
5. Dans la boîte de dialogue Insérer un lien hypertexte, qui vient d'apparaître, cliquez dans le champ Adresse de messagerie.
6. Saisissez l'adresse de messagerie (Figure 11.9).

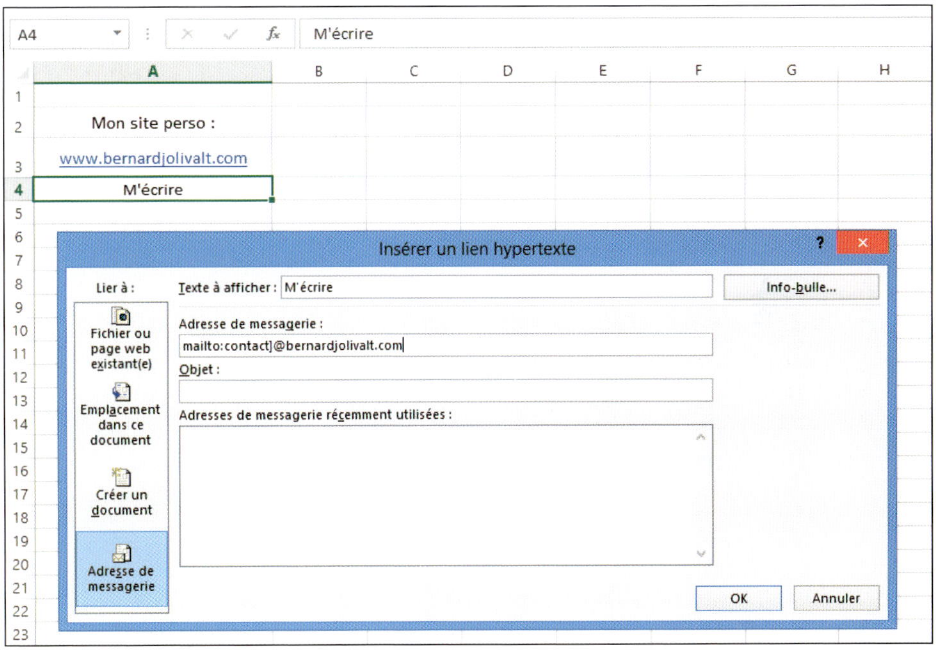

Figure 11.9 : Création d'une adresse de messagerie dynamique.

NOTE TECHNIQUE

Dès le début de la saisie, Excel affiche `mailto:` au début du champ. N'effacez pas ce texte car c'est une commande Internet indiquant à l'ordinateur que ce qui suit est une adresse de messagerie.

7. (Facultatif) Si vous désirez qu'un texte soit automatiquement affiché dans le champ Objet du nouveau message, saisissez-le dans le champ Objet de la présente boîte de dialogue.

8. Cliquez sur le bouton OK.

9. Le lien est placé sur le nom, dans la cellule.

Cliquer sur le lien, dans la feuille Excel, démarre la messagerie installée dans l'ordinateur. Dans la Figure 11.10, il s'agit de l'application Courrier de Windows 8. Remarquez l'adresse du destinataire figurant déjà dans le champ À et l'objet, « Envoyé de la feuille Excel », en haut à droite. Il ne reste plus qu'à rédiger le message et l'envoyer.

Figure 11.10 : Cliquer sur un lien de messagerie ouvre un message prérempli.

Modifier un lien

1. Cliquez du bouton droit sur le lien et, en bas du menu, choisissez Modifier le lien hypertexte (Figure 11.11).

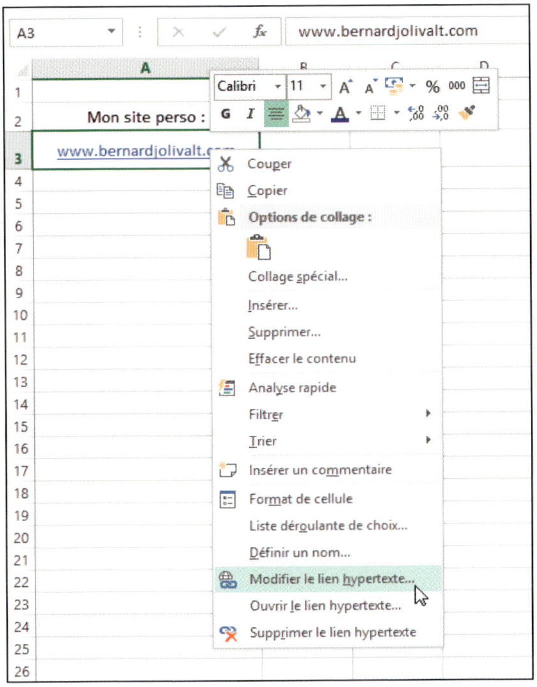

Figure 11.11 : Modification d'un lien hypertexte.

2. Excel ouvre la boîte de dialogue Modifier le lien hypertexte. Elle est identique à la boîte de dialogue Insérer un lien hypertexte utilisée depuis le début de ce chapitre, et s'ouvre sur le panneau approprié (Fichier ou page web, Emplacement dans ce document, ou Adresse de messagerie.

3. Procédez aux modifications.

4. Cliquez sur le bouton OK.

Supprimer un lien

1. Cliquez du bouton droit sur le lien.
2. Tout en bas du menu, choisissez Supprimer le lien hypertexte (Figure 11.12).

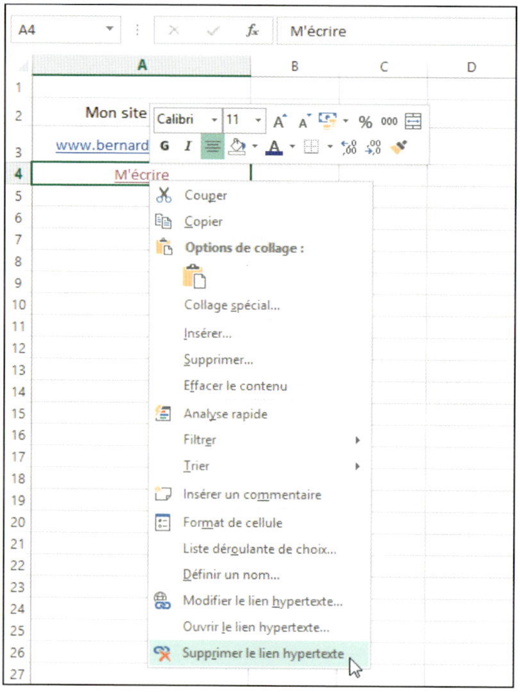

Figure 11.12 : Modification d'un lien hypertexte.

3. Excel ôte aussitôt le lien. Le texte n'est plus en bleu, ni souligné, et il est aligné à gauche.

Lorsque le lien pointe vers un site Internet, le survoler avec le pointeur de la souris affiche un petit rectangle vert clair en bas à gauche de la cellule. Il contient les commandes suivantes, visibles en cliquant dessus (Figure 11.13) :

- **Annuler le lien hypertexte :** Supprime le lien. Le résultat est identique au clic sur l'option Supprimer le lien hypertexte, comme expliqué précédemment.
- **Cesser la création automatique de liens hypertextes :** Excel cesse de convertir en liens les saisies comme www.site.com, y compris dans les nouveaux classeurs (mais les liens déjà définis sont conservés).

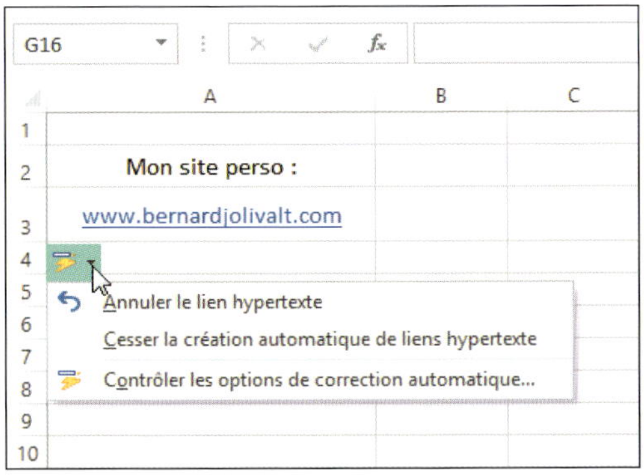

Figure 11.13 : Les options d'un lien Internet.

- **Contrôler les options de correction automatique :** Excel affiche la boîte de dialogue que montre la Figure 11.14. Si vous avez désactivé la création automatique des liens, vous pourrez la rétablir en cochant la case Adresses Internet et réseau avec des liens hypertexte.

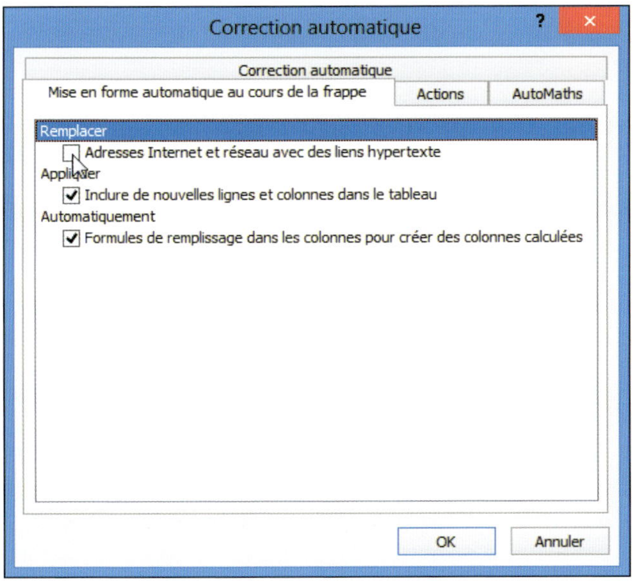

Figure 11.14 : Rétablissez ou désactivez ici la création automatique des liens.

TRUC

La boîte de dialogue de la Figure 11.14 est aussi accessible en cliquant, en haut à gauche d'Excel, sur Fichier > Options > Vérification > bouton Options de correction automatique. Cliquez ensuite sur l'onglet Mise en forme automatique au cours de la frappe.

12

L'audit d'une feuille de calcul

Nous avons vu, notamment au sujet des références relatives et absolues et des priorités de calcul, qu'Excel peut induire en erreur – et donc enduire d'horreur – un utilisateur inexpérimenté. D'où le premier et important conseil que voici : il faut toujours tester les formules « à la main ». Cela consiste à entrer des chiffres faciles à calculer mentalement. Par exemple, si la valeur 5 dans une cellule ne produit pas la valeur 100 attendue dans une autre, il y a forcément une erreur quelque part. Ces chiffres simples sont plus faciles à estimer que si la valeur 132,18 était entrée à la place de 5.

Si Excel ne saurait vérifier la conception d'une feuille – qui est su seul ressort de celui qui l'a créée – il est en revanche doté de nombreux outils d'audit permettant de vérifier la structure des feuilles de calcul.

Afficher les formules

1. Cliquez sur l'onglet Formules.
2. Dans le groupe Vérification des formules, cliquez sur l'icône Afficher les formules.
3. Ou appuyez sur les touches Ctrl+».
4. Dans la feuille de calcul, les valeurs calculées sont remplacées par les formules, ainsi que le montre la Figure 12.1. Cliquer sur une cellule met aussitôt en évidence les cellules auxquelles la formule de réfère (quand des valeurs sont affichées, il faut cliquer dans la barre de formule pour voir les références de la cellule active).

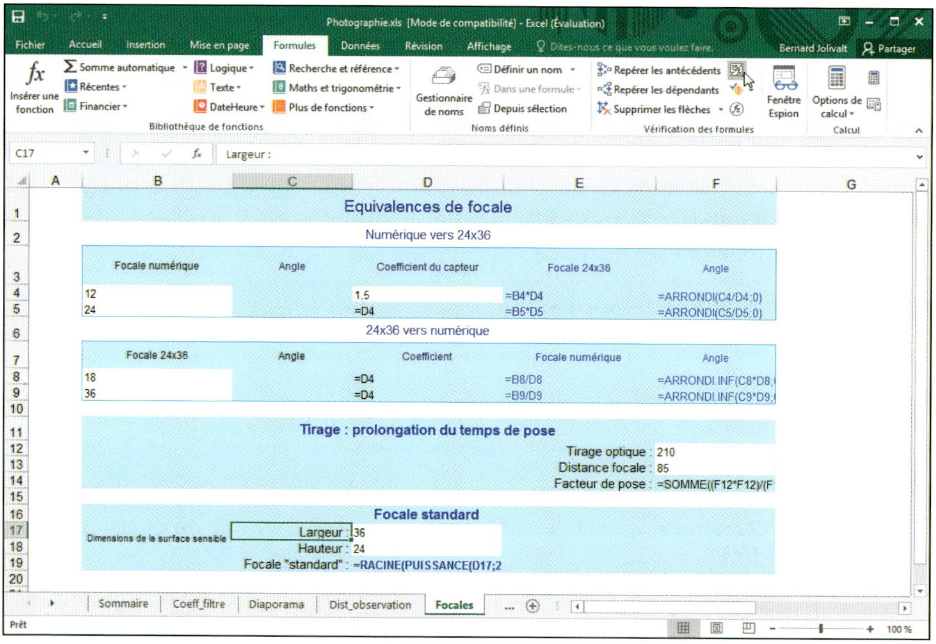

Figure 12.1 : Toutes les formules sont affichées.

5. Cliquez de nouveau sur l'icône Afficher les formules pour réafficher les valeurs dans les cellules.

Surveiller des cellules

1. Cliquez sur l'onglet Formules.
2.  À droite du groupe Vérification des formules, cliquez sur l'icône Fenêtre Espion.
3. La boîte de dialogue Fenêtre Espion apparaît (Figure 12.2).
4. La fenêtre Espion sert à surveiller des cellules même lorsqu'elles ne sont pas visibles à l'écran (cellule hors de l'écran, ou dans une autre feuille, ou dans un autre classeur).
5. Cliquez sur le bouton Ajouter un espion.
6. La boîte de dialogue Ajouter un espion apparaît (Figure 12.3).
7.  Cliquez sur le bouton à droite dans le champ de saisie.
8. Cliquez sur une cellule à espionner.

Figure 12.2 : Le nid d'espions.

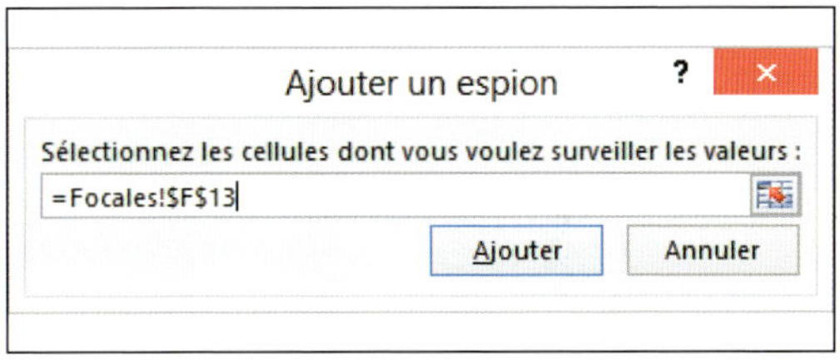

Figure 12.3 : Le sélecteur de cellules à surveiller.

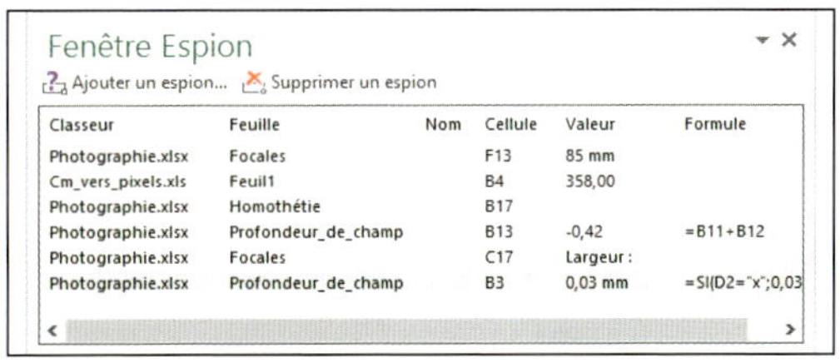

Figure 12.4 : Une liste de valeurs espionnées.

9. Vous pouvez cliquer sur n'importe quel onglet pour accéder à la cellule à surveiller, y compris dans d'autres classeurs ouverts (il est même possible d'ouvrir un classeur s'il ne l'est pas déjà).
10. Dans la boîte de dialogue Ajouter un espion, cliquez sur le bouton Ajouter.
11. Le nom du classeur, et/ou de la feuille de calcul, et/ou la référence à la cellule sont affichés dans le champ.
12. Répétez les étapes 5 et 6 autant de fois que nécessaire, si vous désirez surveiller plusieurs cellules.
13. La sélection des cellules à espionner terminée, la fenêtre Espion contient une liste de cellules (Figure 12.4) dont vous pouvez surveiller les valeurs.

Afficher les antécédents

1. Cliquez dans la cellule dont vous voulez savoir de quelles cellules elle reçoit des données.

2. Cliquez sur l'onglet du ruban Formules.

3. Dans le groupe Vérification des formules, cliquez sur la commande Repérer les antécédents.

4. Des flèches provenant des cellules fournissant les données pointent vers la cellule active (Figure 12.5).

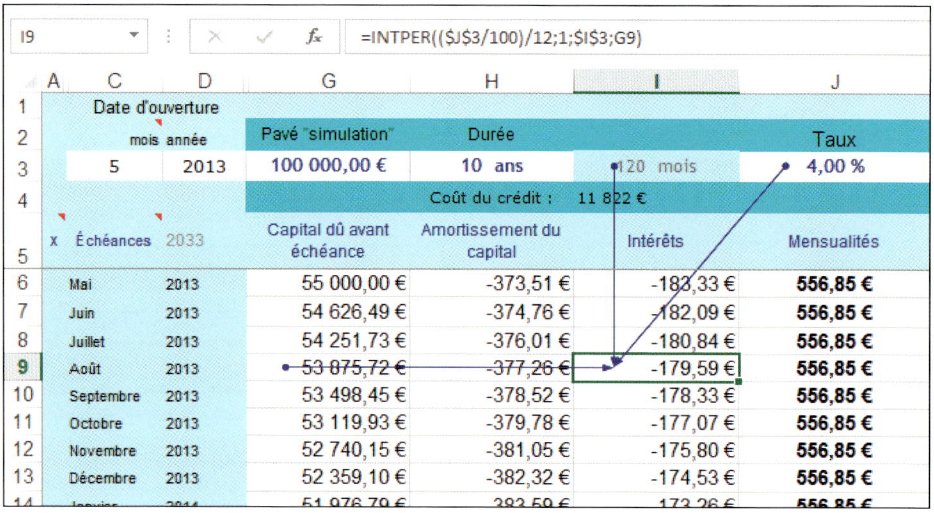

Figure 12.5 : La cellule I9 reçoit des données provenant des cellules I3, J3 et G9.

5. Examinez les cellules alimentant la cellule active.

6. Cliquez de nouveau sur la commande Repérer les antécédents.

7. À chaque clic, des antécédents encore plus en amont sont détectés (Figure 12.6).

8. L'examen des antécédents terminé, cliquez sur la commande Supprimer les flèches.

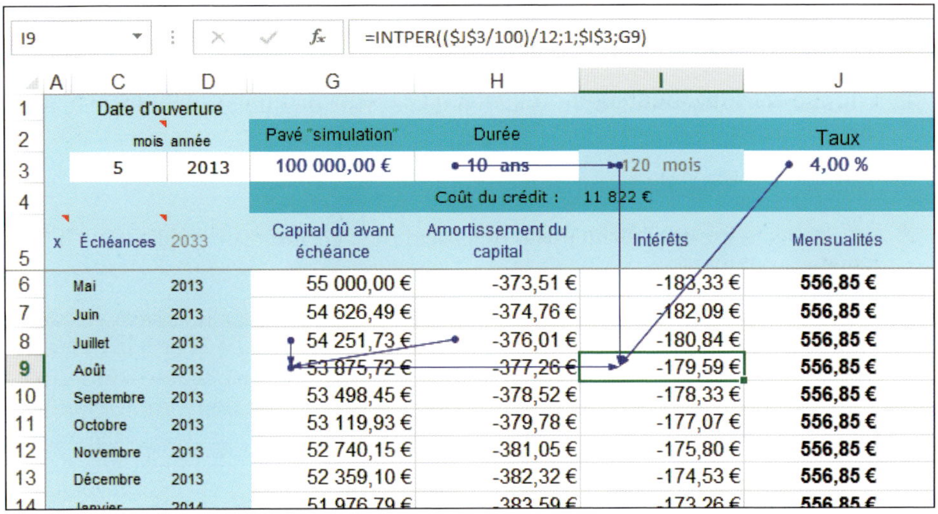

Figure 12.6 : Un second clic sur la commande Repérer les antécédents révèle les antécédents en amont des cellules fournissant des données.

Afficher les dépendants

1. Cliquez dans la cellule dont vous voulez savoir de quelles cellules elle reçoit des données.

2. Cliquez sur l'onglet du ruban Formules.

3. Dans le groupe Vérification des formules, cliquez sur la commande Repérer les dépendants.

4. Des flèches pointent vers les cellules dépendant de la cellule active. Dans la figure 12.7, la cellule I9 fournit des données à la cellule I4 et à la cellule J9. À l'instar des antécédents, il est possible de cliquer plusieurs fois sur la commande Repérer les dépendants afin de déceler les dépendances en aval.

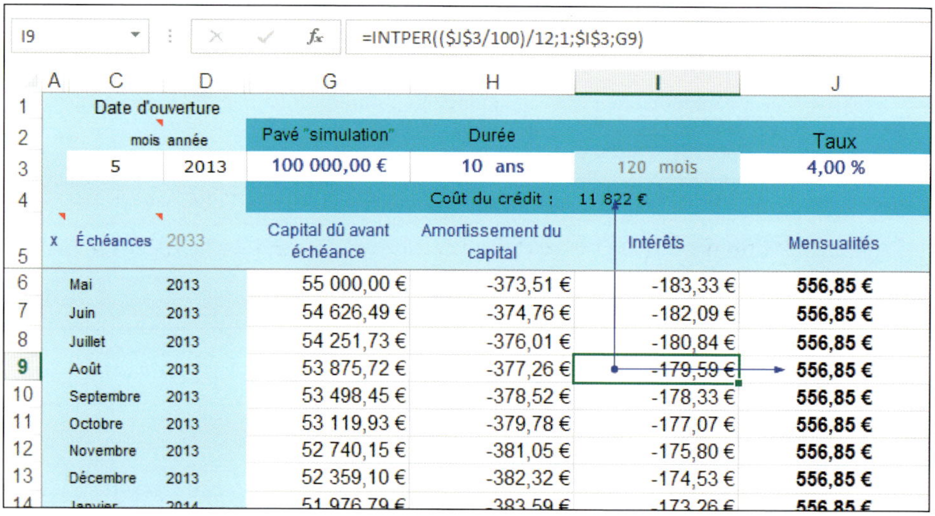

Figure 12.7 : La cellule I9 alimente les cellules I4 et J9.

5. L'examen des dépendants terminé, cliquez sur la commande Supprimer les flèches.

Vérifier une formule

1. La Figure 12.8 montre un tableau très simple : des colonnes de chiffres. Dans la cellule C9, la formule prend en compte tous les chiffres qui sont au-dessus, mais pas la ligne 4.

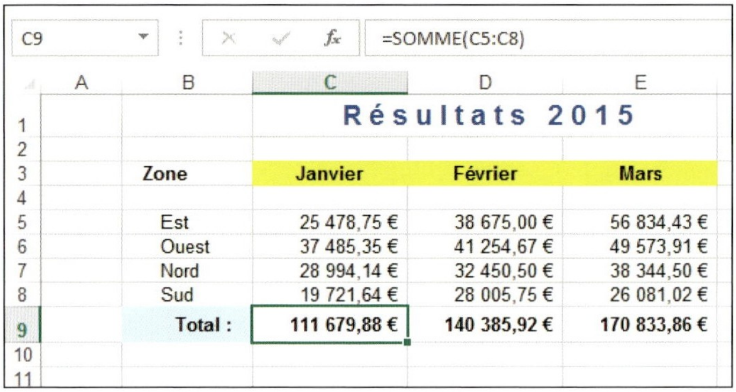

C9 =SOMME(C5:C8)

	A	B	C	D	E
1			Résultats 2015		
2					
3		Zone	Janvier	Février	Mars
4					
5		Est	25 478,75 €	38 675,00 €	56 834,43 €
6		Ouest	37 485,35 €	41 254,67 €	49 573,91 €
7		Nord	28 994,14 €	32 450,50 €	38 344,50 €
8		Sud	19 721,64 €	28 005,75 €	26 081,02 €
9		Total :	111 679,88 €	140 385,92 €	170 833,86 €
10					
11					

Figure 12.8 : Dans ce tableau, la ligne 4 est exclue des totaux.

2. Placez une valeur dans la cellule C4, entre l'étiquette et la colonne de chiffres.

3. Excel affiche un triangle vert dans le coin supérieur gauche de la cellule contenant la formule.

4. Cliquez sur la cellule contenant la formule (Figure 12.9).

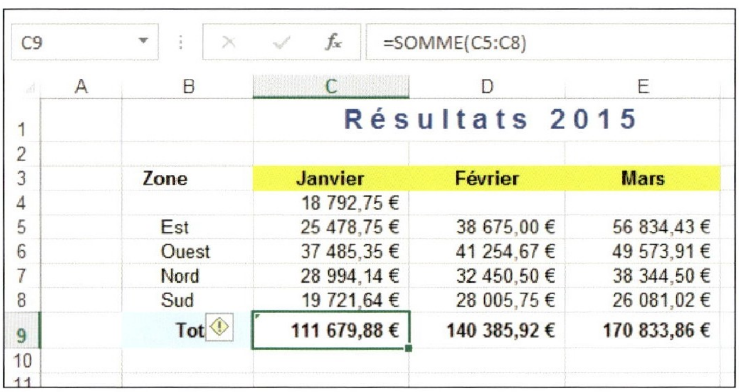

C9 =SOMME(C5:C8)

	A	B	C	D	E
1			Résultats 2015		
2					
3		Zone	Janvier	Février	Mars
4			18 792,75 €		
5		Est	25 478,75 €	38 675,00 €	56 834,43 €
6		Ouest	37 485,35 €	41 254,67 €	49 573,91 €
7		Nord	28 994,14 €	32 450,50 €	38 344,50 €
8		Sud	19 721,64 €	28 005,75 €	26 081,02 €
9		Tot	111 679,88 €	140 385,92 €	170 833,86 €
10					
11					

Figure 12.9 : Une icône à gauche de la cellule et un petit triangle vert dans le coin supérieur gauche signalent une erreur ou une incohérence.

Une icône apparaît à gauche de la formule. Il s'agit en réalité d'une balise active contenant des informations fort utiles (ces informations varient selon le contexte de la cellule).

5. Cliquez sur l'icône de la balise active.

6. Excel affiche le menu que montre la Figure 12.10. La première ligne indique qu'Excel a parfaitement détecté la nature de l'erreur : `La formule omet des cellules adjacentes`.

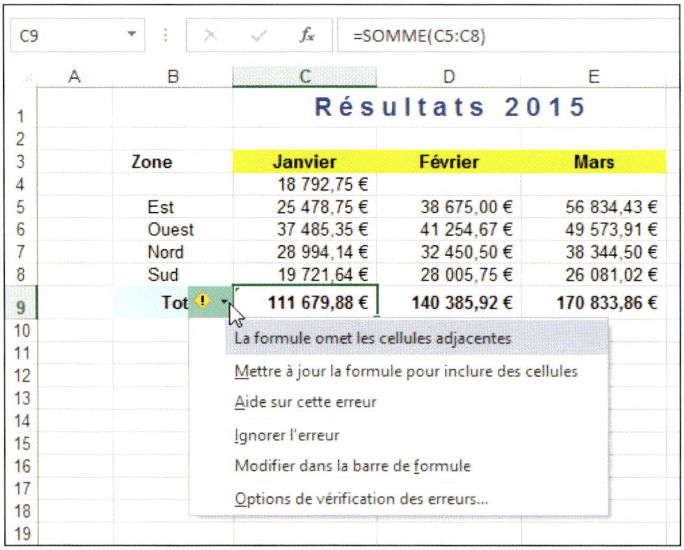

Figure 12.10 : Excel a détecté l'erreur possible.

7. Cliquez sur la seconde ligne : Mettre à jour pour inclure des cellules.

8. Si au contraire cette saisie était erronée, cliquez sur Ignorer l'erreur puis effacer le contenu de la cellule (cliquez dans la cellule C4 et appuyez sur la touche Supprimer).

Gérer les valeurs d'erreur

1. Excel affiche une valeur d'erreur lorsque la syntaxe d'une formule est correcte mais qu'elle contient une référence erronée ou orpheline, une référence à des données qui ne sont pas dans le format requis (nombres au format texte, par exemple), etc. Voici ces valeurs :

a) `#DIV/0!` : Division par zéro.

b) `#N/A` : Accès impossible à la référence. La formule se réfère à une cellule dépourvue de valeur utilisable. Ou alors, un argument a été omis dans une fonction.

c) `#NOM?` : Excel n'a trouvé aucun nom de cellule ou de plage (une faute de frappe dans le nom d'une fonction produit cette erreur).

d) `#NUL!` : Plage mal formulée (utilisation de l'espace, comme séparateur, au lieu du point-virgule.

e) `#NOMBRE!` : La donnée n'est pas un nombre (chiffre au format Texte, par exemple).

f) `#REF!` : La référence de cellule est erronée. La cellule à laquelle se réfère la formule a été supprimée ou effacée.

g) `#VALEUR!` : La valeur n'est pas du type attendu par l'argument (voir Figure 12.11). Ou opérande erroné, ou erreur dans un argument de fonction.

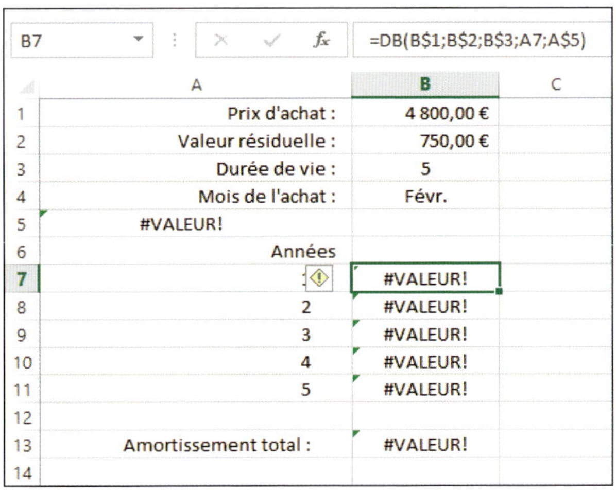

B7 =DB(B$1;B$2;B$3;A7;A$5)

	A	B	C
1	Prix d'achat :	4 800,00 €	
2	Valeur résiduelle :	750,00 €	
3	Durée de vie :	5	
4	Mois de l'achat :	Févr.	
5	#VALEUR!		
6	Années		
7		#VALEUR!	
8	2	#VALEUR!	
9	3	#VALEUR!	
10	4	#VALEUR!	
11	5	#VALEUR!	
12			
13	Amortissement total :	#VALEUR!	
14			

Figure 12.11 : Au lieu de contenir un nombre, la cellule B4 contient du texte. Cette erreur de type déclenche une cascade de valeurs d'erreur.

2. Cliquez sur la balise active pour en savoir plus sur la valeur d'erreur (Figure 12.12)

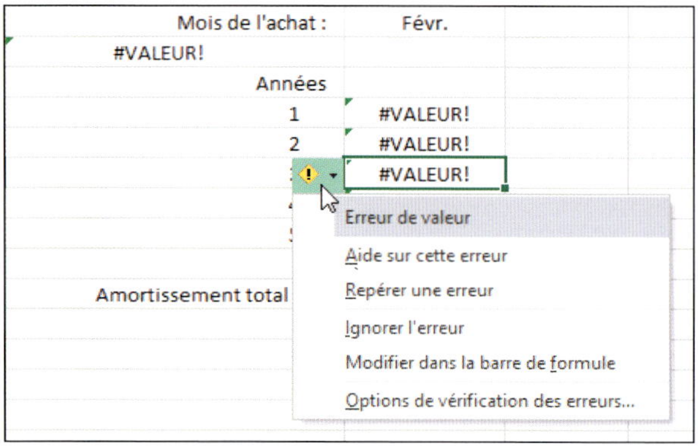

Figure 12.12 : Cliquez sur la balise active pour trouver une aide sur la valeur d'erreur.

Index